装备科技译著出版基金

航天战略竞争的艺术

Understanding Space Strategy
The Art of War in Space

［美］约翰·J. 克莱恩（John J. Klein） 著

郭刚 李薇 侯重远 杨洋 译

国防工业出版社

·北京·

著作权合同登记　　图字:01-2022-5227号

图书在版编目(CIP)数据

航天战略竞争的艺术/(美)约翰·J.克莱恩
(John J. Klein)著;郭刚等译.—北京:国防工业
出版社,2023.6

书名原文:Understanding Space Strategy:The
Art of War in Space

ISBN 978-7-118-13006-5

Ⅰ.①航… Ⅱ.①约… ②郭… Ⅲ.①航天工程-战略-竞争 Ⅳ.①V57

中国国家版本馆CIP数据核字(2023)第095004号

Translation from the English language editions:
Understanding Space Strategy:the art of War in Space by John J. Klein
ISBN 978-0-367-67168-6
Copyright © 2019 by Taylor & Francis Group, LLC

Authorized translation from English language edition published by CRC Press, part of Taylor & Francis Group LLC. All rights Reserved. 本书原版由Taylor & Francis出版集团旗下CRC出版公司出版,版权所有,侵权必究。

National Defense Industry Press is authorized to publish and distribute exclusively the Chinese(Simplified Characters)language edition. This edition is authorized for sale throughout Mainland of China. No part of the publication may be reproduced or distributed by any means, or stored in a database or retrieval system, without the prior written permission of the publisher.

本书中文简体翻译版由国防工业出版社独家出版并限在中国大陆地区销售。未经出版者书面许可,不得以任何方式复制或发行本书的任何部分。

Copies of this book sold without a Taylor & Francis sticker on the cover are unauthorized and illegal. 本书封面贴有Taylor & Francis防伪标签,无标签者不得销售。

※

*国防工业出版社*出版发行

(北京市海淀区紫竹院南路23号　邮政编码100048)
三河市腾飞印务有限公司印刷
新华书店经售

*

开本710×1000　1/16　印张17　字数296千字
2023年6月第1版第1次印刷　印数1—2000册　定价118.00元

(本书如有印装错误,我社负责调换)

国防书店:(010)88540777　　书店传真:(010)88540776
发行业务:(010)88540717　　发行传真:(010)88540762

译 者 序
——"谋大事者,首重格局"

本书是美国太空政策专家约翰·J.克莱恩博士的又一力作。本书从国家竞争博弈的角度研究了未来太空战略竞争的基本规律,具有鲜明的美式战略思维特点,是一部揭示太空战略竞争客观规律、认识美国航天战略思维的佳作。

读罢此书,不觉让人对书中层出不穷的思维火花感到新颖别致,更让人感受到其高屋建瓴的思维格局,如由海权启发的天权思维。

作为近代以来先进军事思想一贯的发轫之地,西方兵家的最新思想理应得到充分重视。海权思维、制空权思维、精确信息作战思维等先进军事思想,皆发源自西方。近代西方之强,在于哲学思想的领先。因此,为实现航天强国梦,必须十分重视西方关于航天的战略竞争思想,这也是译者翻译这本书的初心。

本书英文版由 Routledge 出版社于 2019 年出版。全书共计 9 章,其主要内容来自作者近年来在乔治·华盛顿大学太空政策研究所讲授"太空政策"课程的教学讲义,该研究所曾制定过著名的"星球大战计划",主要为美国政界培养优秀的太空政策制定者。克莱恩博士在航天战略领域具有深刻的战略思维、独到的政策见解和自成一家的理论框架,并在美国航天界具有一定的政策影响力,他曾在 2006 年出版的《太空战:战略、原则与政策》中提出了分散化空间系统、建立独立的太空军等政策建议,这些政策后来都在美国逐一实现。时隔 13 年,作者在这本新专著中,试图为航天战略学建立一个"经得起时间考验的"、更综合的理论框架,同时展望未来,为美国决胜未来的太空战场提出了许多新的政策建议。

作为美国"马汉学者"获得者,本书作者的海权思维格局塑造了一种典型的美式航天战略思维。海权格局也是以作者为代表的美国航天政策思想界的一个鲜明立场。读罢本书,读者可以理解美国为什么会建立一支独立的太空军,而俄罗斯则倾向于建设一支空天军:这是因为美国是一个海权国家,而海洋和太空一样,都具有贯通起来的合一性,为了维护其全球海洋霸权,就需要建立一支具有海权思维的独立太空军;而俄罗斯则是一个陆权国家,其太空力量主要为陆权服务,其主要维护其陆权范围内头顶的空域和天域,因而倾向于建立陆、空、天一体的空天军。

本书深受西方"历史科学之父"修昔底德《伯罗奔尼撒战争史》中大国竞争崛起思维方式的影响,也能正确认识"修昔底德陷阱"理论,书中通过研究中国、俄罗斯、美国等大国竞争态势下太空力量的崛起与竞争,分析强调了为什么政治实体会基于对恐惧、荣誉和利益的评估而发起战争,并解释了为什么这也将是未来太空战争的真实情况。在此基础上,本书探讨了太空战的战略,以及威慑、吓阻和固有自卫权的概念,并概述了大、中和新兴太空强国的航天战略。

通过本书可以了解美国航天战略决策阶层的思维方式与决策逻辑,因此,本书既可作为太空作战人员的训练工作参考书,也可作为航天战略、太空作战、太空政策等相关领域学者和政策研究人员的学术参考用书,还可作为航天科技人员制定科技发展规划和装备体系布局的借鉴参考用书。

约翰·J. 克莱恩博士是美国猎鹰研究公司的副总裁和高级战略研究专家,目前还担任乔治·华盛顿大学太空政策研究所兼职教授,并承担该研究所"太空政策"课程的教学任务,同时也是《太空战:战略、原则与政策》(英文原著2006年出版,中译版由国防工业出版社2019年出版)的作者。作者的学术思想理性而沉稳,在涉及国际政治的航天战略领域学术问题上能秉持客观、实事求是的立场,观点和思维方式也能坚持学术性原则,不带有任何政治偏向,是西方航天战略领域为数不多的冷静学者。

译者

于少华山下、赤水河畔

2022 年 5 月 20 日

前　　言

我致力于写成一部具有深远持久影响的著作,供对本书之主题感兴趣之读者反复揣摩。[1]

——卡尔·冯·克劳塞维茨

战争与作战既涉及科学,也涉及艺术。就科学层面来说,Baron Antoine-Henri de Jomini 所倡导的技术、定量分析、测量和比较,有助于为战略、行动和战术活动的实施提供信息,以实现战争优势[2]。孙子认为,战争中的道德、智力和环境因素比物质方面的因素更重要[3],并警告说不要依赖纯粹的军事力量[4]。虽然科学和艺术在考量与敌对国家的交锋时都有着很重要的影响,但本书更侧重于推进太空战争和战略的艺术。不可否认,科学、技术和定量比较在作战和战术层面的应急计划中是彼此相关的,但笔者认为,关于航天战略的基本原理和相关的太空战争艺术仍然没有得到充分的阐释。

正如克劳塞维茨在开头所说的那样,本书的宗旨是提出一个经得起时间考验的太空战争的思考框架。通过在战争和战略的一般理论背景下描述航天战略,笔者认为这项研究将很快凸显出它的价值。毋庸置疑,商业太空部门和相关技术正在飞速发展。尽管在目前的环境和国际事务状况下,以一种切实可行的方式构建任何太空战争的理论和战略框架都是大有裨益的,但本书并未提出一个以当前技术和战术层面的行动为基础的框架,因为一旦如此,航天战略的一般理论有可能在著书后不久就变得过时且疏离。

本书的主旨是太空战的理论和战略,显然这必然属于一般战争理论的范畴。因此,本书致力于为太空领域之战争的考量提供一个框架,而不是试图"建立一种新的战争艺术方法"[5]。正如 J. C. Wylie 之建议,这个理论框架的意图是提供一个出发点,以便设计、执行和评价战略[6]。在综述和吸取以往战略大师的教训的基础上,本书试图将太空战争置于一般战略理论的背景下,并为讨论航天战略这一实际问题提供一个强有力的基础。由于缺乏真正的太空敌对行动和暴力机器的历史经验,目前关于太空战争的很多东西都是未知的。然而,对于在太空发动战争的原因和意图,我们确实已经知晓了很多。因此,构建一个考量未来太空事件的理论框架将是大有裨益的。

本书可以看作是《太空战:战略、原则与政策》一书的后续,本书以海洋战略为创作灵感,制定了太空战的战略原则和理论框架。笔者的前一本书更多的是作为一种学术证明,以确定受海洋启发的航天战略是否适用。虽然《太空战:战略、原则与政策》中规定的原则仍然与考量太空战争的总体理论有关,但其试图为实施航天战略提供一个更广泛、更综合的框架。此外,自第一本书编写以来,世界上发生了很多重大事件。目前来说,使用超级大国和霸权等术语的政策和战略著作较少,强国博弈这一说法却逐渐流行起来。

笔者航天战略看法的形成是受许多著作影响的,包括《孙子兵法》(孙子,前400—前320年)、《伯罗奔尼撒战争史》(修昔底德,约前432年)、《战争论》(卡尔·冯·克劳塞维茨,1815—1827年)、《战争艺术》(Antoine Henri de Jomini,1854年)、《毛泽东军事文选》(毛泽东,1926—1957年)、《战略论:间接路线》(B. H. Liddell Hart,1967年)、《军事战略:权力控制的一般理论》(J. C. Wylie,1967年),以及其他出现在注释和书目中的著作。

此外,本书所讨论的许多想法和概念都由海洋战略衍生。笔者在此感谢Alfred Thayer Mahan(包括《海军战略与陆上军事行动的原则及实践的比较与对比》,1911年)、Julian S. Corbett(《海上战略的若干原则》,1911年)、Charles E. Callwell(《军事行动与海上优势》,1905年)、Wolfgang Wegener(《世界大战中的海军战略》,1929年)、Raoul Castex(《战略理论》,1931—1939年),以及J. R. Hill(《中等强国的海上战略》,1986年)。

本书的受众主要包括一般战略家和航天战略家。然而,战略的实施是一项实际性的工作,所以那些参与政策制定和应急计划的人可能也会从本书中受益。战略家的工作之一是将作战人员从他们自我假定的和那些看似诱人的能赢得未来冲突的保证中拯救出来[7]。因此,本书是为那些参与或打算在太空中战斗和获胜的人准备的。

书中所介绍的是笔者对太空战和战略的看法。可能有人会不同意其中一个或多个观点,但这无可厚非,因为战略的制定理所当然应是一件充满争议的事情。最后,本书提出的航天战略是笔者所认为的内容最相关、影响最持久,基于历史经验和经得起时间考验的理论家和战略家的想法。

本书第1章描述了战争的持久性,包括战争和战略的一般理论概述以及对太空战特点的基础性理解,如法律制度、常态行为和商业最佳实践。第2章阐释了一般性航天战略的总体框架,其是由战争和战略的一般性理论的杰出作者所塑造的。在这一章,航天战略框架的具体思想和原则得到了深刻诠释。

第3章分析了战争中不断进步的技术的影响,以及对航天战略发展的影响。历史经验可以启发我们新技术最初是如何在战争中得以应用的,其目的是阐明战略家应该重点关注太空战争中的哪些技术应用。

第4章讨论了威慑、阻却和预期自卫(也称先发制人)之间的相互作用。在这一章中,笔者研究了中国、俄罗斯和美国对威慑和胁迫的不同看法。这个领域是笔者非常感兴趣的,因为虽然竞争国之间可能不会发生直接冲突,但由于文化和战略误解,它们可能最终陷入冲突的泥淖中。

在太空战争的一般理论基础上,接下来的三章描述了大国、中等强国或新兴国家(新兴势力)的潜在航天战略。第5章描述了太空大国的相关航天战略,在衡量中国、俄罗斯和美国之间的竞争时,这些战略将是不得不提的。第6章详细说明了中等太空强国的战略,其旨在利用非军事和军事手段获得更多的国际影响力,更好地维护国家利益。第7章描述了新兴太空势力的最有效和最切实的战略,这些新兴太空势力的实体包括非政府组织、跨国公司、叛乱分子和恐怖分子。

第8章描述了迅速发展的商业太空部门在航天战略中的作用,包括新兴的商业能力和未来发展趋势。第9章站在未来的角度讨论了目前迫在眉睫的事项,同时承认战略家无法预见未来。历史经验的教训,以及太空战争和战略的一般理论旨在说明战略家应该提出的问题,并阐明哪些持久的问题可能仍然存在。

笔者在撰写本书过程中得到了许多人的支持和关怀,对一路上帮助和指导我的许多人不胜感激。他们包括,把我带入太空社区的 Peter Hays;为本书的完整草稿提出意见并对当前太空政策问题提出见解的 James Vedda;在撰写关于航天战略的联合文章时与笔者进行讨论的 Edward Ferguson;审阅本书其中几章初稿的杰森·兰姆;对航天战略文章和在随后的热烈辩论中发表意见的 Everett Dolman、M. V. Smith、Peter Garretson 和 Brent Ziamick。当然,还要感谢那些帮助我形成对国际社会和商业部门在战略中的作用的理解的学者们,他们是 Dean Cheng、Carissa Christensen、Stuart Eves、Steve Henry、Rebecca Cowen-Hirsch、James Puhek、Jeff Rowlison、Tim Trueheart 及 Charity Weeden。除上述人员外,对于许多在此未提及的帮助形成此书想法的从事太空相关国家安全工作的同侪们,笔者在此向你们致以诚挚的谢意。

我写这本书的一个契机源于我在乔治·华盛顿大学太空政策研究所的教学成果。非常感谢 John Logsdon、Scott Pace、Henry Hertzfeld 和 John Sheldon 为我提供了教授太空政策课程的机会,感谢 Nick Boensch、Brennan Bok 和 Lexie Weikert 的研究协助。我的学生们不断提醒我,太空这个主题是多么令人心神驰往。此外,我特别感谢 Colin Gray,当我在雷丁大学攻读学位时,他慷慨地同意担任我的导师。他的想法和著作已经并将继续激励许多人(包括笔者)推进航天战略的事业不断向前。

最后,我要感谢我的家人和朋友对我的耐心,因为在过去的一年里,写这本书消耗了我仅有的一点空闲时间。我很感谢在撰写本书时得到的所有支持、帮助和鼓励。尽管如此,我对本书的内容、结论和任何缺陷负全责。本书所代表的观点是我个人的,不一定代表美国国防部、乔治·华盛顿大学或猎鹰研究公司的观点。

引文标注

[1] Carl von Clausewitz, "Vorrede," in *Vom Kriege*, erster Band (Berlin: Ferdinand Dümmler, 1832), x.

[2] Antoine-Henri de Jomini, *The Art of War* (1862; reprint, London: Greenhill Books, 1992).

[3] Sun Tzu, *The Art of War*, trans. Samuel B. Griffith (Oxford: Oxford University Press, 1963).

[4] Samuel B. Griffith, preface to *The Art of War*, Sun Tzu, x.

[5] Maurice de Saxe, *Reveries on the Art of War*, trans. and ed. Thomas R. Phillips (London: 1757; reprint, Mineola, NY: Dover Publications, 2007), 100.

[6] J. C. Wylie, preface to *Military Strategy: A General Theory of Power Control*, with introduction by John B. Hattendorf (New Brunswick, NJ: Rutgers University Press, 1967; reprint, Annapolis, MD: Naval Institute Press, 1989), 2.

[7] Colin S. Gray, *Fighting Talk: Forty Maxims on War, Peace, and Strategy* (Westport, CT: Greenwood Publishing, 2007), 42.

参考文献

CLAUSEWITZ, CARL VON. *On War*. Translated and edited by Michael Howard and Peter Paret. Princeton, NJ: Princeton University Press, 1989.

CLAUSEWITZ, CARL VON. *Vom Kriege*, erster Band. Berlin: Ferdinand Dummler, 1832.

GRAY, COLIN S. *Fighting Talk: Forty Maxims on War, Peace, and Strategy*. Westport, CT: Greenwood Publishing, 2007.

GRIFFITH, SAMUEL B. Preface to *The Art of War*, *ix–xi*. Sun Tzu. Oxford: Oxford University Press, 1963.

JOMINI, ANTOINE–HENRI DE. *The Art of War*. 1862; reprint, London: Greenhill Books, 1992.

SAXE, MAURICE DE. *Reveries on the Art of War*. Translated and edited by Thomas R. Phillips. London: 1757; reprint, Mineola, NY: Dover Publications, 2007.

SUN TZU. *The Art of War*. Translated by Samuel B. Griffith. Oxford: Oxford University Press, 1963.

WYLIE, J. C. Preface to *Military Strategy: A General Theory of Power Control*, *1–3*. With introduction by John B. Hattendorf. New Brunswick, NJ: Rutgers University Press, 1967; reprint, Annapolis, MD: Naval Institute Press, 1989.

目　　录

第 1 章　太空是一个作战域

1.1　政治实体间的战略竞争具有持久的本性 …………………… 2
　　1.1.1　战略竞争与和平相处的统一性 ………………… 3
　　1.1.2　战略竞争中的摩擦、机会和不确定性 ………… 4
　　1.1.3　战略竞争中的灵活处理和主动适应 …………… 5
　　1.1.4　战略的目的 ………………………………………… 6
1.2　太空战争的特征 …………………………………………… 6
　　1.2.1　现行法律制度情况 ………………………………… 8
　　1.2.2　行为规范与行动守则 ……………………………… 9
　　1.2.3　商业航天中的商务惯例与软规范 ……………… 10
　　1.2.4　减小空间碎片危害 ………………………………… 11
　　1.2.5　协调太空中的交会与抵近 ………………………… 12
　　1.2.6　减小电磁干扰影响 ………………………………… 12
1.3　小结 …………………………………………………………… 13
引文标注 ………………………………………………………………… 13
参考文献 ………………………………………………………………… 17

第 2 章　航天战略

2.1　航天战略的目的 …………………………………………… 21
2.2　控制太空 …………………………………………………… 23
　　2.2.1　全局控制与局部控制 ……………………………… 24
　　2.2.2　持续控制与暂时控制 ……………………………… 25
　　2.2.3　太空是一种屏障 …………………………………… 26
　　2.2.4　"天使"与"恶魔" ………………………………… 27
2.3　钱很重要 …………………………………………………… 27

- 2.4 进攻性战略与防御性战略 ························ 28
  - 2.4.1 进攻性战略 ···························· 29
  - 2.4.2 防御性战略 ···························· 30
  - 2.4.3 进攻与防御的相互依赖性 ···················· 32
  - 2.4.4 联合作战 ······························ 32
- 2.5 航天弱国的战略 ································ 33
- 2.6 战略上的分散与集中 ···························· 34
- 2.7 封锁和阻塞对手的太空通路 ······················ 36
- 2.8 占位 ·· 37
  - 2.8.1 咽喉扼阻点 ···························· 39
  - 2.8.2 高价值的点位 ·························· 39
  - 2.8.3 制高点 ······························ 40
- 2.9 战略须务实 ·································· 40
- 引文标注 ·· 41
- 参考文献 ·· 46

第 3 章　技术因素与太空战略竞争

- 3.1 人的因素最重要 ································ 51
- 3.2 技术的使用与法律的约束 ························ 52
- 3.3 新技术应用的历史经验 ·························· 53
  - 3.3.1 早期飞机的海上应用 ······················ 53
  - 3.3.2 两次世界大战中的潜艇战 ·················· 55
  - 3.3.3 冷战中的核武器 ························ 57
  - 3.3.4 "军事革命""军事变革"与"第三次抵消战略" ···· 57
- 3.4 太空战略竞争中对技术的使用 ···················· 60
  - 3.4.1 天基资产可以稳定竞争对手之间的关系 ········ 61
  - 3.4.2 技术本身不能消除摩擦和不确定性 ············ 61
  - 3.4.3 仅靠先进技术不能赢得胜利 ················ 62
  - 3.4.4 先进技术不会让胜利轻而易举 ·············· 63
- 3.5 小结 ·· 64
- 引文标注 ·· 65
- 参考文献 ·· 68

第 4 章　太空威慑和战争法

- 4.1　太空威慑　　72
  - 4.1.1　与核威慑的比较　　73
  - 4.1.2　确保威慑，建立联盟，进而扩大威慑　　75
- 4.2　战争法与与生俱来的自卫权　　77
  - 4.2.1　交战规则　　78
  - 4.2.2　对航天战略的影响　　79
- 4.3　先发制人与预先性自卫　　80
  - 4.3.1　观察　　81
  - 4.3.2　分类　　82
  - 4.3.3　沟通　　82
  - 4.3.4　对先发制人的防范　　83
- 4.4　拒止　　83
- 4.5　战略失配　　85
  - 4.5.1　威慑的失效　　86
  - 4.5.2　俄罗斯战略威慑的特点　　86
  - 4.5.3　中国战略威慑的特点　　87
- 4.6　小结　　89
- 引文标注　　90
- 参考文献　　96

第 5 章　大国的航天战略

- 5.1　中国的航天战略　　102
- 5.2　俄罗斯的航天战略　　103
- 5.3　美国的航天战略　　105
- 5.4　非军事手段　　106
  - 5.4.1　分裂联盟　　107
  - 5.4.2　经济领域手段　　108
  - 5.4.3　信息战与网络战　　109
- 5.5　进攻性手段　　110
  - 5.5.1　胁迫、强迫与"小规模战争"　　111
  - 5.5.2　封锁太空通路　　113

		5.5.3 反卫星武器与卫星猎杀者	114
5.6	攻防结合的战略		115
5.7	"行动屏障"与控制战争升级		116
5.8	对手也能投票		117
5.9	小结		118
引文标注			119
参考文献			125

第6章 中等国家的航天战略

6.1	印度的航天战略		132
6.2	伊朗的航天战略		133
6.3	非军事行动		135
	6.3.1	外交与结盟	135
	6.3.2	"购买"航天力量	137
	6.3.3	建立太空存在	138
	6.3.4	保持有生威慑力量	139
6.4	进攻性战略及行动		140
	6.4.1	有限战争	141
	6.4.2	利用对手的"咽喉点"	143
	6.4.3	分散与集中	144
	6.4.4	打击对手民商活动	145
6.5	防御性战略及行动		146
	6.5.1	安保能力与复原能力	146
	6.5.2	使空间成为"薄弱"的屏障	147
6.6	小结		147
引文标注			148
参考文献			154

第7章 新兴太空国家的航天战略

7.1	加拿大的航天战略	159
7.2	沙特阿拉伯的航天战略	161
7.3	非国家组织的航天战略	163

7.4　积累战略与非直接方法 ·················· 163
7.5　潜在的战略目的 ······················· 165
7.6　非军事行动 ·························· 167
  7.6.1　外交倡议 ······················ 167
  7.6.2　灌输民族自豪感 ·················· 168
  7.6.3　培养航天高技术劳动力 ·············· 168
7.7　攻防之间的流转变化 ···················· 169
  7.7.1　分散与集中 ···················· 171
  7.7.2　蚕食其边缘 ···················· 172
  7.7.3　不对称攻击与网络攻击 ·············· 173
  7.7.4　影响对手的战略要害 ··············· 174
  7.7.5　利用持久战 ···················· 174
  7.7.6　利用恐怖分子行动 ················ 175
7.8　小结 ······························· 177
引文标注 ································ 177
参考文献 ································ 183

第8章　太空是一个商业领域

8.1　促进和平与稳定 ······················· 189
8.2　确保访问空间与确保利用空间 ··············· 189
  8.2.1　确保访问空间 ··················· 190
  8.2.2　确保利用空间 ··················· 192
8.3　确保太空威慑 ························· 192
8.4　中国的商业航天 ······················· 193
8.5　航天创新企业与商业航天投资者 ·············· 195
  8.5.1　天使投资 ······················ 196
  8.5.2　风险投资 ······················ 197
  8.5.3　私募股权 ······················ 197
8.6　新兴的航天能力与未来趋势 ················ 198
  8.6.1　新型运载火箭 ··················· 198
  8.6.2　搭载发射与托管有效载荷 ············· 199
  8.6.3　更小更强大的卫星 ················ 200
  8.6.4　巨型星座的崛起 ·················· 201

8.6.5 地球成像与遥感 ····· 202
8.6.6 数据分析 ····· 204
8.6.7 增材制造 ····· 205
8.6.8 商业载人航天与空间旅游 ····· 206
8.6.9 清除和减缓空间碎片 ····· 207
8.6.10 太空态势感知 ····· 208
8.6.11 在轨服务和接近操作 ····· 209
8.6.12 太空采矿 ····· 209
8.6.13 天基太阳能发电 ····· 210
8.7 商业部门是否能在需要的时候能否出现 ····· 211
引文标注 ····· 213
参考文献 ····· 219

第9章 展望未来

9.1 太空中的战略竞争是否不可避免 ····· 226
9.2 日益严重的空间碎片问题与空间交通管理 ····· 228
9.3 做好以下准备 ····· 230
9.3.1 太空态势感知 ····· 231
9.3.2 航天任务保证能力与弹性能力 ····· 232
9.3.3 武装冲突法和交战规则 ····· 233
9.4 空间军备控制 ····· 234
9.5 美国面临的挑战 ····· 236
9.5.1 太空军 ····· 236
9.5.2 航天工业基础 ····· 238
9.5.3 镜像主义误区与当前主义误区 ····· 239
9.5.4 "开灯"——未来的太空将变得透明 ····· 240
9.6 写在最后的思考 ····· 241
引文标注 ····· 242
参考文献 ····· 248

第1章 太空是一个作战域

正如雅典历史学家、战略家修昔底德(约公元前460年—公元前400年)在其关于伯罗奔尼撒战争的叙述中所描述的那样,各政治实体会根据对恐惧、荣誉和利益的评估来决定是否开战[1]。在修昔底德的观察中,他将战争的领域完全拆分开,因为在他的时代,战争的领域只能是陆地和海洋。因此,无论在哪个作战域,恐惧、荣誉和利益都会在未来发起战争之前起到一定作用。战略家应该考虑国家或团体决定使用军事力量的原因,并在采取这种行动之前进行深思熟虑。

本章分为两个主要部分:战争的持久性以及太空战争的基本特征。第一部分通过古今中外的军事理论家和战略家的著作讨论战争和作战的性质;第二部分探讨太空活动的基础和现行的法律制度,即什么是常态行为,以及什么是当今的商业惯例。

普鲁士军事战略家和陆战理论家卡尔·冯·克劳塞维茨(1780—1831)的学说在考虑太空战争时是很有借鉴意义的。克劳塞维茨的《战争论》被许多战略家认为是关于战争和作战的一般性理论的开创性著作。他的战争理论提供了一个框架,人们可以在这一框架内基于暴力冲突进行推理,以达到永恒的战略结论。他描述了各种关键概念,包括战争的目标是有限的或无限的,战争的限制因素,以及平衡暴力、机遇和理性的需要。克劳塞维茨概述了进攻和防御战略的一般原则,而这些对防御及其与进攻相比的相对力量的研究,在制定目前的航天战略中特别有意义。

克劳塞维茨在其最重要的观点之一中强调,战争是政策通过另一种手段实现的延伸。因此,太空战争也应该为政治目的服务。正如克劳塞维茨所强调的,"政治目标——战争的动机——决定要达到的军事目标和所需付出的努力"[2]。孙子(公元前544—公元前496年)的著作也强调了政治和暴力在战争中的作用。他曾经提到:"兵者,国之大事,死生之地,存亡之道。"[3]同样,毛泽东也经常呼应孙子和克劳塞维茨的许多思想,他主张"战争是政治的继续。在这个意义上,战争就是政治,战争本身就是一种政治行为。自古以来,从来没有一场战争不具有政治性质"[4]。

鉴于克劳塞维茨、孙子和毛泽东都论述了国家和政策在战争中发挥的作用,所以有理由期待未来在太空中的军事行动与政策和政治有协同作用。在太空发起的战争或延伸到太空的战争必须考虑要实现的政治目的,以及切实有效的航天战略如何能够帮助实现这些目的。历史经验表明,国家的本质职能是维护其自身利益,无论这些利益身处何处,即使在太空中也不例外。对当今时代的许多国家来说,政治目的和相关的国家利益跨越了所有领域,如陆地、海洋、空中、网络和太空。因此,研究和实施太空战不应该仅仅孤立地去考虑太空领域。

由于尚未有一场大规模的国家间战争在太空发起或扩展到太空,因此许多关于太空战的作者都表示,该种冲突将是新型的,没有任何历史背景可以参考。但是,这恰恰是很幸运的事情。据推测,一场延伸至太空的战争将对所有航天国家造成破坏。无论未来的太空冲突是否采用临时或永久、非动能或动能的军事手段,冲突升级的可能性以及由此产生的轨道碎片都可能对在敌对活动停止时恢复战前状态构成挑战。诚然,太空的政治目的可以与军事行动相联系的前提在一些人看来是有争议的,就像一般的太空武器话题那样。但是,历史经验告诉我们,在所有存在国家利益的领域,政治目的与军事行动之间都有着紧密的联系。

1.1 政治实体间的战略竞争具有持久的本性

因此,战争是一种迫使我们的敌人服从我们意志的武力行为[5]。

——卡尔·冯·克劳塞维茨

在考量战争,并将其与战斗区分开来时,有人这样描述:"战斗是战争的行为。战争是两个国家之间的关系,或者(在内战中)是两个派系之间的关系。战斗只是战争的一部分,虽然是基本的一部分。"[6]因此,战争是竞争性国家或派系之间的整体较量,而战斗是使用武力和暴力实现政治目标的整体活动。

与克劳塞维茨一样,英国海洋战略家Julian Corbett(1854—1922)也承认,陆上和海上行动都受到国家政治和利益的影响。Julian Corbett因1911年的作品《海上战略的若干原则》而闻名遐迩,被誉为英国最伟大的海洋战略家[7]。Julian Corbett指出:"战争是政治交锋的一种形式,是政治对外的延续,当武力被引入以达到我们的目的时,战争就开始了。"[8]在强调战争和国家权力是如何交织在一起时,Julian Corbett 表示,战争的大战略不能脱离国内政治和外交来决定[9]。因此,从逻辑上推断,战争的军事工具在某种重要意义上来说也是一种政治工具[10]。

战争及其行为是非常复杂和相互依赖的活动,克劳塞维茨在指出冲突的复杂性时,提出:

> 战争像一只变色龙,但却超脱出变色龙的范畴,它能根据特定的情况稍微调整自己的特征。作为一种整体现象,它的主导倾向总是使战争成为一种显著的三位一体:由原始的暴力、仇恨和敌意组成,这些都应被视为一种盲目的自然力量;由机会论和概率论的博弈组成,其中创造精神可以自由驰骋;以及由其作为政策工具的从属因素组成,这使它只受制于理性[11]。

虽然战争被视为政策的工具,但也存在着相互平行的关系[12]。可用的军事手段和被认为切实可行的东西有时会影响人们所寻求的政策。就政策来说,我们可能会考虑到它的目的是什么,并了解它在军事上可以合理地实现什么[13]。Colin Gray 将这种双向互动称为"战略桥梁"[14]。

在考虑战争的是与非时,值得强调的是,无论战争是大是小,是正规的还是非正规的,它都有一个关键的组成部分。克劳塞维茨将其称为"原始暴力"[15]。如果敌对行动没有导致牺牲,那么就有理由考虑给该事件贴上其他标签或名称,如军事行动[16]。虽然战争不仅仅是暴力,但暴力是有显著的特征。

此外,战争和战斗有一个持久的、基本的性质。Jeremy Black 解释道:

> 就其基本原理而言,战争的变化远没有大多数人想象的那么频繁和显著。这不仅仅是因为它涉及一个不变的因素——有组织的团体愿意杀人,特别是冒着死亡的危险去杀人——而且还因为战争的物质文化(所使用的武器和相关的供应系统)往往是关注的焦点,其不如社会、文化和政治背景及助长因素有同等重要性[17]。

因此,太空战争的性质将与对治国方略、战略和使用暴力的历史理解相一致。

1.1.1 战略竞争与和平相处的统一性

战争及其结局(包括已达成的和平)有着很重要的意义。历史经验表明,战争会决定并影响重大决策,从而改变世界历史的进程。当政策制定者和战略家正确地专注于直接和暴力的军事行动时,也应充分考虑到战争的结局。战争的目的往往是寻求更好的和平,而不仅仅是获胜[18]。

当交战各方考虑停止敌对行动并寻求安定的和平时,得到和失去的东西(包括付出的代价、洒下的鲜血和获得的财富)都影响着决定的做出。Edward Luttwak 写道:

> 因此,战争是和平的起源。在一方或另一方完全胜利的情况下,因为纯粹的疲惫,或者在历史上更常见的因为最初引起战争的目标冲突被战争本身带来的目标转变所解决,在生命、财富和痛苦的代价的影响下,要获得或捍卫的东西的价值被重新衡量,然后野心就减少或被放弃了[19]。

因此,任何持久的和平对于那些已经做出巨大牺牲的人来说都是值得的。此外,历史已经证明,不安定、有隐患的和平会为下一场战争埋下伏笔。被打败的人最终是否达成和平,和平是持久的还是暂时的,都应有发言权。Michael Handel 观察到:

> 为了使胜利的果实尽可能持久地被保存,和平必须被战败方接受为最终结果,同时必须考虑到他们的利益和关切。和平的条件必须是这样的:在失败者看来,胜利者是慷慨的或至少是合理的。因此,持久的和平与战争中的其他事情一样,都是相互的[20]。

如果不从失败者的角度考虑以达成慷慨的和平,被打败的国家就往往会认为战争的结局只是一种短暂的恶果,可以在以后的某一天通过政治考量加以补救[21]。

1.1.2　战略竞争中的摩擦、机会和不确定性

战争就其本质而言是一件不确定的事情。根据克劳塞维茨的说法,战争之所以不确定,是因为其与所有活动的复杂性相关的摩擦,包括暴力、机遇和理性的不可预测和相互作用,以及敌人选择的不确定性。克劳塞维茨最早使用"摩擦"一词是为了"描述现实情况对战争中的想法和意图的影响",该词出现在他写给他未来妻子 Marie von Brühl[22]的信中:

> 如果我们现在简要地考虑一下战争的主观性质,即战争必须采用的手段,那么它将比以往任何时候都更像一场赌博……

简而言之，绝对的、所谓的数学因素在军事活动中永远找不到坚实的基础。从一开始就存在着各种可能性和概率，好运和坏运的相互作用，在整个战争的长度和宽度上交织在一起。在整个人类活动的范围内，战争就像一场牌局[23]。

无论作战手段的技术如何变化，克劳塞维茨所定义的一般摩擦将继续成为未来战争的核心[24]。战争中有太多的驱动因素和变量，无论是战略家还是努力减少风险和保证成功的政策制定者都无法对战争实现可靠地控制。美国海军军官和战略家 J. C. Wylie(1911—1993)同样指出："……我们不能肯定地预测我们为之准备的战争模式"[25]"没有无风险或必胜之路。"

为了应对摩擦、机遇和不确定性，战略家必须在一系列似是而非、不可捉摸的威胁中保持适应性和灵活性[26]。在指出战略家的责任时，Colin Gray 建议说："战略家努力规避的是官方战略确定性的灌输，它排除了战略和军事姿态灵活性的发展。"[27] 提倡未来可知且确定的专家和决策者对其组织与那些需要执行其错误设想的战斗部队而言是极其危险的。

1.1.3　战略竞争中的灵活处理和主动适应

战争计划的执行需要灵活性和适应性。孙子的著作强调了实用战略的优势，这种战略兼具灵活性和适应性，可以很好地利用战争过程中出现的任何优势。孙子建议，军事领导人要能够创造"势"，为迅速创造优势，必要时要使用欺骗手段(兵不厌诈)[28]。在孙子关于灵活性和适应性的语句中，最能说明问题的是他把战斗力比作水，"水随地势而流，军队随敌情而制胜"[29]。

与孙子的思想一样，B. H. Liddell Hart 的间接方法概念指出，战略应该随着战争形势的发展而得到调整。具体而言，战略不应仅仅寻求克服敌方的抵抗阻力，还应利用运动和出其不意的因素，通过潜在的打击前使敌方失去平衡来取得胜利[30]。为了纠正他所认为的对克劳塞维茨军事思想的灾难性误用和误解，B. H. Liddell Hart 苦苦求索一种现代化的战略愿景，即战略与战争期间支持实现政治目标的所有政府活动有关，而不仅仅是对暴力的军事运用[31]。经过对过去战争的仔细研究，B. H. Liddell Hart 相信，当战争手段的运用以间接的方式让对手毫无准备时，这种战争一般都会获胜[32]。B. H. Liddell Hart 认为，如果战略家负责赢得军事胜利，那么战略家的责任就是在最有利的情况下寻求胜利，以产生最有利的结果。因此，战略家的真正目的与其说是寻求战斗，不如说是寻求一种非常有利的战略形势，即使它本身不能产生决策，但通过战斗的延续也一定能实现这一目标。换句话说,错位是战略的目的,其后果可能是敌人的瓦解,也可能是其自身在战斗中更容易被打击破坏[33]。

B. H. Liddell Hart 认为,应该充分利用这种"势",以确保从胜利中获得最大收益。因此,间接方法包括采用运动和出其不意的方式来瓦解敌人,并利用任何相关的军事胜利来实现政治目标[34]。

1.1.4　战略的目的

克劳塞维茨描述了领导层、军队和民众在决定战争意愿方面的相互作用。取得胜利的军事战略通常是通过将自己的优势与敌人的劣势相匹配,同时认识到敌人也会试图这样做来形成的。一个好的战略是能够产生足够的战略效果,以满足政策的要求并实现政治目的的战略。战略效果(通过军事行为和行动赢得的"通货")是由战斗部队在战斗中迸发的努力、意志和鲜血产生的。

在本书中,战略指的是为实现某种目标而调集和引导资源的艺术和科学[37]。或者更简单地说,它指的是一个国家通过其手段平衡其目的[38]。在国家利益和政策的范围内考虑,将战略进一步区分为大战略或军事战略是很有意义的。大战略,也称国家战略,在和平时期和战争时期都适用于国家权力的所有工具,从而实现一个国家的目标。正如 B. H. Liddell Hart 所解释的:"大战略(高级战略)的作用是协调和指导一个国家或一个国家联盟的所有资源,以实现战争的政治目标(由基本政策确定的目标)"[39]。相比之下,军事战略通常是指组织和指导军事行动和要素以实现具体目标的计划。在军事战略之下是战场战略,通常被称为战术[40]。

Charles Callwell 说道:"然而,战略并不是战争的最终仲裁者。战场起决定性作用",这表明他的理解是,对现有军事工具的实际考量决定了哪些战略是可行的,哪些政策选择是可以实现的[41]。Harold Winton 同样强调了这一点:"战争是一种强烈的实践活动,是对个人和机构的无情审视"[42]。战略的实施是在战争的战术层面完成的,所以陆军、海军陆战队员和空军是战略的最终执行者。Colin Gray 告诫任何致力于成为战略家的人,"军官和士兵需要的是解决方案,而不是对缺乏可用答案的复杂性的理解"[43]。因此,战略的制定不能脱离其实际执行的条件[44]。

1.2　太空战争的特征

尽管战争的性质是持久的,它的特征却在不断变化。的确,正如 Jeremy

Black 所说:"每场战争都是独特的,因为其背景(政治、社会文化、经济、技术、军事战略、地理和历史)各不相同"[45]。因此,尽管太空战争的特点将不同于其他领域的冲突,太空战争的性质仍将与对治国方略、战略和使用暴力的历史理解一致。出于这个原因,航天战略应该有一个单独的背景和词汇,以促进实际理解和实施[46]。

在考察美国和许多其他国家的太空活动范围时,它们最常被分为四个主要领域:民用、商业、情报和军事[47]。这四个部门在描述可用于实现太空政治和国家目的的手段时很有用处。

民用太空活动包括政府主导的探索太空和促进人类共同福祉的举措。美国国家航空航天局(NASA)和欧洲航天局(ESA)是领导这种努力的两个主要代表机构。民用太空活动包括人类和机器人太空探索及科学任务,目的是促进人类对地球、太阳系和宇宙的了解。值得注意的是,在民用太空活动方面所做的努力可能包括一个国家或几个国家的民用太空计划为一个共同的目标通力协作。美国的航天飞机,苏联的"和平号"空间站和国际空间站都属于民用太空活动和项目。此外,这一类别还包括无人驾驶任务,如过去的火星机器人漫游车和未来的詹姆斯·韦伯太空望远镜。

商业活动是指那些由公司提供服务,以盈利为目的的活动(无论是在近期还是在长期均属此列)。因此,商业太空活动的目的是通过进入和利用太空来创造财富[48]。目前,商业太空能力正在以前所未有的速度扩展,并认为具有增强一个国家的国家安全和提供与国家安全相关的关键国家基础设施的关键要素的潜力。商业太空领域涵盖数个专业部门,包括卫星服务、卫星制造、发射工业和地面设备部门。卫星服务部门称得上是最多样化和扩展最广的部门,其业务包括卫星电视和广播、卫星宽带、转发器协议、移动卫星服务(数据和语音)及地球观测服务[49]。

情报部门的业务主要包括政府机构为国家安全目的制定的情报、监视和侦察任务。这个部门可以使用被认为对制定和执行外交和国防政策至关重要的高分辨率图像[50]。天基情报、监视和侦察卫星的使用有助于核查军备控制协议,包括在"冷战"高峰期间由美国和苏联签署的协议。

军事太空活动是指那些寻求通过进攻性或防御性行动实现政治目标的涉及太空领域的活动,无论是进入、通过还是来自太空均属此列。军事太空活动可能包括确保国家目的的进入和使用太空的活动和效果。在目前的"美国联合作战理论"中,存在着多种军事太空能力和活动,包括太空态势感知、太空发射、太空控制、定位、导航和授时、卫星通信、环境监测、导弹预警及核爆炸探测[51]。

自太空时代开始以来,军事活动就被纳入考虑范畴,许多航天国家也一直在追求这一目标。美国兰德公司1946年的一份题为"实验性环游世界飞船的初步设计"的报告详细说明了潜在的太空军事任务,其中包括通信、攻击效果评估、气象侦察和战略侦察任务[52]。美国曾进行一系列高空核爆炸,旨在确认这种爆炸产生的高能电子是否会被困在地球磁场中。1962年7月在约翰逊岛上空248英里(1英里≈1.609千米)处进行的"海星"140万吨级核爆炸,导致低地球轨道上的几颗卫星过早失效,并使夏威夷群岛附近的通信受到严重干扰[53]。苏联也有自己的军事项目,包括部分轨道轰炸系统和反卫星测试项目[54]。

为了对太空战的预期特点有一个基本的了解,下面的章节描述了目前对合法地、公正地和安全地开展太空活动以实现国家目标的看法。这些专题领域包括当前的法律制度、《武装冲突法》、交战规则、太空的常态行为和目前的商业惯例。从这一基本理解出发,可以更好地辨别一般航天战略的原则(见第2章)。

1.2.1 现行法律制度情况

了解针对太空的法律制度有助于形成关于政客所期望的政治目的与太空行动和活动的现状如何比较的看法。在决定开战或寻求和平时,政客所寻求的政治目的与现状之间的这种差异是很重要的。政客所寻求的政治目的与法律制度所塑造的环境之间的巨大差异可能会导致战败者不情愿地接受和平,或者和平只是过渡性的,直到冲突重新爆发。

外层空间的现行法律制度借鉴了国际习惯法和国际条约法。国际习惯法通常基于数百年的法律先例,是观察国际法的基础。国际习惯法在某种程度上适用于所有的国家。相比之下,国际条约法包括条约和公约,只对那些批准了特定条约或协议的国家有约束力。虽然太空法只出现了大约50年,但它也借鉴了国际习惯法和国际条约法来形成其基本戒律。

在塑造国际太空行为的许多条约和国际协定中,1967年的《外层空间条约》仍然是最有意义且影响最为深远的。《外层空间条约》正式的名称是《关于各国探索和利用包括月球和其他天体在内外层太空活动的原则条约》,其于1967年10月10日生效,并就如何利用外层太空做出了广泛的声明[55]。根据《外层空间条约》,外层太空对所有国家的探索和利用保持开放,而且太空不受国家特定状况的限制,应当用于和平目的。

《外层空间条约》还涉及对武器使用和一些军事活动的法律限制。此外,其规定不得在自然天体上建立军事基地、设施和防御工事,也不得进行武器试验[56]。自然天体包括地球的卫星月球,但不包括地球。然而,军事人员可以在自然天体上从事研究和与"和平目的"有关的活动,包括进行自卫或实施"阻却"措施。

除了《外层空间条约》,其他条约和协定也形成了相应的法律制度[57]。这些条约包括1968年《关于营救宇航员、送回宇航员和归还发射到外空的实体的协定》、1972年《太空物体造成损害的国际责任公约》、1975年《关于登记射入外层太空物体的公约》、1972年《美苏关于限制反弹道导弹系统条约》(美国后来退出了该条约)、1973年《国际电信公约》和1980年《禁止为军事或任何其他敌对目的使用改变环境的技术的公约》[58]。

在考虑航天战略时,1973年《国际电信公约》是有借鉴意义的,因为该公约促成了在太空和通过太空的电磁频谱的公平使用。鉴于通信卫星使用的整个频谱被看作是一种有限的资源,所以国际电信联盟以该公约为指导,监督卫星使用的工作频率的分配。该公约指出:

> 在使用太空无线电业务的频带时,各会员国应注意,无线电频率和地球同步卫星轨道是有限的自然资源,必须有效而节省地予以使用,以使各国或国家集团可以依照无线电规则的规定并考虑到发展中国家和个别国家的地理位置的特殊需要,公平地使用无线电频率和地球同步卫星轨道……[59]

因此,必须通过一个国际组织来分配有限的自然资源,从而确保所有国家都能公平地进入和利用太空[60]。

1.2.2 行为规范与行动守则

此外,其他在日常活动中影响到太空的一些东西被认为是正常的或可接受的,尽管它们不是太空法律制度的一部分,包括太空"行为规范"。Everett Dolman 说:"规范是在权利和义务方面定义的行为标准"[61]。从本质上来说,规范是为了简单地描述在特定情况或背景下什么是正常的行为或活动。人们认为,随着时间的推移,通过对未来行动的惯例期待和预期,规范行为可以变得更加可预测,从而影响到公认的法律制度[62]。

一些政策制定者认为,在建立太空行为规范是加强外层太空环境安全和可持续性的一种方法。此外,鉴于主要太空强国一直在抵制寻求可能破坏现状的措施,所以建立太空行为规范似乎是修改和重新磋商具有法律约束力的文书——包括《外层空间条约》——一个有吸引力的替代办法。然而,Roger Harrison 也已经注意到了建立行为规范的弊端,他说:"如果为了达成共识而牺牲了具体性,那么由此产生的不具约束力、有条件和/或措辞含糊的'规范'制度可能会破坏而不是增加太空的稳定性。"[63] 在一些太空政策和安全专业相关人员中存在着一种紧迫感,这种紧迫感源于通过不具法律约束力的工具和框架来解决外层太空的稳定性和可持续性问题,以便"在短期内为负责任的航天国家建立规范"[64]。人们希望,太空行为规范将促成以安全为重点的太空交通管制,尽量减少额外太空碎片的产生,优化交会分析,并有助于共享太空监视信息[65]。

欧洲联盟(简称欧盟)提出的《太空活动行为准则》是正式确立太空行为规范的努力的一部分。2008 年,欧盟公布了一份《太空活动行为准则》草案。通过自愿签署的形式,《太空活动行为准则》寻求在成员国内建立"政策和程序,以尽量减少事故的可能性……或尽量减少对其他国家和平探索和利用外层太空的权利的任何形式的有害干扰。[66]"该准则基于三项原则:为和平目的的自由进入太空;维护在轨太空物体的安全和完整;考虑国家的合法防御利益。由于该准则不具有法律约束力,因此没有正式的执行机制或实质性的弥偿来处理违反准则的行为。

欧盟的《太空活动行为准则》为正式制定试图争取更广泛的全球支持的国际"行为准则"奠定了基础。然而,国际上的这一努力在 2015 年失败了,一些人认为这一失败是一个重大的外交挫折,特别糟糕的是,各国目前还没有就以何种方式重新启动这一努力达成共识[67]。也许最令人失望的是,对国际"行为准则"的大多数反对意见都集中在其制定过程而非其内容上[68]。

虽然从安全和可持续性的角度来看,规范和行为准则内的正式协议是有用的,但若认为"规范"将有助于识别潜在对手的意图,则可谓是天方夜谭。Audrey Schaffer 指出:"规范不是制约外层太空的侵略性、敌对性、挑衅性或其他故意不负责任的行为的万能药[69]"。规范不会阻止有意做坏事的坏人。对既定行为规范的偏离可以帮助提供指示和警告,并对异常行动进行进一步审查和分析。规范不应该被用作确定敌对意图或敌对行为的门槛。通过规范偏差的潜在提示,以及任何进一步的审查和由此产生的分析,可以更好地了解根据"交战规则"衍生的固有自卫权下所应采取的行动。

1.2.3　商业航天中的商务惯例与软规范

Peter Hays 和 James Vedda 指出,许多国家安全相关的太空专业人员认为,

"行为规范如果是自下而上的,而非自上而下的,则该规范较为容易被人们接受和维持"[70]。在这一规范中,这种自下而上的方法将重点关注如何进行常规的、日常的太空操作,而商业太空部门恰恰密切参与了这一过程。

商业部门大量的在轨卫星以及相关的地面系统决定了在日常的太空运作中被公认的规范,Carissa Christensen 将这些日常运作和相关的商业惯例称为软性规范[71]。这些软性规范大多没有记录,没有正式商定,也没有书面编纂成册[72]。由于商业太空在今天的在轨系统中占很大比例,所以商业太空公司在阐释太空中标准的日常国际和政府行为方面至关重要[73]。此外,由于该部门的年增长率大多与1%~3%的通货膨胀率同步[74],所以商业太空部门的这种影响预计将在未来持续增长。与其他规范一样,软性规范的意义在于,任何偏离标准商业惯例的行为都可能作为不正常的行为凸显出来,或被用于提示可能的邪恶活动或潜在的敌对行为。

此外,鉴于大量的商业太空活动将影响与政治目的相关的和实施航天战略的可用手段,因此商业太空活动将塑造航天战略。例如,与太空有关的政治目的可能包括希望通过卫星服务增加商业和贸易,采用的手段可能包括将商业卫星频谱用于战场上的军事对抗。

另一个重要的考量是,目前的商业太空环境塑造了约定俗成的观念,即任何被迫或主动达成的和平都将以此为标准,这意味着商业太空有助于决定任何和平是否持久。

有三个广泛的领域需要考虑商业太空的商业惯例或软性规范,分别是最大限度地减少碎片和对操作的危害,协调交会和接近操作,以及最大限度地减少电磁干扰(包括协调频谱使用)。由于商业太空部门具有不同的功能,所以不是每个商业太空公司都会满足这些最佳实践的每个方面。尽管如此,这三个领域是最应该花力气解决安全问题、可持续性问题和尽量减少太空风险的地方。

1.2.4 减小空间碎片危害

为了尽量减少轨道碎片的数量和它们对太空作业的危害(无论是在发射期间还是在轨作业期间),相关公司通常会考虑设计和制造卫星和发射系统。在商业发射作业之前,要向空域控制人员发出预先通知,以减少对附近发射区、飞行轮廓空域内的人类的危害,并与其他处于发射或在轨状态的卫星消除冲突。在低地轨道,这一要求包括建立和实施一个脱轨计划,以防止报废卫星成为操作系统的潜在危险。在地球静止轨道,减轻风险的措施可能包括将无功能或过时的系统移至"坟墓轨道"或其他轨道,使其不被正在运行的卫星所干扰。此外,尽量减少危险和风险的努力还包括事先协调,通过国际电信联盟获得地球静止轨道位置的使用情况。所有这些努力都是为了尽量减少与商业太空发射和在轨运行有关的风险。第9章将进一步讨论轨道碎片的减缓问题。

1.2.5　协调太空中的交会与抵近

当商业卫星运营商考虑与其他在轨卫星进行交会对接或接近作业时,他们通常希望在必要时与其他可能受影响的运营商协调任何轨道机动计划。这种协调可能包括分担交会对接和近距离接触的相关风险。当一颗卫星发生故障或无法运行时,商业公司将向商业或政府组织通报实时情况、交会分析以及任何相关风险。

为了促进商业可用信息的共享,像 AGI(Analytical Graphics Inc.)公司已经建立了一个商业太空操作中心,利用全球商业传感器网络来跟踪卫星并生成一个全面的太空态势感知图[75]。与尽量减少在轨危险和通过太空态势感知共享交会分析的努力密切相关的是太空交通管制活动[76]。太空交通管制(STM)的目标是加强、促进和支持商业太空产业的持续发展[77],确保安全的商业太空运作,尽量减少交会风险的错误警报,以及促进行为规范和最佳实践的开发和共享。

1.2.6　减小电磁干扰影响

尽量减少电磁干扰和协调整个频谱的频率使用以使其符合商业太空运营商和服务提供商的利益,商业服务提供商通常会通过国内监管机构(如美国联邦通信委员会)获得在轨无线电频谱使用的批准,然后通过国际电信联盟寻求批准。太空数据协会(一个由卫星运营商组成的非营利性协会)旨在寻求可控、可靠和高效的数据共享,以改善太空环境和无线电频谱[78]的安全性和完整性。频谱的这种协调涉及最大限度地减少由于盲目地使用激光(如用于测距的激光)而造成的卫星干扰风险。

展望未来,商业航天业将继续塑造常规的太空操作的定义,包括保险业通过保险承保程序和对发射供应商或在轨运营商的定价来加强任何事实上的规范。通常情况下,保险业根据与整个商业太空企业的最佳实践相比是安全的东西来制定价格。因此,核保险过程是影响发射和在轨运行的关键手段之一。

当然,未来还存在其他的挑战,商业部门将通过建立软性规范来帮助解决这些问题,并建立新方法。未来的挑战包括商业公司如何利用轨道碎片(如火箭箭体)获取经济利益;接近操作,如需要获得许可才能拍摄或接近他人的卫星;在轨服务,包括加油和检查;如何在未来的太空旅游活动中促进人类安全;以及太空交通管制如何在国际上予以协调和整合。本书将在第8章中对商业太空部门更详细地予以审视和讨论。

1.3 小 结

本章从基础的角度阐述了进入和利用太空的考量,以及太空冲突如何适应战争的持久性和历史经验。政客将基于对恐惧、荣誉和利益的评估,决定是否在太空中发起战争或向太空中扩张。然而,太空战争的性质将不同于其他领域的冲突,当前的法律制度、太空中的常态行为和商业最佳实践有助于塑造这一特点。政府和商业活动的现状对制定切实的航天战略颇有影响,因为这些活动将直接影响政客所寻求的政治目的和采用的军事手段。

第2章阐释了航天战略的理论框架,这一理论从属于克劳塞维茨和其他军事理论和战略大师所阐述的一般战争理论。

引文标注

1 Robert B. Strassler, *The Landmark Thucydides:A Comprehensive Guide to the Peloponnesian War* (New York:Free Press,1996),43.

2 Carl von Clausewitz, *On War*, trans. and eds. Michael Howard and Peter Paret(Princeton,NJ:Princeton University Press,1989),81.

3 Sun Tzu, *The Art of War*, trans. Samuel B. Griffith(Oxford:Oxford University Press,1963),63.

4 Mao Tse-tung,"On Protracted War," in *Selected Military Writings of Mao Tse-tung* (Peking:Foreign Language Press,1963),226-227.

5 Carl von Clausewitz, *Vom Kriege*, erster Band(Berlin:Ferdinand Dummler,1832),4.

6 Peter Browning, *The Changing Nature of Warfare:The Development of Land Warfare from 1792 to 1945*(Cambridge:Cambridge University Press,2002),2.

7 Eric J. Grove, introduction to *Some Principles of Maritime Strategy*, Julian S. Corbett(London:Longmans,Green and Co.,1911;reprint,Annapolis,MD:Naval Institute Press,1988),xxxvi. Comments attributed to the London Times.

8 Julian S. Corbett, *Some Principles of Maritime Strategy* (London: Longmans, Green and Co., 1911; reprint, Annapolis, MD: Naval Institute Press, 1988), 307.

9 Corbett, *Some Principles of Maritime Strategy*, 308.

10 Colin S. Gray, *Air power for Strategic Effect* (Maxwell Air Force Base, AL: Air University Press, 2012), 7.

11 Clausewitz, *On War*, 189.

12 Colin S. Gray, *Fighting Talk: Forty Maxims on War, Peace, and Strategy* (Westport, CT: Greenwood Publishing, 2007), 29.

13 同上.

14 Colin S. Gray, *The Strategy Bridge: Theory for Practice* (Oxford: Oxford University Press, 2010).

15 Clausewitz, *On War*, 189.

16 This does not discount that war's conduct may include coercion through intimidation or threat of military force.

17 Jeremy Black, *War and the New Disorder in the 21st Century* (New York: Continuum, 2004), 163–164.

18 B. H. Liddell Hart, *Strategy: The Indirect Approach*, 2nd ed. (London: Faber and Faber, 1967), 366.

19 Edward N. Luttwak, *Strategy: The Logic of War and Peace* (Cambridge, MA: Harvard University Press, 1987), 58.

20 Michael I. Handel, *Masters of War: Classical Strategic Thought*, 3rd ed. (London: Frank Cass, 2001), 197–198.

21 Clausewitz, *On War*, 80.

22 Quoted in Barry D. Watts, "Clausewitzian Friction and Future War," McNair Paper No. 68 (National Defense University, 2004), 1.

23 Clausewitz, *On War*, 85–86.

24 Watts, "Clausewitzian Friction and Future War," 83.

25 J. C. Wylie, *Military Strategy: A General Theory of Power Control*, with introduction by John B. Kattendorf (New Brunswick, NJ: Rutgers University Press, 1967; reprint, Annapolis, MD: Naval Institute Press, 1989), 70. Emphasis original.

26 Gray, *Fighting Talk*, 160.

27 Gray, *Fighting Talk*, 160.

28 Sun Tzu, *The Art of War*, 66.

29 Sun Tzu, *The Art of War*, 101.

30 Liddell Hart, *Strategy: The Indirect Approach*, 337.

31 Liddell Hart, *Strategy: The Indirect Approach*, 366.

32 Liddell Hart, *Strategy: The Indirect Approach*, 25.

33 Liddell Hart, *Strategy: The Indirect Approach*, 339; emphasis original.

34 Liddell Hart, *Strategy: The Indirect Approach*, 349.

35 "The first... mainly concerns the people; the second the commander and his army; the third the government." Clausewitz, *On War*, 89.

36 Gray, *Fighting Talk*, 55.

37 John J. Klein, *Space Warfare: Strategy, Principles and Policy* (Abingdon: Routledge, 2006), 4.

38 Strategy and Force Planning Faculty, *Strategy and Force Planning*, 3rd ed. (Newport, RI: Naval War College Press, 2000), 20. For another description of strategy, see John M. Collins, *Grand Strategy: Principles and Practices* (Annapolis, MD: Naval Institute Press, 1973), 14.

39 Liddell Hart, *Strategy: The Indirect Approach*, 335—336.

40 Other divisions of warfare exist. "The theory of military art, as applied to military operations of various scope, is divided into strategy, operational art, and tactics." V. D. Sokolovskii, *Soviet Military Strategy*, trans. Herbert Dinerstein, Leon Gouré and Thomas Wolfe (Englewood Cliffs, NJ: Prentice-Hall, 1963), 88.

41 Charles E. Callwell, *Small Wars: A Tactical Textbook for Imperial Soldiers* (London, 1906; reprint, London: Greenhill Book, 1990), 90.

42 Harold R. Winton, "On the Nature of Military Theory," in *Toward a Theory of Space power: Selected Essays*, eds. Charles D. Lutes and Peter L. Hays, with Vincent A. Mazo, Lisa M. Yambrick, and M. Elaine Bunn (Washington: National Defense University Press, 2011), 23.

43 Gray, *Fighting Talk*, 5.

44 Bernard Brodie, *War and Politics* (New York: The Macmillan Company, 1973), 452.

45 Jeremy Black, *Rethinking Military History* (Abingdon: Routledge, 2004), 19.

46 Klein, *Space Warfare*, 154.

47 Peter L. Hays, James M. Smith, Alan R. Van Tassel, and Guy M. Walsh, *Spacepower for a New Millennium: Space and National Security* (New York: McGraw-Hill, 2000), 2-3. Some have also included the "international sector" on the list. See Dana Johnson, Scott Pace, and C. Bryan Gabbard, *Space: Emerging Options for National Power* (Santa Monica, CA: RAND Corporation, 1988), 18.

48 Hays et al., *Spacepower for a New Millennium*, 2.

49 "2016 State of the Satellite Industry Report" (Bryce Space and Technology and Satellite Industry Association, September 2016), https://brycetech.com/downloads/SIA_SSIR_2016.pdf.

50 Hays et al., *Spacepower for a New Millennium*, 2.

51 Joint Chiefs of Staff, *Space Operations*, Joint Publication 3-14 (April 10, 2018), ix, www.jcs.mil/Portals/36/Documents/Doctrine/pubs/jp3_14.pdf.

52 Hays et al., *Spacepower for a New Millennium*, 2.

53 同上.,17.

54 同上.,30 and 35. See also Paul B. Stares, *The Militarization of Space: U. S. Policy*, 1945-1984 (Ithaca, NY: Cornell University Press, 1985), 80.

55 United Nations General Assembly, resolution 2222(XXI), *Treaty on Principles Governing the Activities of States in the Exploration and Use of Outer Space, including the Moon and Other Celestial Bodies, or The Outer Space Treaty* (1967), www. unoosa. org/oosa/en/ourwork/spacelaw/treaties/outerspacetreaty. html

56 同上.,Article IV.

57 Nathan C. Goldman, *American Space Law: International and Domestic*, 2nd ed. (Ames, IA: Iowa State University Press, 1996), 68. The Outer Space Treaty is considered the most definitive on the subject, but it owes much of its content to the 1963 Declaration of Legal Principles Governing the Activities of States in the Exploration and Use of Outer Space and the 1959 Antarctic Treaty.

58 同上. See appendices 1,2,3, and 4. Although the administration of George W. Bush formally announced in December 2001 the withdrawal of the United States from the Anti-Ballistic Missile Treaty, and officially did so in June 2002, the treaty still served to shape current perceptions on the uses of space.

59 U. S. Congress, House Committee on Commerce, Science, and Transportation, *Space Law: Selected Basic Documents*, 2nd ed. (95th Congress, 2nd session, 1978), 86-87.

60 Goldman, *American Space Law*, 28-29.

61 Everett C. Dolman, *Astropolitik: Classical Geopolitics in the Space Age* (London: Frank Cass, 2002), 87.

62 同上.,87.

63 Roger G. Harrison, Key Points, in "Space and Verification. Vol. I: Policy Implications" (Eisenhower Center for Space and Defense Studies, 2010), https://swfound. org/media/3 7101/space%20and%20verification%20vol%201 %20-%20policy%20implications. pdf

64 Michael Krepon, "Origins of and rationale for a space code of conduct," in *Decoding the International Code of Conduct for Outer Space Activities*, ed. Ajey Lele (New Delhi: Pentagon Security International, 2012), 31.

65 European Union, "International Code of Conduct for Outer Space Activities," draft version 31 (2014), 7, https://eeas. europa. eu/sites/eeas/files/space_code_conduct_draft_vers_31-march-2014_en. pdf

66 同上.

67 James A. Vedda and Peter L. Hays, "Major Policy Issues in Evolving Global Space Operations" (The Mitchell Institute of Aerospace Studies, February 2018), 21, www. aerospace. org/publications/policy-papers/major-policy-issues-in-evolving-global-space-operations/

68 同上.

69 Audrey Schaffer,"The Role of Space Norms in Protection and Defense," *Joint Force Quarterly* 87(October 2017),89,http://ndupress. ndu. edu/Publications/Article/1325996/the-role-of-space-norms-in-protection-and-defense/

70 Vedda and Hays,"Major Policy Issues in Evolving Global Space Operations," 2.

71 Carissa Christensen, "Commercial Space and Soft Norms"(presentation, Biyce Space and Technology,London,2017).

72 同上.

73 "2017 State of the Satellite Industry Report"(Biyce Space and Technology and Satellite Industry Association, June 2017),9, www. sia. org/wp – content/uploads/2017/07/SIA – SSIR – 2017. pdf

74 同上.

75 See "ComSpOC," AGI,accessed August 1,2018,www. agi. com/comspoc

76 Vedda and Hays,"Major Policy Issues in Evolving Global Space Operations," 3.

77 "President Signs Space Traffic Management Policy," Department of Commerce, Office of Space Commerce, press release, June 18, 2018, www. space. commerce. gov/president-signs-space-traffic-management-policy/

78 "Space Data Association," Space Data Association, accessed August 1,2018, www. space-data. org

参考文献

[1] "2016 State of the Satellite Industry Report." Bryce Space and Technology and Satellite Industry Association, September 2016. https://brycetech. com/downloads/SIA_ SSIR_2016. pdf

[2] "2017 State of the Satellite Industry Report." Bryce Space and Technology and SatelliteIndustry Association, June 2017. www. sia. org/wp-content/uploads/2017/07/SIA-SSIR-2017. pdf

[3] Black, Jeremy. *Rethinking Military History.* Abingdon: Routledge, 2004.

[4] Black, Jeremy. *War and the New Disorder in the 21st Century.* New York: Continuum, 2004. Brodie, Bernard. *War and Politics.* New York: The Macmillan Company, 1973.

[5] Browning, Peter. *The Changing Nature of Warfare: The Development of Land Warfare from 1792 to 1945.* Cambridge: Cambridge University Press, 2002.

[6] Callwell, Charles E. *Small Wars: A Tactical Textbook for Imperial Soldiers.* London, 1906; reprint, London: Greenhill Book, 1990.

[7] Christensen, Carissa. "Commercial Space and Soft Norms." Presentation. Bryce Space and Technology, London, 2017.

[8] Clausewitz, Carl von. *On War*. Translated and edited by Michael Howard and Peter Paret. Princeton, NJ: Princeton University Press, 1989.

[9] Clausewitz, Carl von. *Vom Kriege*, erster Band. Berlin: Ferdinand Dummler, 1832.

[10] Collins, John M. *Grand Strategy: Principles and Practices*. Annapolis, MD: Naval Institute Press, 1973.

[11] "ComSpOC." AGI. Accessed August1, 2018, www.agi.com/comspoc

[12] Corbett, Julian S. *Some Principles of Maritime Strategy*. London: Longmans, Green and Co., 1911; reprint, Annapolis, MD: Naval Institute Press, 1988.

[13] Dolman, Everett C. *Astropolitik: Classical Geopolitics in the Space Age*. London: Frank Cass, 2002.

[14] European Union. "International Code of Conduct for Outer Space Activities." Draft version 31. 2014. https://eeas.europa.eu/sites/eeas/Iiles/space_code_conduct_draft_vers_31-march-2014_en.pdf

[15] Goldman, Nathan C. *American Space Law: International and Domestic*. 2nd edition. Ames, IA: Iowa State University Press, 1996.

[16] Gray, Colin S. *Airpower for Strategic Effect*. Maxwell Air Force Base, AL: Air University Press, 2012.

[17] Gray, Colin S. *The Strategy Bridge: Theory for Practice*. Oxford: Oxford University Press, 2010.

[18] Gray, Colin S. *Fighting Talk: Forty Maxims on War, Peace, and Strategy*. Westport, CT: Greenwood Publishing, 2007.

[19] Grove, Eric J. Introduction to *Some Principles of Maritime Strategy*, xi–xlv. Julian S. Corbett. London: Longmans, Green and Co., 1911; reprint, Annapolis, MD: Naval Institute Press, 1988.

[20] Handel, Michael I. *Masters of War: Classical Strategic Thought*. 3rd edition. London: Frank Cass, 2001.

[21] Harrison, Roger G. "Space and Verification. Vol. I: Policy Implications." Eisenhower Center for Space and Defense Studies, 2010. https://swfound.org/media/37101/space%20and%20verification%20vol%201%20-%20policy%20implications.pdf

[22] Hays, Peter L., James M. Smith, Alan R. Van Tassel, and Guy M. Walsh. *Spacepower for a New Millennium: Space and National Security*. New York: McGraw-Hill, 2000.

[23] Johnson, Dana, Scott Pace, and C. Bryan Gabbard. *Space: Emerging Options for National Power*. Santa Monica, CA: RAND Corporation, 1988.

[24] Joint Chiefs of Staff. *Space Operations*. Joint Publication 3-14. April 10, 2018. www.jcs.mil/Portals/36/Documents/Doctrine/pubs/jp3_14.pdf

[25] Klein, John J. *Space Warfare: Strategy, Principles and Policy*. Abingdon: Routledge, 2006.

[26] Krepon, Michael. "Origins of and Rationale for a Space Code of Conduct." In *Decoding the International Code of Conduct for Outer Space Activities*, edited by Ajey Lele, 30-34. New Delhi: Pentagon Security International, 2012.

[27] Liddell Hart, B. H. *Strategy: The Indirect Approach*. 2nd edition. London: Faber and Faber, 1967.

[28] Luttwak, Edward N. *Strategy: The Logic of War and Peace*. Cambridge, MA: Harvard University Press, 1987.

[29] Mao Tse-tung. *Selected Military Writings of Mao Tse-tung*. Peking: Foreign Language Press, 1963.

[30] "President Signs Space Traffic Management Policy." Department of Commerce. Office of Space Commerce. Press release, June 18, 2018. www.space.commerce.gov/president-signs-space-traffic-management-policy/

[31] Schaffer, Audrey. "The Role of Space Norms in Protection and Defense." *Joint Force Quarterly* 87 (October 2017): 88-92. http://ndupress.ndu.edu/Publications/Article/1325996/the-role-of-space-norms-in-protection-and-defense/

[32] Sokolovskii, V. D. *Soviet Military Strategy*. Translated by Herbert Dinerstein, Leon Goure and Thomas Wolfe. Englewood Cliffs, NJ: Prentice-Hall, 1963.

[33] "Space Data Association." Space Data Association. Accessed August 1, 2018, www.space-data.org

[34] Stares, Paul B. *The Militarization of Space: U.S. Policy*, 1945-1984. Ithaca, NY: Cornell University Press, 1985.

[35] Strassler, Robert B. *The Landmark Thucydides: A Comprehensive Guide to the Peloponnesian War*. New York: Free Press, 1996.

[36] Strategy and Force Planning Faculty. *Strategy and Force Planning*. 3rd edition. Newport, RI: Naval War College Press, 2000.

[37] Sun Tzu. *The Art of War*. Translated by Samuel B. Griffith. Oxford: Oxford University Press, 1963.

[38] United Nations General Assembly. Resolution 2222 (XXI). *Treaty on Principles Governing the Activities of States in the Exploration and Use of Outer Space, including the Moon and Other Celestial Bodies*, or *The Outer Space Treaty*. 1967. www.unoosa.org/oosa/en/ourwork/spacelaw/treaties/outerspacetreaty.html

[39] U.S. Congress, House Committee on Commerce, Science, and Transportation. *Space Law: Selected Basic Documents*. 2nd edition. 95th Congress, 2nd session, 1978.

[40] Vedda, James A. and Peter L. Hays. "Major Policy Issues in Evolving Global Space Operations." The Mitchell Institute of Aerospace Studies, February 2018. www.aerospace.org/publications/policy-papers/major-policy-issues-in-evolving-global-space-operations/

[41] Watts, Barry D. "Clausewitzian Friction and Future War." McNair Paper No. 68. National Defense University, 2004.

[42] Winton, Harold R. "On the Nature of Military Theory." In *Toward a Theory of Spacepower: Selected Essays*, edited by Charles D. Lutes and Peter L. Hays, with Vincent A. Maio, Lisa M. Yambrick, and M. Elaine Bunn. Washington: National Defense University Press, 2011.

[43] Wylie, J. C. *Military Strategy: A General Theory of Power Control*. With introduction by John B. Hattendorf. New Brunswick, NJ: Rutgers University Press, 1967; reprint, Annapolis, MD: Naval Institute Press, 1989.

第 2 章　航天战略

战争中的一切看似都非常简单,但至简即至难[1]。

——克劳塞维茨

任何航天战略的理论均是战争一般理论的补充,其并未细分至某个领域。尽管航天战略需要归入整个战争一般理论的框架范畴,但制定一个持久有效的航天战略必须使其特征有别于陆地、海洋、空中和网络战略。然而,航天战略的行动和预期的效果可能会跨越这些领域。因此,从这个角度来说,航天战略有时会对其他领域的战略起到加强作用。

下面的航天战略框架旨在补充第 1 章中描述的、经受住时间考验的、由过去战略家的著作所阐释的一般战争理论。本章将探讨航天战略的目的以及航天战略一般理论的各种信条,包括太空制天权、进攻和防御战略、能力较弱者的战略、分散和集中,以及占位。值得一提的是,其中的许多原则和概念也同样契合于大国、中等国家和新兴太空强国的战略,这些将分别在第 5~7 章中予以讨论。

下面所阐释的原则是通过类比陆战、海战或空战的战略而得出的,然而,John Sheldon 和 Colin Gray 尖锐地指出了在制定航天战略的一般框架时战略类比的局限性。他们抨击道,虽然采取战略类比是"创建和发展持久且普遍的太空力量理论道路上的必要步骤"[2],归根结底,战略类比的这一根"拐杖"需要被束之高阁,以便通过归纳推理在理论制定方面取得更好的进展[3]。尽管战略类比有缺陷,但本书提供的框架(其是通过战争的持久性和历史经验的教训所得出的)是为了"训练未来指挥官的头脑,或者更准确地说,指导他们进行自我教育……"[4]。

2.1　航天战略的目的

航天战略的目的是确保进入和使用太空[5],航天战略的这一既定目的是从许多记录在案的航天战略中衍生得出的,并且人们还将其与空中和海上战略进行了类比。虽然一些战略家可能对这种说法不置可否,或者认为这种说法值得商榷,但从整体上看,我们认为这种关于航天战略的说法是有用的、实用的和准确的。

一些战略家从空战和海战的理论中推断出航天战略[6]。早期的空中力量思想已经意识到进入和使用空域的需求,以及整个空域内的人与物的流动。在第一次世界大战爆发之前,Giulio Douhet(1869—1930)总结道:"拥有制空权意味着能够阻拒敌人在空域的航行,同时维持自身自由航行的能力[7]。"

在早期的空军实力定义中,美国陆军将军和空军理论家 William Billy Mitchell(1879—1936)说道:

> 空中力量可以被定义为在空中从事相关活动的能力,包括用飞机把各种东西从一个地方运送到另一个地方。鉴于整个世界中空域无处不在,因此没有一个地方可以不受飞机的影响[8]。

美国海军军官和战略家 Alfred Thayer Mahan 积极倡导进攻性行动,并主张要寻求决定性战役。同时,他也讨论了海上通道——或者说那些通常用于物资供应和贸易的通道——的重要性。这些线路具有战略性质,对一个国家的生死存亡至关重要。Alfred Thayer Mahan 写道:"通道在战争中占主导地位。从广义上讲,它们是政治或军事战略中最重要的单一要素。"[9]如果不能获取和维持这种通道,海上的进攻行动就注定要以失败告终。

最近发布的文件反映出一种理念,即把确保进入和使用太空作为当务之急。根据中国安全分析专家的说法,中国的太空行动和战略的目标是创造太空优势,其定义为"确保自己有能力充分使用太空,同时限制、削弱和摧毁对手的太空力量"[10]。在太空的重要性方面,《2017 年美国国家安全战略》得出了类似的结论,即"美国认为不受限制地进入太空和自由作业是一项重要利益"[11]。欧盟的《2016 年欧洲航天战略》也与这一理念不谋而合:"欧洲需要确保其行动自由和自主权。欧盟需要进入太空并能够安全地使用它。"[12]从整体上看,与空中和海上战略的类比及主要太空大国的太空政策和战略表明,航天战略的一般理论所设定的目标是确保进入和使用太空。

美国于 2015 年发布的一份题为《太空领域任务保障》的白皮书更加强调了进入和使用太空的重要性[13],该文件详细介绍了与美国国家安全相关的太空企业对任务保障和复原力(弹性)的思考,并将任务保障定义为:

> 一种保护或确保相关能力和资产(包括人员、设备、设施、网络、信

第2章 航天战略

息和信息系统、基础设施和供应链)的持续功能和复原力(弹性)的过程,而这对于在任何作业环境或条件下履行国防部基本任务职能至关重要[14]。

在定义复原力(弹性)时,该文件包括六个独立的特征:分解、分布、多样化、保护、扩散和欺骗[15]。此外,复原力(弹性)包括"一个以更高的概率支持任务取得成功所需的功能的框架[16]。尽管存在着敌对行动或不利条件,其仍可以延长相关能力衰减的时间,并能够跨越更广泛的情景、条件和威胁"。虽然白皮书试图包容许多不同的想法,但任务保证和复原力(弹性)的定义意味着确保进入和使用太空的基本需求。

航天战略的这一目的是通过"太空通路"(CLOC)实现的[17]。正如本书所定义的那样,"太空通路"是指那些在太空内、通过太空和来自太空的通道,其用于贸易、物资、供应、人员、航天器、电磁传输和一些军事设施的通信[18]。通过确保进入自己的"太空通路",一个国家可以捍卫其外交、经济、信息和军事利益。由于进入和使用太空是极其重要的,因此航天战略必须保护和捍卫自己的"太空通路",同时限制对手进入或使用其"太空通路"的能力。

与海上通道一样,太空中的通道往往与对手并行,并经常与对手共享。例如,潜在的竞争者和对手可以使用相同的无线电频谱和轨道簇。因此,往往不能在不影响双方,甚至是中立方的太空通信的情况下攻击对手的空间通信。出于这个原因,在对对手发起军事行动之前,应充分考虑其结果是否会严重阻却或影响自己进入和使用太空,或对中立方和商业太空伙伴造成负面影响。正如经常提到的那样,在轨碎片的产生或电磁干扰不仅是相互竞争的太空大国的关切,而且更是整个国际太空界的关切。

历史经验一次又一次地告诉世人,无论国家安全利益处于何处,国家都必须予以保护,太空也不例外。虽然国家是进行利益保护并产生相应影响的公认主体,但非国家行为者(包括非政府组织和商业公司)也可以通过其太空活动实现一些战略效果。因此,航天战略及其实际执行与国家和相关组织密切相关,无论大国还是小国均是如此。

2.2 控制太空

太空的内在价值是其允许你做什么。正因为如此,那些对太空感兴趣的人可能试图保护和促进他们对太空的持续进入和使用,这种保护和促进是通过制天权的概念实现的[19]。此外,制天权还包括防止或阻却敌方进入和使用其"太空通路"的能力,或至少将敌方所能造成的严重后果降到最低。

Bleddyn Bowen 认为,太空战的意义在于谋求制天权,而制天权与操纵太空通路唇齿相依[20]。Julian Corbett 在讨论海洋战略的目的时写道:"海战的目的必须始终是直接或间接地确保制海权,或防止敌人获得这种制海权。"[21]

美国国防部关于太空的理论包含了制天权的基本前提(尽管其使用的是太空控制这一术语)。2018 年,美国军界提出的题为"太空行动"的联合学说指出:"美国太空军应获得制天权,以确保美国及其盟友在太空的行动自由,并在得到指示时阻却对手在太空的自由行动"[22]。因此,类比制天权,该联合学说也指出,需要保护美国对其太空资产的自由使用,同时阻却对手使用其太空资产。

美国海军军官和战略家 J. C. Wylie 指出了制天权和"太空控制"之间的相似之处,并描述了战略的一般理论,其中涵盖了他所倡导的控制思想。他在《军事战略》一书中写道:

> 战略家推演战争的主要目的是为了战略家自己的目的而对敌人进行某种程度的控制,这是通过对战争模式的控制来实现的。进一步地,这种对战争模式的控制是通过操纵战争的重心实现的,以使之对战略家有利而对对手不利。

真正的战略家能推演战争的性质、位势、时间和重心,J. C. Wylie 利用由此产生的对战争模式的控制来达到自己的目的[23]。

因此,J. C. Wylie 认识到,战略家的作用不是在绝对意义上建立控制,而是在一定程度上建立控制。

虽然太空行动并不总是能提供决定性的战略效果以获得成功,但达成这种胜利的条件确实较为罕见。这是因为为了产生最大的影响并影响到战争的战略层面,冲突势必会涉及绝大多数人的生活地点。正如 Colin Gray 所言:"所有冲突必须有地面参照,因为人只能生活在陆地上……"[24]。因此,无论制天权达到多大程度或行动执行得有多好,太空行动能够实现的战略目标都有着实际限制。获取制天权也许可以实现战略效果,但战术和作战层面的太空行动只在最罕见的情况下方才具有内在的战略意义。毕竟,战略效果是由目标而不是由攻击手段决定的[25]。

2.2.1 全局控制与局部控制

由于太空广阔无垠,在哪里以及何时获得和行使制天权是至关重要的。因此,制天权可以根据其获得的地点和持续时间长短加以区分。就太空战而言,这种制天权可以是整体的或局部的,也可以是持久的或暂时的[26]。

当一个国家的敌人不再能够以危险的方式对该国使用太空通路采取行动,并且该国的敌人不能充分地捍卫他自己的太空通路时,该国就实现了对太空的全面制天权。在此情况下(特殊情况除外),制天权可允许一个国家不受限制地使用太空进行外交、贸易、商业、信息服务或军事行动。这一点与海洋战略相似,即当一个国家的敌人不再能够对其通道和通信线路采取"危险行动",甚至不能保卫自己的通信线路时,该国就实现了对海洋全面控制;因此,敌人便无法对该国在海上的贸易、军事或外交活动进行严重干扰[27]。

对于局部控制(局部制天权)而言,是在一个小于国家利益所在的总区域内获得或行使的。局部制天权可能不甚强大,但它是那些能力较弱的太空国家的一个合适的依靠手段。一旦获得局部制天权,一个国家便可以通过进攻或防御措施保护该国最重要的太空通路,而其对手可能无法在同一个有限区域内使用其通信。一个国家谋求局部制天权的动机可能包括希望在国际社会中获得声望、争取国内政治支持、保护经济利益,以及在特定太空区域内获得相对的军事优势。

2.2.2 持续控制与暂时控制

制天权不仅可以是整体的或局部的,也可以是持久的或暂时的。持久的制天权意味着时间因素不再是进入、来自和通过太空实施战争的一个重要战略因素。当制天权既是整体的又是持久的时候,这并不意味着敌人不会采取行动,而只意味着敌人的这种行动能力被严重削弱了,因此敌人的行动不太可能在战略层面上影响战争的结果。若制天权是局部的和持久的,它意味着在近期内,太空通路能够在指定区域内受到保护,但战争或冲突的结果仍然没有得到保证。

暂时制天权意味着在一个特定时期内获得整体或局部制天权,以实现军事或非军事目标。一支能力较弱的太空力量往往可以通过将资产集中在其对方尚不存在的地方来实现局部和暂时制天权。此外,暂时制天权也可以通过在一个特定时期或在某一区域内采取相当强大的防御态势来实现。这种防御态势可以防止一个更强大的太空力量在某一特定区域内目无他人地运作。

目前,中国对航天战略的思考与这种基于时间和地点的制天权观点是一致的。根据中国的相关军事著作,反太空能力可以用来进行人民解放军称为"太空进攻和防御行动"的行动。根据中国人民解放军军事科学院的一份战略文件,中国太空攻防行动的目标是在一定时期和特定地点内实现太空优势[28]。

2.2.3 太空是一种屏障

从对制天权和可能实现的不同类型的控制的理解来看,可以预期的是,太空通路对于行使制天权的国家来说是非常容易获得的[29]。然而,对于不能行使制天权的国家来说,太空就成为"行动障碍"。由于外层空间并非人们生活的自然环境,因此布置或使用太空通路不是一个简单的问题。所以,进入和使用这些太空通路的能力变得至关重要。只有能够进入和使用太空通路,才能实现在太空运作中的优势。那些拥有最强大和最有效制天权的国家更容易借助太空通路转移物资、贸易、供应、人员、航天器、军事效果、数据和信息。然而,对那些没有足够水平以获得制天权的国家来说,他们更有可能在进入和使用这些太空通路时遭遇瓶颈。由于太空与其他战争领域相互依存,因此太空可以通过陆地、海洋、空中、网络或太空行动的任何组合成为一种障碍。

让太空成为屏障的想法一般衍生于三种意图[30]。首先,它可以是出于防御性的意图,如想要瓦解敌人发动压倒性突袭的能力。其次,它可能植根于有限的意图。当一个国家拟为有限的目的对另一个国家采取敌对行动,但也希望打击敌人升级冲突的能力时,就会出现这种情况。最后,当一个国家正在进行具有无限目标的无限战争时,如迫使敌人无条件投降,并希望阻却敌人进入、通过或来自太空的无限反击,这种意图就可能出现。就使太空成为行动的障碍而言,伊丽莎白和雅各布时期的著名政治家、哲学家和作家弗朗西斯·培根(1561—1626年)的一句话就非常鞭辟入里,"获得制天权的人拥有很大的自由,可以按自己的意愿决定采取何种太空作战形式"[31]。

获得制天权(包括使太空成为障碍)可以在不公开使用军事力量的情况下实现,如通过采用国家权力所赋予的非军事手段。外交、经济或信息措施(约瑟夫·奈所称的软实力)都可以施加压力和影响,以胁迫敌人选择不发展地面和天基武器[32]。敌人的这种有意识的选择可能有效地通过传统军事方法达到最终状态,虽然最终状态是相同的(敌人不使用太空作为攻击媒介),但实现它的方法却有很大不同。一些压倒性的优势正是通过这些非军事手段实现的,而且外交、经济和信息措施在性质上经常是可逆转的,并且可能不会对另一方或太空环境造成不可挽回的伤害。这种实现政治目的的方法非常符合孙子的信念:不战而屈人之兵[33]。

2.2.4 "天使"与"恶魔"

获取制天权和实施实际的航天战略需要设计和使用具体的太空系统,以确保自己能够进入和使用太空。此外,还需要设置一些系统来削弱对手进入和使用太空的能力。这类系统将需要沿着太空通路和空间通信链路倾向于聚集的地方运行,但它们也需要沿着最广泛的通路分散,以支持任务保证和复原力(弹性)。这些系统(无论是地面的还是天基的)都应该大量建造,以检测、保护和捍卫重要的通信线路。鉴于这个任务的首要性,执行纯粹的进攻性行动的太空系统(那些对确保进入和使用太空通路的影响可忽略不计的系统)是次要的[34]。

Stuart Eves 也秉持着类似的想法,他所使用的术语是"天使和魔鬼"[35]。由于太空被认为是一个军事领域,高价值资产也可能被认为是敌人行动的目标,因此有必要监测和保护己方的卫星,同时也要对敌方的卫星施加负面影响。埃文斯将"天使"描述为在目标附近运行的小型、自主、合作、共轨的守护型卫星,以便对较大的主卫星周围的"本地太空进行评估"[36]。相反,"恶魔"是另一类小型卫星,它们旨在与目标交会、开展情报收集行动并在发生危机时损毁和破坏敌方的设施[37]。Stuart Eves 继续指出,"天使"和"恶魔"的功能是密不可分的,是矛与盾的关系。此外,其他人也对保护高价值卫星的必要性做出了结论。例如,Michael Nayak 主张使用立方体卫星来保护高价值卫星,以应对敌方的小卫星的威胁[38]。Michael Nayak 将这些执行防御性太空任务的立方体卫星称为"守护者"[39]。

虽然新型技术和能力的层出不穷使得"天使"和"恶魔"应运而生并更新换代,但目前的现实是,太空战仍映射着陆地的影子。因此,实现一定程度的制天权并确保进入和使用太空通路需要采用基于地面的能力和服务。这意味着基于地面的太空阻却措施,如地面激光、反卫星武器和通信干扰器,在实际战略中也有其用武之地。

2.3 钱很重要

Bernard Brodie 一针见血地指出:"如若谈到战略,则不得不提钱。"[40]战略涉及目的和手段的平衡。因此,用于军队开支和主要国防项目的财政资源决定了在战争中实现政治目的的可用手段。而一个国家拥有的经济和财政资源的数量将推动冲突期间可以现实地寻求的政治目的。Colin Gray 强调了 Bernard

Brodie 关于经济在塑造战略中的作用的意见,他指出,"……政治只是它能负担得起的战略的主人"[41]。航天战略意味着经济收益,包括通过商业太空活动实现的收益,其可以用来资助开发和使用用于成功赢得战争的手段,特别是在持久的冲突或那些决定性的胜利中。

来自陆、海、空领域的冲突的历史经验催生出对对手的商业和贸易进行打击以产生负面影响的想法。修昔底德写道:"在雅典和斯巴达之间的战役中,敌方的商业盟友和合作伙伴成为打击的目标,对手的作物和收成也被摧毁"。德国在第二次世界大战期间的潜艇战则试图击沉对盟国有利的商业航运。第二次世界大战期间,盟军对德国的空袭行动主要针对维持德国作战能力的工业和商业设施。海上战略家 Julian Corbett 认为,干扰敌人的贸易不仅是一种施加经济压力的手段,也是瓦解敌人"抵抗力"的一种手段"[42]。一个国家的经济能力是维持持久战的重要因素,Julian Corbett 曾指出:"在同等条件下,钱包越鼓,赢面越大"[43]。

与其他领域的战争相一致,如欲在航天战略中取得优势,需要打击对手与太空有关的商业和贸易并产生负面影响,以削弱对手的长期作战能力,这样做的目的是为了使战争更快获得决定性的胜利。接下来的章节(见第5、第6和第8章)将更详细地探讨经济和商业措施。

2.4 进攻性战略与防御性战略

如今,攻击敌方的在轨能力被视为一种有可能削弱敌方的常规投射力量,并能在敌方的金融、经济和政客的政治资本方面施加重大影响的手段。许多战略家和政策制定者已经得出结论,即鉴于卫星和其他太空系统一旦暴露在攻击之下便几乎无还手之力,进攻便成为太空战的更强形式。例如,有专家认为:"鉴于没有地形障碍,资本资产(和目标)相对稀少,以及军事行动成功或失败的全球性后果,进攻似乎是认可战的更强形式"[44]。鉴于目前的技术状况和对天基技术的使用,得出这一结论是水到渠成的。由于轨道上的卫星大多遵循可预测的路径,没有什么地方可以隐藏或自我保护,所以天基系统是一类非常脆弱的目标。尽管各国已经意识到了在轨卫星的脆弱性,但通过对久经考验的理论和战争原则的仔细研究,许多人得出了相反的观点,即防御才是太空战的更强形式。

航天战略的目的是确保在和平或战争时期进入和使用太空通路,因此,进攻和防御战略必须契合这一目标。当有理由使用武力,并需要采取果断行动时,航天战略必须利用现有手段实现政治和国家目标。孙子指出了进攻和防御的不同优势,他说:"不可胜者,守也;可胜者,攻也。"[45]进攻和防御战略都有固有的优势和弱点;因此,战略家必须将它们都纳入一个总体战略计划中。

2.4.1 进攻性战略

战争中只有一种手段:战斗[46]。

——克劳塞维茨

在克劳塞维茨的一般战争框架中,进攻性战略的目的是从敌人那里获得或夺取一些东西,他指出,一旦摧毁敌人的部队,取得胜利的概率便会更上一层楼。因此,进攻是一种积极的行动。克劳塞维茨认为,进攻性战略是强国的首选工具[47]。进攻行动可以放大进攻者通过发起进攻所带来的力量和能量而获得的优势。克劳塞维茨承认,主动权最初会有利于进攻方,因为进攻方决定了发起冲突的时间和地点。尽管如此,这位普鲁士战略家也建议,不能把进攻与主动权本身混为一谈,因为防御方有可能在反击中获得主动权,而这正是防御的核心目的之一。

进攻性战略和行动还有其他好处,一次成功的进攻所产生的心理影响可以使敌人士气低落,从而有助于后续进攻行动的胜利。成功的进攻行动可以催生更多的成功行动。此外,开展进攻行动可能会使对手对这些行动做出反应,而不是执行他原本打算的可以实现某种政治目的的军事战略。

早期的空中力量理论囊括了进攻性战略和行动的优势。早在 20 世纪 20 年代,意大利空军元帅 Giulio Douhet 就主张:"战机是解决战略和战术僵局的法宝,所有未来的战争都可以从空中取得胜利"[48]。Giulio Douhet 认为战机的战略优势在于其固有的进攻特性,即机动自由和速度[49]。此外,任何防御对战机都是无效的,"任何防御工事都不可能阻却这些战机,它们可以以闪电般的速度对敌人的心脏进行致命的打击"[50]。对 Giulio Douhet 来说,胜利的秘诀包括获得制空权,然后攻击敌人的工业和商业设施、关键的交通中心和道路以及指定的平民区[51]。

其他空中力量理论家也认识到了通过飞机进行进攻的优势。1921 年,William Billy Mitchell 说道:"这个世界中空气无处不在,所以飞机能够去到地球上的任何地方……,并将所有的边界概念搁置起来。"[52] William Billy Mitchell 认为,一些空中行动(如战略轰炸)可以取得独立的结果,从而通过摧毁敌人的战争能力和战斗意志赢得战争[53]。此外,他认为未来战争中的第一场战役将是空战,赢得空战的国家"实际上肯定会赢得整场战争"[54]。1988年,John Warden 从克劳塞维茨的战争重心概念中汲取了灵感,认为空中力量拥有以最大效力和最小成本取得胜利的能力[55]。敌人的领导层是一个圆环的重心,由于领导人具有战略层面的决策能力,进攻性行动便应指向那里,而空中力量恰恰非常适合这项任务[56]。J. C. Wylie 在他的著作中总结了他对空中力量理论的看法:

> 空中理论的一个基本假设是,对一个国家的控制实际上可以通过强加(或威胁强加)某种实质性破坏来实现,而且,这种破坏可以从空中实施[57]。

总而言之,Giulio Douhet、William Billy Mitchell 和 John Warden 主张利用空军开展进攻性战略和行动(包括空中轰炸)来实现战略效果[58]。

为了确定美国联合军种的太空理论是否包含了这种进攻性战略的观点,学者们进行了研究。然而,实际情况事与愿违[59]。根据美军联合出版物 3-14《太空联合作战理论》,进攻性制天权包括"为阻却敌方进入和使用太空而进行的进攻性行动,其中阻却涉及欺骗、破坏、拒止或摧毁太空系统和服务的措施[60]"。可以看出,这一进攻性制天权的概念未能纳入进攻性战略的目的(从敌人那里获得或夺取什么)。通过使用欺骗和破坏这样的术语,进攻性战略的真正性质(战斗和暴力)被隐藏了起来。

2.4.2 防御性战略

> 防御是交战的更强大形式。[61]
>
> ——克劳塞维茨

相反,防御性战略的目标是保存己方的力量、资产或能力,或阻止敌人获得某种东西或实现某种政治目标[62]。克劳塞维茨断言,尽管进攻方在敌对行动的开始阶段可能享有相当大的优势,但防守方的实力还是很强的。他提到,"因此,为了准确说明这种关系,我们必须说,防御性的战争形式在本质上强于进攻"[63]。克劳塞维茨总结说:"当一个人比对手弱的时候,就应该采取防御性的战略,而一旦能够采取进攻性的战略,就应该放弃防御性的战略"[64]。防御性战略包括一种警惕的期望态度,等待敌人暴露自己的弱点,以便发动成功的反击[65]。

在战争的作战和战术层面上,克劳塞维茨认为,防御力量也来自冲突前的准备工作。他在描述如何实施合理的防御战略时说:"成功的因素在于及时为战术胜利做准备……"[66]此外,他在《战争论》中指出:"防御只不过是一种手段,用来在事先选定的地形上最有利地攻击敌人,在那里我们已经集结了我们的部队并安排了对我们有利的事情"[67]。因此,防御战略包括在敌对行动之前进行必要的准备行动,以利用在战争过程中创造的局势和优势。

这对航天战略的发展意味着什么?它意味着防御性战略是太空战争的更强形式,但采取防御性姿态需要做充分的准备。这些防御性准备可能包括在敌对行动开始之前和之后采取的若干行动,如了解敌方的力量和部署、获得最初敌对行动的迹象和警告的能力,以及了解何时和在何种条件下反击将最为成功。这些准备行动的前提是对太空态势的重要认知,以及有足够的系统和太空专业人员来收集和分析情报并实现对预期威胁的理解。此外,采取必要的准备工作还包括纳入自我保护反击措施、加固航大器、多样化、分布、卫星机动性和多领域的战斗解决方案,这些想法与太空任务保证和复原力(弹性)的许多原则是一致的[68]。

如果未能认识到这些准备工作的重要性,并将关键的天基系统置于无保护的、高度脆弱的位置,就是自寻死路。如果不能提前做好充分的准备,防御性战略的固有优势。航天战略家 M. V. Smith 也提出了同样的观点,他指出:"人们经常说,防御是更强大的战争形式。"[69]当然,目前来看,许多太空强国未能做出必要的投资,采取那些提供保护和提高防御能力的措施,不管是地面的还是太空的均是如此。一旦采取了这些基本的敌对行动和准备,航天战略的实际执行将更充分地证明这一原则:防御是太空战争的更强大形式。

有必要将克劳塞维茨式的防御性战略方法与美国联合军种理论-联合出版物3-14《太空联合作战理论》的方法进行比较。在该出版物中,防御性战略主要是在防御性太空制天权的背景下描述的,以采取主动和被动措施,保护己方太空能力不受攻击、干扰和无意的损害[70]。虽然联合军种理论指出需要维持和捍卫太空能力,但它没有指出防御是更强大的战争形式,或防御应包括对潜在攻击的必要准备。

修昔底德指出:"战争与其说是武器的问题,不如说是钱的问题",对于实施健全的防御性战略尤其如此[71]。在开发和建造防御性太空系统的需求和财政预算之间有一个取舍。最具防御性的系统可能需要更多的开发成本和更大的重量,因此在轨道上的成本更高。战略家和作战人员在最终决定最佳方法时需要考虑防御性战略的好处,以及相关的时间和财政采购成本。可能的情况是,不需要那么多的实物保护(如加固),而是增加资产的数量来支持分配和多样化措施。

2.4.3 进攻与防御的相互依赖性

如果防御是更强大的战争形式,在存在一个消极目标的情况下,它就应该只在敌方暴露弱点的情况下使用。一旦我们有足够的力量追求积极的目标,就应该放弃防御性战略。[72]

——克劳塞维茨

对于航天战略(或任何战略)而言,应考虑防御与进攻的配合,以赢得战争并实现政治目的。

进攻和防御是相互依存、相互交织的,二者是唇亡齿寒的关系,防御性行动保护了使进攻性行动成为可能的通道。如果做了必要的准备,并且行动实施得当,防御性战略所需的部队和资产往往比进攻性战略少。因此,某些地区的防御性行动有利于集中军事力量或军事效果,以支持其他地区的进攻性行动。

关于进攻和防御的相互依存关系,Colin Gray 指出:"作战进攻与战术防御相结合,对敌人来说是最致命的组合。"[73] 然而,Colin Gray 提醒战略家,尽管有时好的进攻意味着好的防御(反之亦然),但过分热衷于追求任何一种战争风格都会弄巧成拙[74]。一般来说,战争只能在进攻中获胜,但进攻并不只是获胜的唯一途径。在战争中,过度地依赖进攻或防御都会带来严重的不平衡问题,从而破坏战略行动的有效性[75]。

有些时候,出于内在的相互依存关系,进攻性和防御性战略之间的界限会变得模糊不清。Julian Corbett 认为,防御性战略的核心是反击[76]。尽管反击确实是一种防御性的反应,但如果反击成为一种持续性的行动,那么它的范围和意图就会变成进攻性的。同样,在遭遇敌人坚决抵抗的进攻行动中,进攻方可能会经历一个"行动暂停期",必须向战区提供额外的后勤支持。在这种情况下,范围和意图就变成了防御性的,直到可以恢复进攻性战略。

2.4.4 联合作战

太空行动与陆地、海洋、空中、网络和太空的行动是相互依存的。一个国家的大战略目标应该反映在其国家政策和战略中。如果一个国家的资源得到适当的调配,那么所有的子战略,如陆地、海洋、空中、网络和太空战略都应该为实现这些目标而努力,以达到政治目的。以往的冲突表明,在地面部队对敌方产生影响之前,或者至少在认为地面部队对敌方产生影响的威胁是真实和迫在眉睫的情况下之前,敌对行动很少能迅速地结束。在现代战争中,要达到地面部队可以威胁到敌方的地步,可能需要其他相关作战领域的共同努力。

英国野战炮兵军官 Charles E. Callwell(1859—1928)描述了各军事部门应该彼此协作的思想,他的关于海上战略和两栖作战的著作《军事行动和海上优势》描述了陆战和海战的相互依存关系,这在今天仍然具有现实意义[77]。Charles E. Callwell 探讨了从海上运用军事力量的问题,他对陆军和海军的分析是对后来被称为"联合"战争的最早和最重要的讨论之一[78]。Charles E. Callwell 阐释了海军优势和陆战之间的相互依存关系,以及制海权和制岸权之间所存在的"密切的联系"[79]。他认为,没有海上优势,就不可能存在依赖海洋的伟大陆战[80]。为了使海军和陆军达到最大的效果,他们必须在任何时候都团结协作,不断地协调。Charles E. Callwell 认为,"团结就是力量,分裂就是失败"是一句亘古不变的箴言,其表明了一个海洋国家需要在其陆军和海军之间进行最密切的合作[81]。在承认战略类比的缺点的同时,航天战略的一个合理教训是,太空部队必须与其他军事力量协同行动,以达到最大的效果。

美国目前的联合学说接受了太空的能力和服务可以促进各军种联合的想法。2018 年,联合学说《太空联合作战理论》指出,太空作战通过定位、导航、定时和卫星通信能力支持空中、陆地、海洋和网络空间的作战,这反过来又协调了作战节奏、实现了部队的分散和集中[82]。

2.5　航天弱国的战略

基于进攻性和防御性战略的个别单独优势,以及对其相互依存关系的理解,可以更好地理解那些太空能力较弱的国家的战略框架。尽管能力较弱的太空力量不太可能赢得对优势对手的重大和决定性的太空交战,但能力较弱的太空力量仍然可以对能力较强的国家的制天权提出挑战,以此实现有限的政治目标。争夺另一方控制权的方法包括非军事和军事行动,通过这种方法,一个较小的国家可能加强其权力和影响力,同时减少优势对手的可动用工具。本节总结了能力较弱的太空大国的许多潜在战略和行动,这些想法将在第 7 章和第 8 章进行深入研究。

关于非军事行动,有理由推测能力较弱的太空大国将试图使用其掌握的最有效的工具,这可能包括非军事手段,如外交、经济和信息手段。首先,那些太空能力较弱的国家可以通过在太空建立明显的存在。然后提出并签订国际条约、协议、原则或决议,增加其在相关问题上的利益,从而提高外交影响力。尽管这不是一个绝对的先决条件,但那些在外层空间有着最大存在感和最多太空活动的国家将有最大的机会塑造国际法律、法规和行为规范。其次,那些太空能力较弱的国家可以利用经济措施来争夺制天权,并取得适度的结果。一个提供独特商业或业务服务的较小的国家可以威胁不提供其基于太空的服务,以期在一些有争议的问题上掌握谈判主动权。最后,信息行动也可以被用来实现积极的结果。事实上,信息手段经常是与一个强大的太空力量竞争的最简单手段。通过开展持续的宣传活动,传播其长期战略的新闻或观点,一个较小的国家随着时间的推移可能会改变其他人的看法以实现其自身目标。

当考虑到国家权力所派生的军事工具和暴力机器时,一个能力较弱的太空力量也可以争夺制天权,以实现有限的政治目标。因为根据定义,较弱的力量相对于较强的力量军事能力较弱,所以较弱的力量往往需要在较强的力量不在的地方获得局部或暂时制天权,从而对较强的力量行使的制天权提出挑战。通过攻击敌方不强大的地方或利用短暂的时机,较弱的一方可以获得暂时制天权,并通过行使制天权来达到政治目的。

一个较弱的太空力量可以争夺制天权的另一个有效方法是"保持力量存在"概念,其是基于海洋战略的"保持舰队存在"概念所衍生出来的[83]。在避免与较强的太空力量进行决定性的军事交战的同时,一个能力较弱的太空力量应该通过积极利用和运作来保持"存在",以实现有限的政治目的,直到局势对其有利。通过避免与更强的太空力量的大规模交战,一个较弱的太空力量可以沿着太空通路或针对敌方与太空有关的活动进行轻微的、非升级性的干扰和骚扰行动,从而防止一个能力更强的大国获得对太空的整体或持久制天权。目前,这种手段涵盖地面和太空能力,包括直接升空的反卫星武器和在轨无线电频率干扰。

2.6 战略上的分散与集中

由于太空广袤无垠,所以其中存在的太空通路也是纷繁众多的。然而,一个国家的可用资源是有限的,航天战略必须解决调动和分配资产以实现政治目的的方式和方法,而这需要实施一种分散和集中相结合的方法。Alfred Thayer Mahan 通过一个比喻解释了这个复杂的想法。"这就是集中的合理性理解,不是像一群羊一样挤在一起,而是为了一个共同的目的而分散开来,并通过一个意志的有效能量联系在一起。"[84]同样,孙子也指出了这一思想的重要性,他写道:"故兵以诈立,以利动,以分合为变者也。"[85]

第一部分,即分散,是指沿太空通路的重要太空利益所在地的部队、资产和效应的分散部署。如果在实际的最大范围内分散了部队、资产和影响,潜在的对手可能不确定己方部队的部署和预期的功能,那么便有可能促使我方创造军事存在,由此产生的潜在胁迫性影响也会增加对敌方作战的不确定性和高效性。

尽管并不完全如此,但分散资产和系统的需求在一定程度上反映在《美国国防太空领域任务和保证》框架所定义的任务保证和复原力(弹性)的概念中[86]。分散指利用一些节点,将所有这些节点一起运作,以执行相同的任务或充当一个单一节点的功能。分布的一个突出实例正是全球定位系统(GPS),在该系统中,没有一个单独的卫星或地面监测点是保证任何一个特定地点的定位、导航和计时的根本。相比之下,多样化定义为以多种方式为同一任务做出贡献,使用不同的平台、不同的轨道或商业、民用或国际合作伙伴的系统和能力。多样化包括那些灵活或适应性强的系统或架构,以支持各种任务或功能。诚然,美国国防部任务保证框架文件中定义的分布和多样化并没有完全抓住分散的概念,因为分散并没有被描述为相对于太空通路的行动。

这一概念的相对词,即集中,是指集中火力、资产或其他预期效果,以击败对手,抵御其攻击或消除敌人的威胁。因此,集中原则告诉战略家,当进攻行动迫在眉睫或很有必要时,应集中最大的实际力量对付敌人[87]。这种火力效果可以来自向太空、从太空和通过太空传递力量的军事系统。这方面的实例包括地基激光武器、空中发射的反卫星武器或天基武器。

一些战略家可能对分散和集中的想法不以为然,特别是对系统或力量的集中。批评者倾向于提出反对意见,他们指出,根据开普勒物理学,在轨系统存在明显的机动性限制。卫星不是船,船可以随时改变航线,但卫星必须遵循预先确定的路径。因此,没有任何历史经验可以证明集中的概念同样适用于太空。事实上,这种情绪和观点并非毫无道理。

诚然,物理定律在太空作业和航天战略的发展中至关重要(就像其在所有领域中一样),然而,在近地轨道或在其他地区运行的卫星并不仅仅是受制于轨道力学的孤零零的平台。美国、俄罗斯和中国最近在卫星交会和近距离操作方面的进展说明了这一点。正如船舶在航海时代被限制在贸易路线上一样,技术和推进能力的进步使船舶能够在其操作领域内进行机动操作,这个过程也将适用于太空行动。此外,在航天战略背景下的集中将适用于非动能效应,包括通信干扰、激光干扰和针对太空相关基础设施和网络的网络行动。

在美国的联合学说中,集中的想法得到了一定程度的采纳。2013年美军联合出版物3-14《太空联合作战理论》列出了与太空战有关的战争原则。该文件使用克劳塞维茨的重心原则,指出"重心是指将战斗力的效果集中在最有利的地点和时间,以产生决定性的结果"[88]。该出版物描述说,"指挥官整合和同步支持太空部队至关重要,以便在适当的时间和地点集中战斗力,从而节约可用资源,尽量减少对非对手的影响,并最大限度地提高对对手的影响"[89]。

分散和集中的概念与陆战理论中的集中原则不同。Julian Corbett 同意 Alfred Thayer Mahan 在本节开头的那句话,他认为海军的集中意味着"在正确的时间和地点集结最大的力量",包括暂停集中过程和迅速转移海军部队方向的能力[90]。因此,尽管军事力量的集中大有裨益,但集中作为一项原则本身是不完整的。分散和集中需要通过 Alfred Thayer Mahan 的"单一意志的有效能量"的想法联系在一起,这也反映在 Raoul Castex(1878—1968)的著作中,他在其著作中阐释了关于陆军和海军的陆地和海洋的互动。Raoul Castex 观察到,舰船需要"聪明地"移动以实现战略优势,他把这种想法称为机动[91]。Raoul Castex 的机动想法包括把己方的部队、资源或能力转移到对整体战略结果更有利的各个地区,以在二级战区获得某种程度的成功,并能转化为对主战区的支持[92]。

归根结底,实际执行一个航天战略需要在分散和集中之间取得平衡。一般情况下,航天战略需要部队、资产和效果进行分散以覆盖尽可能广泛的地区,但是保留在必要时迅速整合力量或效果的能力。因此,分散或集中应该被视为一个整体,而不是作为独立的集中和分散原则本身。采用分散和集中的综合方法将保持捍卫国家利益最重要的太空通路的灵活性,同时在必要时更好地与对手的"重心"作战[93]。

2.7 封锁和阻塞对手的太空通路

太空战的战略还必须确定在何处、何时以及以何种方式阻止对手使用太空通路。封锁是指破坏、降低或阻却对手使用其太空通路的能力,从而最大限度地减少航天器、设备、物资、供应、人员、军事效果、通信数据或信息的流动[94]。

根据海洋战略的历史经验,封锁一般分为两个大类:近距离封锁和远距离封锁[95]。这两类是指相对于活动中心或分布点而言的。近距离封锁旨在防止敌方在活动中心附近部署、发射或移动太空系统。此外,它还涉及干扰上行链路、下行链路和星间链路附近的通信。相比之下,一个太空强国可以采用远距离封锁,通过占领或干扰远端的和潜在的共同太空通路,迫使对手采取行动。

封锁太空通路包含了进攻性和防御性战略的要素。当政治目标需要从敌人那里夺取或获得某些东西时,就会采用进攻性战略;而当政治目标需要阻止敌人夺取或获得某些东西时,就会采用防御性战略。就封锁而言,其目的可能包括从敌人手中夺取通信线路,从而将其据为己有。因此,这种情况下的意图在本质上更具有进攻性。此外,太空的通信线路往往是共享的,一个国家最初可能是享有与敌国相同的通信线路的机会。在这种情况下,其目的不是获得这些通信线路的使用权,而只是防止敌国使用这些线路。因此,在与敌方共享太空通路时,封锁战略更多的是防御性,而非进攻性。

在美国的联合军种理论中,封锁太空通路的想法与太空拒止一词最为相似。一般来说,太空拒止涉及:

> 主动性防御和进攻性措施,以欺骗、破坏、毁损、拒止或摧毁对方的太空能力。相关措施包括针对地面、数据链、用户和/或太空部分的行动,以毁损敌方的太空系统,或挫败对美国/盟国太空系统的干扰或攻击[96]。

此外,在审查太空拒止所包括的概念时,2013年《美军联合作战理论》将欺骗定义为那些旨在通过操纵、歪曲或伪造证据来误导敌方,以诱使敌方以损害其利益的方式做出反应的措施。破坏包括那些旨在暂时损害敌方系统的特定目标节点的措施,其通常不会对太空系统造成物理性损害。毁损包括那些旨在(部分性或完全性)永久损害敌方系统效用的措施,通常附带有物理性损害。拒止活动是那些旨在暂时消除敌方系统效用的措施,通常不会造成物理性损害。最后,摧毁被定义为那些旨在永久消除敌方系统效用的措施[97]。虽然联合军种理论中的太空拒止定义没有明确涵盖消极影响敌方进入和使用太空通路的想法,但它在某种程度上是隐含这一概念的,因为这一概念已列入制天权一节,其定义确实包括己方部队的行动自由和击败敌方的能力。

2.8 占 位

> 第二条战争法则是尽可能地集中我们的力量对付将受到主要打击的那一部分,并在其他地方造成不利因素,以便我们在决定性的一点上增加成功的机会,这将弥补所有其他的不利因素。[98]
>
> ——克劳塞维茨《战争论》

与其他战争领域一样,太空战中也存在有利和有价值的位置(占位)。这些位置可赋予某种相对优势,或者在那里行动时更有利于实现战略效果。此类位置包括那些与物理资产的移动,如太空飞船、设备、物资、供应品和人员的移动,以及那些与非物理通信有关的位置,如一些武器效果和电磁传输。孙子写道:"故善战者,立于不败之地,而不失敌之败也。"[99]然而,在孙子这个例子中,所考虑的唯一准备是占据更好的"地利"。也许与占位有关的一个更著名的概念是克劳塞维茨的重心概念。关于这个概念,他说:"要想取得胜利,我们必须在所有力量和运动的枢纽处,即敌人的重心处集结我们的部队。"[100]在这种情况下,重心代表着敌人的重要能力或力量源泉,如果被攻击,可以实现速胜。

克劳塞维茨思想的一个变种是John Warden的空军理论中的五环理论,这在他的文章《空中战役:制订作战计划》中有所描述[101]。在评论克劳塞维茨的重心理论时,John Warden写道:

> 重心的概念很简单,但执行起来却很困难,因为在任何时候都有可能存在一个以上的重心,而且每个重心都会对其他重心产生某种影响。

根据John Warden的说法,更好的方法是五环模型,其中每级系统或每个"环"被认为是敌人的重心之一。John Warden的五环理论背后的想法是攻击每个"环"来瘫痪敌人,这个目标称为战略瘫痪[102]。在描述他的方法时,John Warden提到:

> 如果我们要进行战略思考和决策,我们必须把敌人看作一个由众多子系统组成的系统。从系统的角度思考敌人,我们就有更大的机会迫使或诱导他把我们的目标变成他的目标,并以最小的成本和最大的成功机会做到这一点。[103]

John Warden的五环理论包括:领导层、有机要素(如电力)、基础设施、人员和野战军事力量。[104]

德国职业海军军官Wolfgang Wegener(1875—1956年)在《世界大战中的海军战略》中写道:"战争中地利的重要性是毋庸置疑的。"[105]他认为,如果不控制一个影响敌人商业和贸易的战略位置,则拥有一支海军舰队是毫无意义的。因此,与德国海军领导层在战争期间的想法相反,德国舰队需要威胁到英国的战略位置,以迫使英国进行决定性的海战[106]。因此,在制定德国海军战略时,应该考虑到地理因素的作用,战略家们不应该只关注战术层面的进攻性的舰队行动。因此,德国的海军战略从一开始就注定要失败。Wolfgang Wegener 认为,日、德兰海战最终毫无意义,因为它没有改善德国对战略位置的控制,也没有影响英国的海上贸易。相反,他认为德国潜艇在第一次世界大战期间的早期成功是基于对海权的正确应用,因为它们试图消极地影响英国的商业和进入至关重要的海上交通线[107]。

陆战、海战和空战的历史经验强调,可以利用地利所带来的军事优势实现战略效果。航天战略应汲取的教训是,通过利用有利和有价值的位置以实现战略效果,太空部队可以潜在地限制敌人的部队、资源调动或可用信息的流动,从而改善军事行动的条件。如果利用得当,这些地利优势就可以限制对手进入和使用太空通路,从而改善一国在战术、作战或战略层面的总体条件以谋取胜利,地利可以在广义上包括咽喉点、高价值位置和高地[108]。

2.8.1 咽喉扼阻点

如同陆地、海洋和空中行动中的十字路口、海峡和机场一样,太空中也有资产和通信倾向于汇合的地点和区域。这些"咽喉点"包括地基上行链路或天基下行链路和用于传输和接收数据和信息的星间链路。"咽喉点"还包括理想的或主要使用的频带(即使是在对手之间共享也是如此)。此外,"咽喉点"还涉及实物资产,包括航天器或系统的显著集中,从而能够限制对手进入和使用太空。这些地点可能包括太空发射地点和用于科学、商业、后勤或军事用途的空间站或基地。

2.8.2 高价值的点位

虽然"咽喉点"是可以利用和发挥军事优势的地点或区域,但其他位置也可能具有战略价值。这些高价值位置通常是提供有价值或独特服务的天基系统,其通常用于经济、信息或军事用途。尽管高价值位置也可能是太空通信的咽喉点,但情况并非总是如此。高价值位置包括作为定位、导航和定时星座一部分的卫星,如美国的全球定位系统(GPS)、中国的北斗,俄罗斯的全球导航卫星系统(格洛纳斯)和欧洲的伽利略卫星导航系统。鉴于这些卫星星座囊括大约二十几颗卫星(除了轨道上的备用卫星),因此作为每个星座的一部分,失去一颗卫星并不会导致能力的严重损失。因此,任何一颗卫星本身并不代表一个咽喉点。尽管这些定位、导航和定时卫星不被视为咽喉点,它们仍被视为具有战略价值的高价值位置。如果敌方能够摧毁或毁损足够多的定位卫星,使该星座的服务失去效力,那么依赖定位和定时信息的金融和商业部门将受到负面影响,甚至可能造成国家危机。出于这个原因,军事航天战略强调要保护一个国家的高价值位置,并对对手的高价值位置产生负面影响。

2.8.3 制高点

一段时间以来,外层空间,特别是近地轨道,被誉为"终极高地"[109]。如同炮兵俯瞰敌方编队时使用的地形或轰炸机飞行的高空一样,太空中的资产拥有对地球的优越视野,因此可能享有战略优势。这种"高地"使一国有能力更有效地使用武器并对下面的敌人进行监视。情报、监视和侦察卫星长期以来一直利用在地球轨道上的系统所带来的广阔视野进行作业。根据轨道的类型、传感器的能力和它在地球上方的高度,监视卫星可以被进行相关优化以观察特定的地面特征或地理区域。

Everett Dolman 将相对于其他太空物体的位置优势描述为在"重力井"中位置较高[110]。Everett Dolman 说,在重力井中较高的物体比较低的物体有优势。由于地球的重力和在地球上方运行所产生的潜在能量,这种能量可以传给动能弹头,从而提供更强的破坏性火力。

然而,高地实现的优势是相对的。这种优势并不发生在两个具有类似能力的天基武器之间。与许多地基系统相比,那些在轨道上的系统在军事用途上有明显的优势。然而,与同类的天基武器相比,这种优势可能便不复存在。

2.9 战略须务实

尽管战争的特征发生了翻天覆地的变化,但其持久性是岿然不动的。太空战将具有不同于陆地、海洋和空中战争的特点。而且,太空战的特点和必要的军事手段将随着时间的推移和冲突的类型的改变而改变。尽管如此,前面的讨论强调了一些持久性的原则和概念,而政策制定者、战略家和作战人员在寻求保护国家太空利益时应该考虑这些原则和概念。Bernard Brodie 写道,战略"如果不是务实的,那它就什么都不是"。因此,航天战略的实施是一个务实问题[111]。

然而,任何关于航天战略的一般理论都有其局限性[112]。克劳塞维茨明确指出,理论和战略原则永远不能替代良好的判断和经验。他认为,基于理论的战略有助于确定一个连贯的战争计划,但在行动中不应盲目信任某种理论[113]。

个人的思考和常识应仍是主宰,其能在局势不确定时提供相应指导[114]。此外,理论的实际价值(包括航天战略理论)重在推演一个模拟的前景,从而在骤然面临困境时可以迅速确定相关因素。因此,战略理论必须不仅能够使过去发生的事情有意义,而且能够为考虑未来的合理和可能的事件提供一些基础。

最后,关于航天战略发展的一个重要问题是,我们的历史经验主要涉及近地领域(最近也涉及地月领域)的活动和国家利益。然而,太空远不止于此。即使相关活动和国家利益从地球向外移动,航天战略的一般理论的性质在描述太空战时仍应被视为持久性的。我们认为,本章所涉及的领域和主题在未来仍将具有相关性。

引文标注

1. Carl von Clausewitz, *Vom Kriege*, erster Band(Berlin:Ferdinand Dummler,1832),92.
2. John B. Sheldon and Colin S. Gray, "Theory Ascendant? Spacepower and the Challenge of Strategic Theory," in *toward a Theory of Spacepower:Selected Essays*, eds. Charles D. Lutes and Peter L. Hays, with Vincent A. Mazo, Lisa M. Yambrick, and M. Elaine Bunn(Washington, DC:National Defense University Press,2011),12.
3. 同上.
4. Carl von Clausewitz, *On War*, trans. and eds. Michael Howard and Peter Paret(Princeton, NJ:Princeton University Press,1989),140.
5. John J. Klein, *Space Warfare:Strategy, Principles and Policy*(Abingdon:Routledge,2006). The space strategy framework described in this chapter comes, in part, from this book and Sir Julian Corbett's book *Some Principles of Maritime Strategy*. Julian S. Corbett, *Some Principles of Maritime Strategy*(London:Longmans, Green and Co.,1911;reprint, Annapolis, MD:Naval Institute Press,1988).
6. Including Brent Ziamick, Bleddyn Bowen, and this author. Brent Ziamick, *Developing National Power in Space:A Theoretical Model*(Jefferson, NC:McFarland,2015);Bleddyn E. Bowen, *Spacepower and Space Warfare:The Continuation of Terran Politics by Other Means*(PhD Thesis, Aberystwyth University,2015);Klein, *Space Warfare*.
7. Giulio Douhet, *The Command of the Air*, trans. Dino Ferrari(1921 and 1927;New York:Coward-McCann,1942;reprint, Washington, DC:Air Force Museums and History Program,1998),25.
8. William Mitchell, *Winged Defense:The Development and Possibilities of Modern Air Power—Economic and Military*(1925;reprint, New York:Dover Publications,1988), xiii.
9. Alfred T. Mahan, *The Problem of Asia and Its Effect Upon International Policies*(Boston:Little,

Brown, and Company, 1900), 125.

10　Jiang Lianju and Wang Liwen, eds., *Textbook for the Study of Space Operations* (Beijing: Military Science Publishing House, 2013), 6; quoted in Kevin L. Pollpeter, Michael S. Chase, and Eric Heginbotham, *The Creation of the PLA Strategic Support Force and Its Implications for Chinese Military Space Operations* (Santa Monica, CA: RAND Corporation, 2017), 7.

11　The White House, *The National Security Strategy of the United States of America* (December 2017), www. whitehouse. gov/wp-content/uploads/2017/12/NSS-Final-12-18-2017-0905. pdf

12　European Commission, *Space Strategy for Europe*, Communication from the Com-mission to the European Parliament, the Council, the European Economic and Social Committee and the Committee of the Regions (October 26, 2016), 8.

13　Office of the Assistant Secretary of Defense for Homeland Defense and Global Security, *Space Domain Mission Assurance: A Resilience Taxonomy* (September 2015), http://policy. defense. gov/Portals/ll/Space%20Policy/ResilienceTaxonomy-WhitePaperFinal. pdf? ver = 2016-12-27-131828-623

14　同上., 2.

15　同上., 6.

16　同上.

17　Klein, *Space Warfare*, 51, 155

18　同上.

19　同上., 60.

20　Bowen, *Spacepower and Space Warfare*, ii.

21　Julian S. Corbett, *Some Principles of Maritime Strategy*, 91.

22　Joint Chiefs of Staff, *Space Operations*, Joint Publication 3-14 (April 10, 2018), 1-3, www. jcs. mil/Portals/36/Documents/Doctrine/pubs/jp3_14. pdf

23　J. C. Wylie, *Military Strategy: A General Theory of Power Control*, with introduction by John B. Hattendorf (New Brunswick, NJ: Rutgers University Press, 1967; reprint, Annapolis, MD: Naval Institute Press, 1989), 77-78.

24　Colin S. Gray, *Airpower for Strategic Effect* (Maxwell Air Force Base, AL: Air University Press, 2012), 278.

25　同上., 282.

26　Klein, *Space Warfare*, 104-105.

27　Corbett, *Some Principles of Maritime Strategy*, 318.

28　People's Liberation Army Academy of Military Science, Military Strategy Studies Department, *Science of Military Strategy* (Beijing: Militaiy Science Press, Decem-ber 2013), 182; from Pollpeter, Chase, and Heginbotham, *The Creation of the PLA Strategic Support Force*, 9.

第 2 章 航天战略

29　Klein, *Space Warfare*, 100–106.

30　同上.

31　Francis Bacon, "Of the True Greatness of Kingdoms and Estates," in The Essays(1601; reprint, Adelaide: The University of Adelaide, 2014).

32　Joseph S. Nye, Jr., *Softpower: The Means to Success in World Politics* (New York: Public Affairs, 2005).

33　Sun Tzu, *The Art of War*, trans. Samuel B. Griffith (Oxford: Oxford University Press, 1963), 77.

34　Although considered secondary, these other functions that are performed may, in fact, be essential to winning the war.

35　Stuart Eves, "Angels and Demons: Cooperative and Non-cooperative Formation Flying with Small Satellites" (presentation, Surrey Satellite Technology Limited, London, University of London, 2008), 2.

36　同上.

37　同上.

38　Michael Nayak, "Deterring Aggressive Space Actions with Cube Satellite Proximity Operations: A New Frontier in Defensive Space Control," *Air and Space Power Journal* vol. 31 no. 4 (Winter 2017), 92–102.

39　同上.

40　Bernard Brodie, *Strategy in the Missile Age* (Santa Monica, CA: RAND Corporation, 1959), 358.

41　Colin S. Gray, *Fighting Talk: Forty Maxims on War, Peace, and Strategy* (Westport, CT: Greenwood Publishing, 2007), 138.

42　Corbett, *Some Principles of Maritime Strategy*, 102.

43　同上., 101.

44　Colin S. Gray, *Weapons Don't Make War: Policy, Strategy, and Military Technology* (Lawrence, KS: University Press of Kansas, 1993), 15.

45　Sun Tzu, *The Art of War*, 85.

46　Clausewitz, *Vom Kriege*, erster Band, 47.

47　Clausewitz, *On War*, 97, 358; Corbett, *Some Principles of Maritime Strategy*, 31–33, 310–311. Corbett viewed the offense being the more "effective" form of warfare.

48　Douhet, *The Command of the Air*, 15–29.

49　同上., 15.

50　同上.

51　同上., 20.

52　Mitchell, *Winged Defense*, 4.

53　Mark A. Clodfelter, "Molding Airpower Convictions: Development and Legacy of William Mitchell's Strategic Thought," in *The Paths of Heaven: The Evolution of Airpower Theory*, ed.

Phillip S. Meilinger(Maxwell Air Force Base, AL: Air University Press,1997),79.

54 William Mitchell, *Our Air Force: The Keystone of National Defense*(New York: E. P. Dutton and Co,1921),xix.

55 David S. Fadok, "John Boyd and John Warden: Airpower's Quest for Strategic Paralysis," in *The Paths of Heaven, The Paths of Heaven: The Evolution of Airpower Theory*, ed. Phillip S. Meilinger(Maxwell Air Force Base, AL: Air University Press,1997),371.

56 John Warden, "The Enemy as a System," Airpower Journal vol. 9 no. 1(Spring 1995):41-55. www. airuniversity. af. mil/Portals/10/ASPJ/joumals/Volume-09_Issue-1-Se/1995_Vol. 9_Nol. pdf

57 Wylie, *Military Strategy*,63.

58 Douhet, *The Command of the Air*, Mitchell, *Winged Defense*: Clodfelter, "Molding Airpower Convictions," 79,95.

59 Joint Chiefs of Staff, *Space Operations*(April 10,2018),II—2.

60 同上.

61 Carl von Clausewitz, *Vom Kriege*, zweiter Band(Berlin: Ferdinand Dummler,1832),147.

62 Clausewitz, *On War*,357-358.

63 同上., emphasis original.

64 同上.

65 同上.

66 同上.,363.

67 Carl von Clausewitz, *Principles of War*, trans. Hans Gatzke(1812; The Military Service Publishing Company, 1942; Clausewitz. com, 2016), 4. www. clausewitz. com/readings/Principles/Clausewitz-PrinciplesOfWar-ClausewitzCom. pdf

68 Office of the Assistant Secretary of Defense for Homeland Defense and Global Security, *Space Domain Mission Assurance: A Resilience Taxonomy*.

69 M. V. Smith, "Spacepower and the Strategist," in *Strategy: Context and Adaption from Archidamus to Airpower*, eds. Richard J. Bailey Jr., James W. Forsyth Jr., and Mark O. Yeisley(Annapolis, MD: Naval Institute Press,2016),171.

70 Joint Chiefs of Staff, *Space Operations*(April 10,2018)GL-5.

71 Robert B. Strassler, *The Landmark Thucydides: A Comprehensive Guide to the Peloponnesian War*(New York: Free Press, 1996),46.

72 Clausewitz, *Vom Kriege*, zweiter Band,146.

73 Gray, *Airpower for Strategic Effect*,293.

74 Gray, *Weapons Don't Make War*,23.

75 同上.

76 Corbett, *Some Principles of Maritime Strategy*,32.

77 Charles E. Callwell, *Military Operations and Maritime Preponderance: Their Relations and Interdependence*, with introduction by Colin S. Gray (London: William Blackwood and Sons, 1905; reprint, Annapolis, MD: Naval Institute Press, 1996).

78 Colin S. Gray, introduction to *Military Operations and Maritime Preponderance: Their Relations and Interdependence*, Charles E. Callwell (London: William Blackwood and Sons, 1905; reprint, Annapolis, MD: Naval Institute Press, 1996), lxi.

79 Callwell, *Military Operations*, 443.

80 同上., 63.

81 同上.

82 Joint Chiefs of Staff, *Space Operations* (April 10, 2018), II—6.

83 Corbett, *Some Principles of Maritime Strategy*, 166.

84 Alfred Thayer Mahan, *Sea Power in its Relation to the War of 1812: Volume I* (Boston, MA: Little & Brown, 1905), 316.

85 Sun Tzu, *The Art of War*, 106.

86 Office of the Assistant Secretary of Defense for Homeland Defense and Global Security, *Space Domain Mission Assurance: A Resilience Taxonomy*, 6-7.

87 From an understanding of the Law of Armed Conflict, it is realized that the amount of force that is "practical" involves taking into consideration the principles of military necessity and proportionality.

88 Joint Chiefs of Staff, *Space Operations*, Joint Publication 3-14 (May 29, 2013), 1-3.

89 同上., IV-3.

90 Corbett, *Some Principles of Maritime Strategy*, 128.

91 Raoul Castex, *Strategic Theories*, trans. and ed. Eugenia C. Kiesling (Annapolis, MD: Naval Institute Press, 1994), 235-237.

92 Bowen, *Spacepower and Space Warfare*, 194.

93 *Central mass* is the phrase used by both Clausewitz and Corbett.

94 Klein, *Space Warfare*, 91—92.

95 The choice of these terms is in keeping with Corbett's maritime strategy usage, although he does use the term open for distant on some occasions.

96 Joint Chiefs of Staff, *Space Operations* (May 29, 2013), II—8.

97 同上.

98 Carl von Clausewitz, "Die wichtigsten Grundsatze des Kriegfiihrens zur Erganzung meines Unterrichts bei Sr. Koniglichen Hoheit dem Kronprinzen," in *Vom Kriege*, dritter Band (Berlin: Ferdinand Dummler, 1832), 241.

99 Sun Tzu, *The Art of War*, 87.

100 Clausewitz, *On War*, 595.

101　Warden, "The Enemy as a System," 41-55.

102　同上., 43.

103　同上., 42.

104　同上., 44-49.

105　Wolfgang Wegener, *Naval Strategy of the World War*, trans. Holger H. Herwig (Berlin: E. S. Mittler & Sons, 1929; reprint, Annapolis, MD: U. S. Naval Institute Press, 1989).

106　同上., 30.

107　同上., 61.

108　Klein, *Space Warfare*, 80-87.

109　David E. Lupton, *On Space Warfare: A Space Power Doctrine* (Maxwell Air Force Base, AL: Air University Press, June 1988), 21.

110　Everett C. Dolman, *Astropolitik: Classical Geopolitics in the Space Age* (London: Frank Cass, 2002), 39, 71.

111　Bernard Brodie, *War and Politics* (New York: The Macmillan Company, 1973), 452.

112　Clausewitz, *On War*, 158.

113　同上., 141.

114　Corbett, *Some Principles of Maritime Strategy*, 5, 8.

参考文献

[1] Bacon, Francis. "Of the True Greatness of Kingdoms and Estates." In *The Essays*. 1601; reprint, Adelaide: The University of Adelaide, 2014.

[2] Bowen, Bleddyn E. *Spacepower and Space Warfare: The Continuation of Terran Politics by Other Means*. PhD Thesis, Aberystwyth University, 2015.

[3] Brodie, Bernard. *War and Politics*. New York: The Macmillan Company, 1973.

[4] Brodie, Bernard. *Strategy in the Missile Age*. Santa Monica, CA: RAND Corporation, 1959. Callwell, Charles E. *Military Operations and Maritime Preponderance: Their Relations and Interdependence*. With introduction by Colin S. Gray. London: William Blackwood and Sons, 1905; reprint, Annapolis, MD: Naval Institute Press, 1996.

[5] Castex, Raoul. *Strategic Theories*. Translated and edited by Eugenia C. Kiesling. Annapolis, MD: Naval Institute Press, 1994.

[6] Clausewitz, Carl von. *On War*. Translated and edited by Michael Howard and Peter Paret. Princeton, NJ: Princeton University Press, 1989.

[7] Clausewitz, Carl von. *Principles of War*. Translated by Hans W. Gatzke. 1812; The Military Service Publishing Company, 1942; Clausewitz.com, 2016. www. Clausewitz. com/readings/

Principles/Clausewitz-PrinciplesOfWar-ClausewitzCom. pdf

[8] Clausewitz, Carl von. *Vom Kriege*, erster Band. Berlin: Ferdinand Dummler, 1832.

[9] Clausewitz, Carl von. *Vom Kriege*, zweiter Band. Berlin: Ferdinand Dummler, 1832.

[10] Clausewitz, Carl von. "Die wichtigsten Grundsatze des Kriegfuhrens zur Erganzung meines Unterrichts bei Sr. Koniglichen Hoheit dem Kronprinzen." In *Vom Kriege*, drifter Band. Berlin: Ferdinand Dummler, 1832.

[11] Clodfelter, Mark A. "Molding Airpower Convictions: Development and Legacy of William Mitchell's Strategic Thought." In *The Paths of Heaven: The Evolution of Airpower Theory*, edited by Phillip S. Meilinger, 79–114. Maxwell Air Force Base, AL: Air University Press, 1997.

[12] Corbett, Julian S. *Some Principles of Maritime Strategy*. London: Longmans, Green and Co., 1911; reprint, Annapolis, MD: Naval Institute Press, 1988.

[13] Dolman, Everett C. *Astropolitik: Classical Geopolitics in the Space Age*. London: Frank Cass, 2002.

[14] Douhet, Giulio. *The Command of the Air*. Translated by Dino Ferrari, 1921 and 1927; New York: Coward-McCann, 1942; reprint, Washington, DC: Air Force Museums and History Program, 1998.

[15] European Commission. *Space Strategy for Europe*. Communication from the Commission to the European Parliament, the Council, the European Economic and Social Committee and the Committee of the Regions. October 26, 2016.

[16] Eves, Stuart. "Angels and Demons: Cooperative and Non-cooperative Formation Flying with Small Satellites." Presentation. Surrey Satellite Technology Limited, University of Surrey, 2008.

[17] Fadok, David S. "John Boyd and John Warden: Airpower's Quest for Strategic Paralysis." In *The Paths of Heaven: The Evolution of Airpower Theory*, edited by Phillip S. Meilinger, 357–398. Maxwell Air Force Base, AL: Air University Press, 1997.

[18] Gray, Colin S. *Airpower for Strategic Effect*. Maxwell Air Force Base, AL: Air University Press, 2012.

[19] Gray, Colin S. *Fighting Talk: Forty Maxims on War, Peace, and Strategy*. Westport, CT: Greenwood Publishing, 2007.

[20] Gray, Colin S. Introduction to *Military Operations and Maritime Preponderance: Their Relations and Interdependence*. Charles E. Callwell. London: William Blackwood and Sons, 1905; reprint, Annapolis, MD: Naval Institute Press, 1996.

[21] Gray, Colin S. *Weapons Don7 Make War: Policy, Strategy, and Military Technology*. Lawrence, KS: University Press of Kansas, 1993.

[22] Joint Chiefs of Staff. *Space Operations*. Joint Publication 3-14. April 10, 2018. www. jcs. mil/

Portals/36/Documents/Doctrine/pubs/jp3_14. pdf.

[23] Joint Chiefs of Staff. *Space Operations*. Joint Publication 3-14. May 29,2013.

[24] Klein,John J. *Space Warfare:Strategy,Principles and Policy*. Abingdon:Routledge,2006.

[25] Lianju,Jiang and Wang Liwen. *Textbook for the Study of Space Operations*. Beijing:Military Science Publishing House,2013.

[26] Lupton,David E. *On Space Warfare:A Space Power Doctrine*. Maxwell Air Force Base,AL:Air University Press,June 1988.

[27] Mahan,Alfred T. *Sea Power in its Relation to the War of 1812:Volume I*. Boston,MA:Little & Brown,1905.

[28] Mahan,Alfred T. *The Problem of Asia and Its Effect Upon International Policies*. Boston:Little,Brown,and Company,1900.

[29] Mitchell,William. *Winged Defense:The Development and Possibilities of Modern Air Power — Economic and Military*. 1925;reprint,New York:Dover Publications,1988.

[30] Mitchell,William. *Our Air Force:The Keystone of National Defense*. New York:E. P. Dutton and Co,1921.

[31] Nayak,Michael. "Deterring Aggressive Space Actions with Cube SatelliteProximity Operations:A New Frontier in Defensive Space Control." *Air and Space Power Journal* vol. 31 no. 4 (Winter 2017):92-102.

[32] Nye,Jr. ,Joseph S. *Softpower:The Means to Success in World Politics*. New York:Public Affairs,2005.

[33] Office of the Assistant Secretary of Defense for Homeland Defense and Global Security. *Space Domain Mission Assurance:A Resilience Taxonomy*. September 2015. http://policy. defense. gov/Portals/ll/Space%20Policy/ResilienceTaxonomyWhitePaperFinal. pdf? ver = 2016-12-27-131828-623

[34] People's Liberation Army Academy of Military Science,Military Strategy Studies Department. *Science of Military Strategy*. Beijing:Military Science Press,December 2013.

[35] Pollpeter,Kevin L. ,Michael S. Chase,and Eric Heginbotham. *The Creation of the PLA Strategic Support Force and Its Implications for Chinese Military Space Operations*. Santa Monica,CA:RAND Corporation,2017.

[36] Sheldon,John B. and Colin S. Gray. "Theory Ascendant? Spacepower and the Challenge of Strategic Theory." In *Toward a Theory of Spacepower:Selected Essays*,edited by Charles D. Lutes and Peter L. Hays,with Vincent A. Mazo,Lisa M. Yambrick,and M. Elaine Bunn. Washington,DC:National Defense University Press,2011.

[37] Smith,M. V. "Spacepower and the Strategist." In *Strategy:Context and Adaption from Archidamus to Airpower*,edited by Richard J. Bailey Jr. ,James W. Forsyth Jr. ,and Mark O. Yeisley,157-185. Annapolis,MD:Naval Institute Press,2016.

[38] Strassler, Robert B. *The Landmark Thucydides: A Comprehensive Guide to the Peloponnesian War.* New York: Free Press, 1996.

[39] Sun Tzu. *The Art of War.* Translated by Samuel B. Griffith. Oxford: Oxford University Press, 1963.

[40] Warden, John. "The Enemy as a System." *Airpower Journal* vol. 9 no. 1 (Spring 1995): 41-55. www. airuniversity. af. mil/Portals/10/ASPJ/joumals/Volume-09_Issue-1-Se/1995_Vol. 9_Nol. pdf

[41] Wegener, Wolfgang. *Naval Strategy of the World War.* Translated by Holger H. Herwig. Berlin: E. S. Mittler & Sons, 1929; reprint, Annapolis, MD: U. S. Naval Institute Press, 1989.

[42] The White House. *The National Security Strategy of the United States of America.* December, 2017. www. whitehouse. gov/wp-content/uploads/2017/12/NSS-Final-12-18-2017-0905. pdf

[43] Wylie, J. C. *Military Strategy: A General Theory of Power Control.* With introduction by John B. Hattendorf. New Brunswick, NJ: Rutgers University Press, 1967; reprint, Annapolis, MD: Naval Institute Press, 1989.

[44] Ziamick, Brent. *Developing National Power in Space: A Theoretical Model.* Jefferson, NC: McFarland, 2015.

第 3 章 技术因素与太空战略竞争

> 安全环境也受到快速的技术进步和战争性质变化的影响。鉴于技术的门槛正在降低,更多的行为者可以迈进并以加速度前进,所以开发新技术的动力是残酷的[1]。
>
> ——美国时任国防部长詹姆斯·马蒂斯《2018 年美国国防战略》

从最早期开始,人类就试图利用技术在战争中取得决定性的战略效果。无论是使用三桅帆船、长弓、投石机、大炮、坦克还是飞机,军事战略家都为追求冲突中的胜利而改变了作战方式。只要国家和团体之间存在竞争,而暴力和军事行动被视为可行的解决方案,这种状况就不会改变。

然而,将这种方法推向极端是极其危险的,在这种情况下,为创造军事优势或实现战略效果而应用技术是高于所有其他考量的。Brian Hanley 鞭辟入里地指出:"如果战略是错误的或恶性的,或者如果指挥官在道德和智力方面有缺陷,那么战争工具的变化就没有什么意义。"[2]因此,必须记住,技术的应用应以合理的战略为指导。

几千年来,战争和作战涉及政治家、战略、暴力和技术的应用,以协助实现政治目的。任何在太空发起或延伸到太空的未来战争将涉及同样的考量。在强调战争和技术作用的持久性时,Baron Antoine-Henri de Jomini 男爵指出:"……这一原则是不变的,也不受武器种类、历史阶段和地点的影响。"[3]因此,虽然技术会改变和进步,从而改变战争的特征,但战争的基本性质仍然是不变的。所以,历史经验和经得起时间考验的战略著作可以为衡量技术在战争中的地位提供一个有用的框架。

为了使一般航天战略的实施成为实际问题,军事战略家和军事规划者需要了解战略、战术和技术是如何相互影响的。由于战术与现有技术密切相关,战术可能会随着技术的进步而改变。Colin Gray 指出:"除非有异常强大的抵消因素,一般来说,武器技术塑造了战术并潜移默化改变了作战风格,这是不争的事实"[4]。即使技术或潜在武器系统的应用可以达到战略效果,但战术行动和技术的应用(包括太空技术)将最频繁地影响战争的战术层面,有时也会影响作战层面。此外,由于技术影响到执行军事行动的方法和手段,战略有时可能会随着技术的进步而改变,技术及其在战术行动中的应用将有助于确定哪些战略是确保成功的实用战略。

尽管技术优势在发动战争时很重要,但它只是战略的一个方面,而且很可能不是最重要的方面[5]。Michael Handel 在描述技术在战争中的作用时,对这一点做了最充分的解释:

> 这一点,就像后面那些要点一样,并不是要暗示技术不重要。它只是为了提醒我们,技术虽然最重要,但仍然只是手段。所以,它总是次于战争的政治和战略非物质层面。所以,技术和物质胜利与政治和"战略"层面密不可分,归根结底,它们充其量只是取得最终和完全胜利的必要条件,而很少是充分条件。[6]

3.1 人的因素最重要

战争归根结底是关于人的。修昔底德也强调了这一点,他指出在考虑开战的决定时,人民和政治实体的恐惧、荣誉和利益相互作用[7]。虽然技术和技术进步很重要(特别是它在实现战略效果方面的潜力),但人民和他们关于发动和结束战争的决定是至高无上的。J. C. Wylie 也提到了人的重要性,"战争的最终决定因素是持枪的人。这个人是战争中的最终力量,他是控制者,他决定了谁会赢"[8]。拉尔夫·彼得斯同样指出了人和他们动机性的首要性,他说:"技术来了又走,但人经久不衰……""在这个技术爆炸的时代,我们的军队需要研究人。"[9]战争的持久性(包括人为什么决定参战以及要达到什么政治目的)强调了研究和更好地理解人类和社会的基本互动的必要性。

此外,当衡量训练有素的士兵、海军陆战队员和飞行员相对于新兴技术的重要性时,人再次胜出。Alfred Thayer Mahan 在论证这一点时说:

> 从历史上看,良船配劣人不如劣船配良人。法国大革命一次又一次地给我们上了生动的一课。而在我们这个时代,出于对物质改良中新事物的狂热,这一教训基本上已经从记忆中消失了。[10]

因此,重要的不是技术或最新的技术进步,而是人们如何利用这种技术。

毛泽东简明扼要地总结了这种思想,"武器是战争中的一个重要因素,但不是决定性的因素。决定性的是人,而不是物"[11]。

3.2 技术的使用与法律的约束

目前的法律制度,特别是1967年《外层空间条约》和由此产生的各种多边协议,在考虑太空技术的应用时具有相关性,因为该条约是限制某些武器和技术的法律先例[12]。军事行动的开展是否与所理解的条约含义相称,有时并非所有人都持赞同意见,这将由政治和军事领导人决定。《外层空间条约》中被提及最多的一条是第4条,该条规定:

> 各缔约国保证:不在绕地球轨道放置任何携带核武器或任何其他类型大规模毁灭性武器的实体,不在天体配置这种武器,也不以任何其他方式在外层空间部署此种武器[13]。

鉴于《外层空间条约》只涉及核武器和其他种类的大规模毁灭性武器,所以其他武器原则上不被《外层空间条约》所禁止。

此外,《外层空间条约》还规定了其他限制,这些限制决定了武器、技术或军事基地应如何使用。具体而言,它规定:

> 各缔约国必须把月球和其他天体绝对用于和平目的,禁止在天体建立军事基地、设施和工事。禁止在天体试验任何类型的武器及进行军事演习。不禁止使用军事人员进行科学研究或把军事人员用于任何其他的和平目的,不禁止使用为和平探索月球和其他天体所必须的任何器材设备[14]。

值得注意的是,《外层空间条约》并没有定义什么是和平目的。美国和其他签署国的一贯政策是,和平目的一词包括非侵略性的国防和国家安全活动[15]。从上述表述来看,允许在轨道或其他地方建立军事基地、设施和防御工事,但不允许在天体上建立。

另一项联合国决议,即《关于在外层空间使用核动力源的原则》,阐释了在太空应用核动力技术的考量,该决议指出:

> 大会审议了和平利用外层空间委员会第三十五届会议的工作报告及委员会所制定并附在其报告的《关于在外层空间使用核动力源的原则》上,认识到核动力源由于体积小、寿命长及其他特性,特别适用

于甚至必须用于在外层空间的某些任务,还认识到核动力源在外层空间的使用应当集中于能够利用核动力源特性的那些用途。[16]

因此,虽然《外层空间条约》禁止核武器,但核电被认为非常适合一些太空作业和任务。

3.3 新技术应用的历史经验

尽管无法保证未来会发生什么,历史经验仍可以提供有关新技术和它们如何影响战争的宝贵教训。这种教训可以帮助指导未来航天战略的制定。接下来讨论的历史实例包括早期飞机的海上应用、两次世界大战期间潜艇的使用、冷战期间的核威慑,以及利用技术促进战略优势的哲学方法论。

在阐释这一主题之前,有必要提醒一下,历史上的实例可以用来证明许多事情,但其中许多是相互矛盾的。因此,试图建立一个宏大的创新理论或创造一个解释创新的模型是不明智的[17]。Stephen Rosen 通过分析许多关于军事创新的文献,证明了这样一项任务的困难性,他也没有发现任何支持使用历史实例来解释创新或假设一个大理论的模式[18]。

尽管如此,战略家仍需要获取对历史经验的答案和实际理解。出于这个原因,历史学家和战略家之间经常存在着一种持续性的紧张关系,因为他们各自都希望以不同的方式使用对过去经验的理解。然而,在技术创新及这种技术如何被用于实现战略效果的背景下,Colin Gray 迈出了重要的一步,他指出:

> 令人欣喜的是,理论家的任务不是迟滞对军事和战略表现改善的追求。恰恰相反,这正是理论家的任务,至少在口头方面,他们努力把行动者从他们自己手中拯救出来,从那些诱人的、最新的、几乎可以保证获胜的方法等的传播者手中拯救出来。[19]

因此,此处要介绍的是关于技术在战争中的作用的格言或不言而喻的概念(这通常被认为是真实的),目的是重新传授可能被战略家、作战人员和政策专家遗忘的东西。因为有存在着阐释战争结果的历史实例,所以下面的例子并不是为了预测未来的技术应用,而是为了阐明先进技术的发展和应用如何塑造战略格局和改变战争中采用的作战方式。

3.3.1 早期飞机的海上应用

飞机的早期应用揭示了技术对战争只有轻微的初期影响。在 20 世纪初,飞机是一种相对较新的技术,人们对飞机的使用如何改变未来战争的进行这一话题并不十分了解。最早的空中力量理论作家之一是意大利空军元帅 Giulio Douhet,在他 1921 年出版的《空中制衡》一书中,他认为飞机是解决战略和战术僵局的办法,所有未来的战争都可以从空中获胜[20]。对 Giulio Douhet 来说,飞机的优势在于它的进攻特性,即机动自由和速度,这些都是通过在空中作战实现的[21]。尽管 Giulio Douhet 承认陆、海、空"三军"应该通力协作以实现共同的目标,他特别强调每个组成部分也需要独立取得成果[22]。因此,空军应该"在完全没有陆军和海军的情况下"行动并取得成果[23]。此外,他还认为飞机可以在没有陆军或海军配合的情况下取得军事胜利,因此,空军在所有武装部门中"按重要性排序是第一位的"[24]。

尽管 Giulio Douhet 对空战进行了预言并提出了相关理论,飞机的早期应用仍没有达到他的预期。正如许多创新性技术一样,任何技术进步通常都是以符合现有模式的方法来应用的。或者,更简单地说,人们一般都试图以与以前的实践或操作风格相一致的方式来运用新的想法或事物。因此,新技术最显著的优势直到后来才能被充分认识。

在 20 世纪 40 年代之前,飞机的使用确实如此。根据当时的范式,战争的输赢是由陆军和海军决定的。因此,飞机应该对陆军和海军起支援作用。根据 Alfred Thayer Mahan 的著作,海军通过搜寻敌人的舰队并寻求决定性的战斗来取得胜利,而取得这种胜利的手段是通过军舰。由于军舰是 20 世纪初海上进攻力量的核心,当时美国海军军官的主流观点是,新的飞机技术的应用应该帮助军舰更好地完成其任务。法国海军军官 Raoul Castex 也持这种观点,他在 1931—1939 年撰写了《战略理论》一书,探讨了创新性技术在海军战略中的应用,包括飞机和潜艇的应用。Raoul Castex 表现出了极大的远见卓识,他试图解决仅靠空中力量是否能取得决定性胜利这一话题。他的结论是不能,至少仅靠空中力量不能对抗海军部队[25]。对当时的许多海军战略家来说,飞机在海军的作用是提供侦察,以加快定位以与敌人的舰队交战。海军飞机的另一个早期作用包括为海军对其他海军目标的炮击提供空中观测和校正。总的来说,飞机在海洋领域的早期使用起到适度的、辅助性的作用。

即使在美国海军陆战队进行的陆战中,飞机在 20 世纪 40 年代之前也只是起到辅助性作用。美国海军陆战队当时发布的《小规模战争手册》指出了飞机的效用,"飞机的作用在于支持地面上海军陆战队的任务,包括侦察、观察和监测"[26]。手册明确指出:"在小规模战争中,航空部队的主要任务是直接支持地面部队"[27]。当且仅当敌人本身施加了航空威胁或需要对敌人的通信线路和据点进行轰炸时,专门的航空攻击才是有必要的"[28]。因此,对当时的海军陆战队员来说,在打小规模战争时,飞机并没有体现出什么新意。因此,飞机的使用方式与支持远征陆军的传统战略相一致。尽管飞机代表了技术上的进步,但美国海军陆战队的战略未能充分利用飞机的能力,而这一点在更现代的当代得到了认可。

3.3.2 两次世界大战中的潜艇战

虽然潜艇战只是海上战争的一个分支,但德国在两次世界大战中使用潜艇的早期成功经验表明,如果不加以反击,优势技术可转化为敌方的军事优势。事实上,德国将潜艇视为胜利的主要决定因素,正如有人指出的那样,"1917年及1942年底和1943年初,德国将U形潜艇视为战争的决定性武器"[29]。德国军事领导层认为,潜艇的使用直接影响到战争的结果。尽管德国在两次世界大战中都利用U形潜艇取得了成功,但历史经验一再表明,卓越的技术和战术最终也可以被反击,至少在某种程度上是如此,而潜艇也不例外。

1. 第一次世界大战

1917—1918年,德国采用了无限制潜艇战的概念,即商业突击战。作为一个岛国,英国依赖于海上贸易,而德国军事领导层正是利用这一事实,使用单一的、巡逻性的U形潜艇击沉驶向大不列颠群岛的船只,这一战略取得了巨大的成功。1917年4月,英国的形势看起来非常岌岌可危,似乎沿着英伦三岛西部通道潜伏的40艘德国U形潜艇会把英国人活活饿死[30]。1916年2月和3月,有1149艘船舶驶入英国港口,而在第二年的同一时期,这一数字还不到300艘[31]。在当时的许多观察家看来,除非能阻止英国的航运损失,否则德国必然会获胜。

这一现象产生的原因之一是德国U形潜艇的行动与当时的海战理论(包括Alfred Thayer Mahan的海权思想)相悖。英国和美国海军的传统智库认为,战舰具有至高无上的地位,海上的胜利是通过首先击败敌人的军舰,然后击败破坏海上贸易的小型巡洋舰来实现的。根据Alfred Thayer Mahan的思想,这种作战顺序可以保护商船,确保海上贸易的顺利进行。然而,德国的海军领导人找到了一个绕过这种理论方法的办法。潜艇不是巡洋舰,而是更容易潜伏且不容易被发现的袭击者。因此,德国U形潜艇在海上的成功并不取决于军舰或战斗编队。德国军事领导人通过非常规地使用潜艇来修改"游戏规则"和作战风格,进而改变了战略格局,并使英国领导层焦头烂额,汲汲寻找应对德国 U 形潜艇威胁的方法。

为了保护抵达英国的货物,特别是通过西部通道抵达的货物,英国采用了以护航编队为基础的反击战略。成群的商船一起航行,并由海军护卫舰予以保护,以防止德国 U 形潜艇的攻击。护航的目的不是击沉敌人的 U 形潜艇,而是在运输过程中保护船队。因此,护航是一种防御性战略,并不寻求一场决定性的战斗。护航编队只需在其过境的时间内保卫和控制所航行的那片海域。

很明显,到 1917 年底,德国的无限制潜艇战战略已经失败。伴随着这一败北,德国失去了速胜的机会。然而,德国仍然坚持他们的 U 形潜艇战略,并在 1918 年 5 月将战役扩展到美国的海域。尽管增加了更大和更有威力的 U 形潜艇,但德国从未找到克服护航编队防御的方法。德国人花费了更多的精力和成本,而击沉的船舶却更少。

2. 第二次世界大战

在第二次世界大战期间,德国调整了他们的作战风格,通过集团或"狼群"的协调行动使用 U 形潜艇进行无限制的潜艇战。这一调整是对护航编队反制措施的成功回应。德国海军的卡尔·邓尼茨上将提出了"狼群"的概念,同时还采用了新的战术,如短程鱼雷攻击,以提高与护航编队交战时的击杀机会。邓尼茨认为,在攻击船舶时要注重潜在的总吨位,而不是一艘船舶的直接军事价值,他认为战争可以仅由潜艇来决定[32]。根据他的战略,被击沉船舶的总吨位是最重要的,与船舶的数量和质量价值之间没有任何关系,因此,大型商船会比运载货物的小船更受欢迎[33]。根据这种新的狼群战术,6~12 艘 U 形潜艇一起行动,以大型商船为目标(无论是空船还是载货船),并且 U 形潜艇将在德国情报部门确定的船队过境地点开展行动。

由于邓尼茨主张应该把敌方航运视为一个集合的整体,所以在北大西洋的盟军的船舶越来越难击沉后,"狼群"开始在美国东部沿海地区开展"狩猎"。最初,"狼群"在那里的行动取得了显著的成功,美国一度直接失去了对自己海岸的制海权。1942 年上半年,西半球有超过 230 万吨的船舶被击沉,其中大部分损失在美国的东部海湾和沿岸[34]。美国海军通过再次采用护航编队和使用具有进攻能力的护卫舰队来对抗"狼群",以减轻在美国东部沿海游弋的德国 U 形潜艇的威胁。[35]

德国的"狼群"行动最初取得了很大的成功,其作用在 20 世纪 40 年代早期可能是决定性的。然而,最终,邓尼茨的这一战略彻底失败,部分原因在于盟军的护航编队的增加和造船业的快速增长。根据"胜利之船"计划,美国每天可以生产3艘"自由之船",并且每艘船可以在不到两个月的时间内建造完成[36]。从1942年7月开始,美国建造的船只比德国人沉没的船只还要多[37]。除了造船方面的举措,破译德国密码信息的能力和装备了雷达的盟军巡逻机也直接削弱了德国U形潜艇的威胁[38]。

总的来说,德国U形潜艇在两次世界大战中的经历表明,技术的进步及其利用可以带来战术和作战优势,这有助于决定战争的最终结果。然而,历史经验也表明,对任何技术进步的反击可能会随之而来。这就是技术进步和战争的自然发展过程之间的关系,即矛与盾的关系。

3.3.3 冷战中的核武器

美国于1945年在日本投放的核武器直接促成了第二次世界大战的结束。手握核武器,美国拥有了前所未有的军事能力和经济实力,这使美国建立了无与伦比的国际影响力。然而,在广岛和长崎被核打击的4年后,苏联也紧随其后开发了自己的核武器。美、苏领导人都认为,核武器与一个国家的国力直接相关。即使在今天,朝鲜和伊朗等国家的领导人也认为,核技术为国家提供了更大的外交影响力。历史经验表明,其他国家也出于类似的原因谋求核技术。

在强调核武器在战略级战争中的重要性时,Thomas Mahnken指出:"的确,核武器革命是近几个世纪以来技术影响战争行为的最明确的案例。"[39]核武器的发展是备受关注的,因为它对美、苏之间产生了极大的影响。由于核战会造成相互破坏,两个超级大国都避免了直接的军事对抗,而是相继卷入了朝鲜、越南和阿富汗的"代理人"冲突。在1962年的古巴导弹危机中,全面核战的可能性促使赫鲁晓夫决定从古巴撤走苏联的导弹。

从冷战中可以而且已经汲取了许多教训。就航天战略而言,这一时期的一个关键教训表明,核技术(或任何被认为是最具破坏性的武器技术)有时可能会阻止或劝阻其他国家考虑直接的军事行动[40]。有时,这种威慑可能会在相互竞争的国家之间起到稳定器作用,从而有助于国际社会的和平稳定。一个值得一提的问题是,是否需要展示这种毁灭性武器的实际能力来产生与核武器同等的威慑效果,安全专家对此有不同的看法。在考虑未来的军事系统或潜在的太空武器时,这一问题很可能将再次摆上台面。

3.3.4 "军事革命""军事变革"与"第三次抵消战略"

近几十年来,美国国家安全界一直萦绕着一个主题,即希望利用先进技术

来影响战争的发动。Thomas Mahnken 曾指出:

> 至少自第二次世界大战以来,对先进技术的依赖一直是美国战争方式的核心支柱。近些年来,没有哪个国家比美国更强调技术在规划和发动战争中的作用[41]。

1946 年,Walter Lippman 在参观新型原子弹和运载火箭的展览时提出了这一想法。在 Walter Lippman 看来,原子弹和火箭的问世起着划时代的作用:

> 原子弹和火箭使所有关于军事的愿望得到了完美实现:这样的战争不需要国家的努力,不需要征兵,不需要训练,不需要纪律,而只需要大量的金钱和工程知识。这里有一剂灵丹妙药,使我们能够成为地球上最伟大的军事强国,而无须投入时间、精力、汗水、鲜血和泪水……[42]

近几十年来,寻求利用技术促进军事优势的理念催生了军事技术革命和由此产生的军事事务革命,在 20 世纪 90 年代初得到了普及。一些热衷于此的支持者认为,信息革命标志着与过去完全决裂。一份 1993 年发布的报告预言:"军事技术革命有可能从根本上重塑战争的性质,自马基雅维利时代以来的基本战略原则在新兴技术和理论面前可能会成为废纸"[43]。

虽然技术进步是这些革命的先决条件,但仅有技术是不够的。对技术改变战争性质的想法持批评态度的 Andy Marshall(当时国防部净评估办公室的负责人)认为,真正的革命只有在武装部队发展新的作战概念和创建新的组织时才会发生。在他看来,当时武装部队面临的关键任务不是急于购买新设备,而是要弄清楚最合适的概念创新和组织变革[44]。与 Andy Marshall 的看法类似,James Fitz-Simond 和 Jan van Tol 指出,历史经验表明,实现军事事务全面革命的三个共同前提是技术发展、理论创新及组织调整[45]。

1. 军事转型

军事事务革命概念的后续是转型。转型是指在硬件、战术或理论上的革命性或重大改进,这个词在 21 世纪初得到了普及[46]。军事转型的支持者认为,亦步亦趋、故步自封的军队很容易被乐于在革命性变化上冒险的对手所超越[47]。普遍认为,转型这一概念在美国国防部中获得了大量的拥趸,其部分原因在于对未知的恐惧[48]。

随着苏联的解体和长达数十年的冷战的结束,美国的军事规划人员不知道下一个威胁会来自哪里。如果不清楚自己未来的敌人,就很难制定长期的国防拨款预算和昂贵的武器系统计划。根据通行的转型逻辑,美国对竞争对手或未来威胁的优势实际上可以通过发展技术来维持,以解决国防机构无法确定下一个威胁的问题。因此,可以为国防拨款制订一个长期计划,并且可以颁布一个转型战略。然而,为了什么目的而拨款,针对谁而使用转型技术,很少有人能辨别出来。转型倡导者通常寻求一种更轻、更机动、更容易部署到世界各地新兴危机点的军事力量。

2. 第三次抵消战略

美国国防部长 Chuck Hagel 在 2014 年底正式公布了"第三次抵消战略"的想法。在一份官方备忘录中,他主张采取"'第三次抵消战略',将未来几十年力量投射所带来的竞争优势牢牢掌握在美国手中"[49]。"抵消"一词指的是使用新型技术或方法来创造竞争优势。正如一些国防部官员所描述的那样,自第二次世界大战结束以来,美国历史上曾有过两次"抵消"。美国的"第一次抵消战略"发生在 20 世纪 50 年代初冷战开始时,当时美国依靠庞大的核武库,不对称地威慑苏联强大的常规力量,以此来削弱苏联在东西德边境的数量和地理优势[50]。美国的第二次战略抵消发生在 20 世纪 70 年代和 80 年代,当时美国针对越战后的困境,特别是苏联的常规军力优势,提出以精确打击技术为龙头,以信息技术为核心的"抵消战略",以此来消极地影响苏联的军事效力[51]。

在 Chuck Hagel 最初的备忘录中,"第三次抵消战略"要求国防部在几个相互关联的领域进行创新:

- 将领导力发展实践与新出现的契机结合起来,以重新思考国防部如何培育管理人员和领导人。
- 制定一个新的长期研究和开发规划,以确定、开发和使用能维持和推进美国军事力量的突破性技术和系统。
- 注重作战模拟、开发和测试实现美国战略目标的替代方法,以帮助国防部更清晰地思索未来的安全环境。
- 开发新的作战概念,以探索如何利用资源取得更大的战略效果,并以更创新的方式应对新出现的威胁。
- 继续审查业务实践,并通过外部基准和内部重点审查找到更有效率和性价比更高的方法。[52]

总而言之,Chuck Hagel 加速创新的方法囊括人力、组织和技术要素,以谋求对未来潜在对手的战略优势。2015 年晚些时候,美国国防部副部长 Bob Work 进一步阐述了"第三次抵消战略",其包括六个广泛的领域:反介入和区域封锁、制导弹药、海底战、网络和电子战、人机合作以及战争模拟和新作战概念的发展[53]。

然而,"第三次抵消战略"的批评者尖锐地指出,这一概念缺乏明确性和普适性[54]。因此,批评者认为它试图取代一切,而这导致它没有任何实际价值。在认识到对这一概念的批评时,Bob Work 解释说:"所以我们想做的是开发持续几代人的许多作战能力。技术永远不会是最终的答案。你必须能够将这些技术纳入新的作战和组织结构"[55]。他进一步建议,美国需要展示这些创新能力,以传达一种信息。即使潜在对手在时间和空间上取得了初步优势,但其谋求作战成功的任何尝试都可能以失败告终[56]。

美国国防界过去提出的军事事务革命、转型和"第三次抵消战略"等倡议,都是为了通过新技术的应用来实现军事优势,这种想法与战争的特点是相称的[57]。虽然历史经验表明,运用新技术可能会改变作战方式,或达到战略效果,但决策者和战略家需要注意的是,不要过分依赖先进技术及他们所设想的奇迹。

3.4 太空战略竞争中对技术的使用

根据历史经验,应当预见到的是,技术在太空战中可以发挥重要作用,特别是在战术层面,并有可能形成新的作战模式。下面的许多想法已经在军事行动中得到证明,或者构成了对战争成熟理解的一部分。即使大规模或无限制的太空战还没有发生,也需要为日后太空战的进行提出某些想法。下面关于技术在航天战略中的作用的意见将与所有太空国家息息相关(无论是太空大国、中等国家还是新兴国家均是如此)。在考虑太空战和技术的作用时,Michael Handel 的意见奠定了扎实的基础:"技术只是战争中的一种手段,它本身不能促成完全的胜利和成功"[58]。

一些太空力量的支持者主张将天基攻击武器作为任何军事战略的核心,就像过去海权和空权的支持者一样。由于天基武器似乎超出了潜在对手的攻击范围,而且天基武器的影响可能是毁灭性的,因此被视为军事行动的一个颇具吸引力的工具。太空力量的狂热支持者甚至说道:"太空战和先进的天基技术已经从根本上颠覆了修昔底德、孙子和克劳塞维茨所描述的战争的历史理论和原则。"然而,太空战和先进的天基武器虽然并不会改变战争的性质,但会影响战争的特点。战争的核心是国和国的竞争性斗争,即使在技术上有重大进步,几千年来的战争教训仍然是富有营养的[59]。

战略家对那些在国防界或军事部门寻求使用最新的创新技术来保证胜利或定义一种新的战争方式的人最好的建议是:请停止这种想法。特别是在美国国防界,曾经有段时间,技术的应用作为一种"热门"和"新"的战略概念会定期出现在人们的视野中[60]。Colin Gray 警告说:"在美国防务界有一连串所谓的(上述)战略概念,这些概念不断收获拥趸,然后得到官方的认可。它们来了又走,走了又来,将来还会以稍微不同的面目重新粉墨登场"[61]。Colin Gray 指出:"现在和未来的战略家面对热门的新概念时通常持错误观点。只存在三种防御性措施:常识、经验和健全的战略教育,特别是修昔底德、孙子和克劳塞维茨的传世作品"[62]。

3.4.1　天基资产可以稳定竞争对手之间的关系

先进的天基技术及相关武器可以对国际社会产生举足轻重的影响。正如冷战期间核武器的情况一样,如果一个武器系统对两个或更多的对手构成足够大的威胁,则其潜在的使用可以使国家领导人避免直接对抗和敌对行动的升级。这一点并不是说未来的天基武器将消除相互竞争的国家、民族或集团之间的紧张关系,而是要强调技术先进的武器有时可以促成稳定态势。

美国总统林登·约翰逊在1967年的讲话中提出了先进能力促成稳定这一观点(尽管约翰逊的背景是侦察能力而非核技术)。

1967年,美国总统林登·约翰逊的声明体现了先进能力促进稳定的这一点,尽管约翰逊的背景是侦察能力,而不是核技术。他指出:

> 我们已经在太空计划上花费了350亿美元或400亿美元。如果除了我们从太空摄影中获得的知识外没有其他的收获,那么这一计划将是徒劳无功的。虽然今晚我们貌似知道敌人有多少导弹,但事实证明,我们的猜测有很大偏差。我们在做我们不需要做的事情,我们在建造我们不需要建造的东西,我们怀有我们不需要怀有的恐惧。[63]

3.4.2　技术本身不能消除摩擦和不确定性

我所担心的不是敌人的战略,而是我们自身的失误[64]。

——修昔底德

一些支持者声称,先进的技术及其在现代战争中的应用使那些旨在处理

"摩擦"和"不确定性"的防御性战略变得没有必要。在讨论信息和信息相关技术的快速发展时,1997年的美国国防小组指出,技术优势可以"驱散战争的迷雾"[65]。虽然技术可能提供了减少战争迷雾的机会,但认为不确定性可以被消除的观点是完全不正确的。尽管有技术上的进步,不确定性和摩擦仍然是战争性质的根本。

历史经验表明,模糊性、误判、不称职和机会都是战争的永恒话题,预计这些因素也将在太空战中发挥作用。Barry Watts指出,技术不会解决机会、不确定性和误判的问题。"人的局限性、信息的不确定性和非线性不是更好的技术和工程可以消除的,技术所追求的目的的是在与对立政治实体之间开展暴力互动时获得内在或结构特点,这就是我们所称的战争"[66]。因此,采用最新技术的太空战在这方面不会有任何不同。诚然,采用最新的创新技术可以带来许多好处和优势,但基于太空或太空支持的技术不会消除摩擦、机会和不确定性,而只能减少它们。崇拜卓越技术的技术迷可能会感到悲哀和失望。即使能够监测和收集可能的各个方面的情报,也不能保证知晓敌人的实际意图。

3.4.3 仅靠先进技术不能赢得胜利

技术在任何战斗中都有其一席之地,而这又关系到战争和一般冲突的结果。优势火力的应用可以消灭敌方部队并降低其士气,从而达到战略上的决定性结果。尽管技术及其在战术行动中的破坏性应用可以实现这样的结果,但通常在一场战役中会发生许多战术行动,而整个战争可能由几个战役组成。因此,通过应用优势技术取得一次决定性的胜利并不意味着整场战争的胜利。

在第二次世界大战期间,温斯顿·丘吉尔审查了皇家空军的战争计划,他不同意只要对德国进行空中轰炸就一定能取得胜利的观点。丘吉尔直言不讳地告诉他的顾问们,他对"这些干脆利落的计算方法深表不信任,而这些计算方法无一例外地显示了战争将如何获胜"[67]。

就航天战略的发展而言,这一现实意味着应用天基技术本身不太可能赢得战争。虽然与太空有关的技术可能在战斗中提供战术优势并影响作战风格,但单一技术不太可能决定冲突的结果。技术的使用不应脱离战争的总体战略目标,而且"技术的熟练程度不能替代战略的敏锐性"[68]。虽然将天基技术作为广泛的军事战略的一部分可以提高取得持久性结果的可能性,但任何仅仅依靠天基或天基技术的某一具体应用来取得胜利的战争计划都是一种不平衡和考虑不周的战略方法。

历史经验表明,尽管优越的天基武器在火力或能力方面存在技术进步,但任何优越的天基武器最终都会被对手反击,或至少被削弱。克劳塞维茨在评论战争中技术能力的自然发展时指出:"如果进攻方发明了一些重大的新手段……防守方也将不得不改变其方法"[69]。尽管基于太空的武器或由太空力量支持的地面力量的效果可能是毁灭性的,但对手也可以开发或逆向工程一个类似的武器、窃取类似的能力或甚至通过新的战术、技术和程序找到一个对抗武器有效性的办法。技术进步、反制、反反制:这正是战争中技术的自然循环。

3.4.4 先进技术不会让胜利轻而易举

由于战争涉及坚定而激昂的交战方之间的冲突,因此任何通过采用单一的先进技术或攻击手段快速获得胜利的承诺都应该受到质疑。温斯顿·丘吉尔警告说:"永远,永远,永远不要相信任何战争会一帆风顺,或者相信任何踏上陌生航程的人都能衡量他将遇到的潮汐和飓风。"[70]这一教训同样适用于太空战。

一些太空技术的支持者争辩道,"天基攻击是非常简单容易的,因为在太空冲突期间,鲜有甚至没有军事人员会受到直接影响。只有卫星、反卫星武器或天基武器会成为攻击目标,因此在太空开展军事行动几乎没有负面风险。而且,正如谚语所说,'卫星没有母亲',这意味着与地面冲突相比,太空战的弊端较少,因为在太空没有人命损失"。太空技术的支持者天真地认为,基于太空的攻击对一个没有准备或毫无戒心的敌人来说是非常简单的。Thomas Mahnken在文章中抨击了这种想法:

> 华盛顿对先进技术的偏爱也助长了一些人的错觉,即美国可以在不损失美国士兵和不杀害无辜平民的情况下使用武力,而美国的敌人则认为美国不愿意承受伤亡。[71]

归根结底,任何在太空中取得胜利是简单而容易的观点大多是空洞的无稽之谈,与现实相去甚远,因为大多数敌人会在受到攻击时做出适应和反应。

对于那些高估自己的能力而低估敌人的人来说,毛泽东的警告是一针见血的:

> 最后,现实会给这些喋喋不休的人泼一盆冷水,让他们知道自己只是个想占便宜、想不劳而获的空谈家……没有什么神奇的捷径可言[72]。

译者注:此为《毛泽东选集》英译本摘文,为维持英译本原汁原味,还原作者本意,故未译为《毛泽东选集》原文。后文皆依此原则。

3.5 小　　结

在军事界,技术对战争的进行和战略的发展的影响仍然没有得到充分理解。根据历史经验,可以预计的是,与太空有关的技术的进步最初将以与当前军事和作战模式相称的方式使用。因此,在短期内,太空行动可能将继续主要发挥辅助作用(对陆地、海洋、空中和网络空间行动的重要补充)。若要充分理解和有效利用基于太空或由太空力量支持的行动的战略优势,那么可能还有很长一段路要走。虽然与太空有关的技术或天基武器的进步不会改变战争的基本性质,但这些进步将改变战争的行为和特点。

技术在战争中是很重要的,对于技术在战争中的作用必须要达成适当的平衡并提出合理的观点。Thomas Mahnken 就如何达成恰当的平衡提出了自己的建议:

> 如果说技术狂热者有夸大技术的嫌疑,那么怀疑论者则常常低估了技术在战争中的作用。虽然技术不是唯一的,或者说不一定是最重要的决定因素,但它的影响不容忽视[73]。

Thomas Mahnken 指出,精确制导和隐身技术的演变和进展是应用先进技术以产生深远战略后果的两个实例[74]。平衡地理解技术对军事行动的影响可以开发和发展一个更完整的航天战略一般理论,并指导未来的作战风格。

可以预计的是,200 年后的太空作业将与如今的太空作业大相径庭。为了预测未来的太空作业将与今天有和不同,我们可以将航海时代的海上作业与目前的海上作业进行比较。两个多世纪前,跨洋航运主要利用季节性的盛行风,而那些偏离既定的季节性贸易路线的航运有可能要花费更长的时间来到达预定的目的地,或者根本就无法到达目的地。直到以煤为燃料的蒸汽机问世,跨洋航运才终于可以不受季节性风向的限制。

正如过去的海洋航行是由季节性风向决定的一样,目前的许多太空作业主要由轨道力学或天体的引力决定。在未来,当推进技术发展到可以使用更有效的、更丰富的能源来源(如核聚变反应堆或先进的电力推进驱动)来拓展太空旅行时,太空旅行的次数将成倍增长。此外,不断演变的推进技术将使一个国家在太空的利益超越近地范畴,并扩展到地月区和其他地区。

引文标注

1. Department of Defense, 2018 *National Defense Strategy of the United States of America: Sharpening the American Military's Competitive Edge* (2018), 3, emphasis original, www.defense.gov/Portals/1/Documents/pubs/2018-National-Defense-Strategy-Summary.pdf

2. Brian Hanley, "Transformation Ballyhoo," *U.S. Naval Institute Proceedings* vol. 132. 9. 1 (September 2006), 67.

3. Baron Antoine-Henri de Jomini quoted in Crane Brinton, Gordon A. Craig, and Felix Gilbert, "Jomini," in *Makers of Modern Strategy: Military Thought from Machiavelli to Hitler*, ed. Edward Meade Earle (Princeton, NJ: Princeton University Press, 1948), 84. Originally cited in *Traite des grandes operations militaires*, volume 3 (Paris: 1804 1806), 333. Similar thoughts are in Antoine-Henri de Jomini, *The Art of War* (1862; reprint, London: Greenhill Books, 1992), 17 and 347.

4. Colin S. Gray, *Weapons Don't Make War: Policy, Strategy, and Military Technology* (Lawrence, KS: University Press of Kansas, 1993), 78.

5. David J. Lonsdale, *The Nature of War in the Information Age: Clausewitzian Future* (London: Frank Cass, 2004), 53.

6. Michael I. Handel, *Masters of War: Classical Strategic Thought*, 3rd ed. (London: Frank Cass, 2001), xxi. Emphasis original.

7. Robert B. Strassler, *The Landmark Thucydides: A Comprehensive Guide to the Peloponnesian War* (New York: Free Press, 1996), 43.

8. J. C. Wylie, *Military Strategy: A General Theory of Power Control*, with introduction by John B. Hattendorf (New Brunswick, NJ: Rutgers University Press, 1967; reprint, Annapolis, MD: Naval Institute Press, 1989), 72. Emphasis original.

9. Ralph Peters, *Fighting for the Future: Will America Triumph?* (Mechanicsburg, PA: Stackpole Books, 1999), 171-172.

10. Alfred Thayer Mahan, *Influence of Sea Power Upon the French Revolution and Empire, 1793-1812* (Boston: Little, Brown, and Co., 1892), 102; as referenced in Colin S. Gray, *Fighting Talk: Forty Maxims on War, Peace, and Strategy* (Westport, CT: Greenwood Publishing, 2007), 96.

11. Mao Tse-tung, *Selected Military Writings of Mao Tse-tung* (Peking: Foreign Language Press, 1963), 217-218.

12. United Nations General Assembly, resolution 2222 (XXI), *Treaty on Principles Governing the Activities of States in the Exploration and Use of Outer Space, including the Moon and Other Ce-*

lestial Bodies, or *The Outer Space Treaty*(1967), www. unoosa. org/oosa/en/ourwork/spacelaw/treaties/outerspacetreaty. html

13 *Outer Space Treaty*, Article IV.

14 同上. , Paragraph 2, Article IV.

15 The White House, *National Space Policy of the United States of America*(June 28, 2010), 3, www. nasa. gov/sites/default/Iiles/national_space_policy_6-28-1 O. pdf

16 United Nations General Assembly, resolution 47/68, *Principles Relevant to the Use of Nuclear Power Sources in Outer Space*(December 14, 1992), Preamble, www. unoosa. org/oosa/en/ourwork/spacelaw/principles/nps-principles. html.

17 Williamson Murray and Allan Millett, introduction to *Military Innovation in the Interwar Period* (Cambridge: Cambridge University Press, 1996), 4.

18 Stephen Peter Rosen, "Thinking about Military Innovation," in *Winning the Next War: Innovation and the Modern Military*(Ithaca, NY: Cornell University Press, 1991), 1-53.

19 Gray, *Fighting Talk*, 42.

20 Giulio Douhet, *The Command of the Air*, trans. Dino Ferrari(1921 and 1927; New York: Coward-McCann, 1942; reprint, Washington, DC: Air Force Museums and Histoiy Program, 1998), 15-29.

21 同上. , 15.

22 同上. , 4.

23 同上. , 5.

24 同上. , 29.

25 Raoul Castex, *Strategic Theories*, trans, and ed. Eugenia C. Kiesling(Annapolis, MD: Naval Institute Press, 1994), 321.

26 United States Marine Corps, *Small Wars Manual*(Washington, DC: 1940; reprint, 1990), section 9-1.

27 同上. , section 9-23.

28 同上. , section 9-25.

29 Colin S. Gray and Roger W. Barnett, *Seapower and Strategy*(Annapolis, MD: Naval Institute Press, 1989), 11.

30 George W. Baer, *One Hundred Years of Sea Power: The U. S. Navy 1890-1990*(Stanford CA: Stanford University Press), 67.

31 同上.

32 同上.

33 同上. , 192.

34 同上. , 194.

35 Marc Milner, "Anglo-American Naval Cooperation in the Second World War, 1939-45," in

Maritime Strategy and the Balance of Power:Britain and America in the Twentieth Century,eds. John B. Kattendorf and Robert S. Jordan(New York:St. Martin's Press,1989),250.

36 Baer,*One Hundred Years of Sea Power*,199-200.

37 同上.,201.

38 同上.,193,198 and 201.

39 Thomas G. Mahnken,*Technology and the American War of War Since 1945*(New York:Columbia University Press,2008),223.

40 Colin S. Gray,*Modern Strategy*(Oxford:Oxford University Press,1999),308-309.

41 Mahnken,*Technology and the American Way of War Since 1945*,5.

42 Walter Lippmann,"Why Are We Disarming Ourselves?" *Redbrook Magazine* (September 1946),106. As referenced in Lawrence Freedman,*The Evolution of Nuclear Strategy*,3rd ed. (New York:Palgrave Macmillan,2003),45.

43 Michael J. Mazarr,Jeffrey Shaffer,and Benjamin Ederington,"The Military Technical Revolution:A Structural Framework"(The Center for Strategic and International Studies,1993),28.

44 Mahnken,*Technology and the American Way of War Since 1945*,5.

45 James R. FitzSimonds and Jan M. van Tol,"Revolutions in Military Affairs," *Joint Force Quarterly*(May 1994),25-26. http://ndupress. ndu. edu/portals/68/Documents/jfq/jfq-4. pdf

46 Department of Defense,*U. S. Quadrennial Defense Review*(September 30,2001),IV,http://archive. defense. gov/pubs/qdr2001. pdf

47 Greg Jaffe,"'New and Improved?' Special Report:Spending for Defense," *The Wall Street Journal*,March 28,2002.

48 It has been surmised that much of the enthusiasm for military transformation stems from the "yearning for military certainty." See Colin S. Gray,*Defining and Achieving Decisive Victory* (U. S. Army War College:Strategic Studies Institute,April 2002),24.

49 Chuck Hagel,Department of Defense,*Memorandum on the Defense Innovation Initiative*(November 15,2014),http://archive. defense. gov/pubs/OSD013411-14. pdf

50 Bob Work,"Center for New American Security Defense Forum"(JW Marriott,Washington,DC,December 14,2015),www. defense. gov/News/Speeches/Speech-View/Article/634214/cnas-defense-forum

51 同上.

52 Hagel,*Memorandum on the Defense Innovation Initiative*,1-2.

53 Work,"Center for New American Security Defense Forum."

54 Andy Massie,"Reframing the Third Offset as a 21st-Century Model for Deterrence," *War on the Rocks*,March 28,2016,https://warontherocks. com/2016/03/reframing-the-third-offset-as-a-21st-century-model-for-deterrence/

55 Bob Work,"Remarks by Deputy Secretary Work on Third Offset Strategy"(Brussels,Belgium,April 28,2016),www. defense. gov/News/Speeches/Speech-View/Article/753482/remarks-by-d%20eputy-secretary-work-on-third-offset-strategy/

56 Work,"Remarks by Deputy Secretary Work on Third Offset Strategy."

57 Gray,*Fighting Talk*,64.

58 Handel,*Masters of War*,xxiv

59 "Regardless of what character a war assumes,it is always a human activity." See Lonsdale,*The Nature of War in the Information Age*,36.

60 Gray,*Fighting Talk*,65.

61 同上.

62 同上.

63 Quoted in William E. Burrows,*Deep Black：Space Espionage and National Security*(New York：Random House,1986),vii.

64 Thucydides,*History of the Peloponnesian War*(432 bc),1. 144. 1

65 National Defense Panel,*Transforming Defense：National Security in the 21st Century*(Washington,DC：U. S. Government Printing Office,1997),iv,as quoted in Mahnken,*Technology and the American Way of War Since* 1945,178. Additionally,William Owens stated "This revolution challenges the hoary dictums about the fog and friction of war." William Owens with Ed Offley,*Lifting the Fog of War*(New York：Farrar,Straus,and Giroux,2000),15.

66 Barry W. Watts,"Clausewitzian Friction and Future War," McNair Paper No. 68(National Defense University,2004),78. Emphasis original.

67 Winston Churchill quoted in Elliot A. Cohen,"Churchill and Coalition Strategy in World War II," in *Grand Strategies in War and Peace*,ed. Paul Kennedy(New Haven,CT：Yale University Press,1992),66. Original citation comes from a Defence Committee(Operations) meeting of January 13,1941.

68 Mahnken,*Technology and the American Way of War Since* 1945,6.

69 Carl von Clausewitz,*On War*,trans. and eds. Michael Howard and Peter Pare!(Princeton,NJ：Princeton University Press,1989),362.

70 Winston Churchill,quoted in Cohen,"Churchill and Coalition Strategy in World War II," 66.

71 Mahnken,*Technology and the American Way of War since* 1945,6.

72 Mao Tse-tung,*Selected Military Writings*,218—219.

73 Mahnken,*Technology and the American Way of War since* 1945,220.

74 同上.,227.

参考文献

[1] Baer,George W. *One Hundred Years of Sea Power：The U. S. Navy* 1890-1990. Stanford CA：

Stanford University Press.

[2] Brinton, Crane, Gordon A. Craig, and Felix Gilbert. "Jomini." In *Makers of Modern Strategy: Military Thought from Machiavelli to Hitler*, edited by Edward Meade Earle, 77-92. Princeton, NJ: Princeton University Press, 1948.

[3] Burrows, William E. *Deep Black: Space Espionage and National Security*. New York: Random House, 1986.

[4] Castex, Raoul. *Strategic Theories*. Translated and edited by Eugenia C. Kiesling. Annapolis, MD: Naval Institute Press, 1994.

[5] Clausewitz, Carl von. *On War*. Translated and edited by Michael Howard and Peter Paret. Princeton, NJ: Princeton University Press, 1989.

[6] Cohen, Elliot A. "Churchill and Coalition Strategy in World War II." In *Grand Strategies in War and Peace*, edited by Paul Kennedy, 43-70. New Haven, CT: Yale University Press, 1992.

[7] Department of Defense. 2018 *National Defense Strategy of the United States of America: Sharpening the American Military's Competitive Edge*. 2018.

[8] Department of Defense. *U. S. Quadrennial Defense Review*. September 30, 2001. http://archive.defense.gov/pubs/qdr2001.pdf

[9] Douhet, Giulio. *The Command of the Air*. Translated by Dino Ferrari. 1921 and 1927; New York: Coward-McCann, 1942; reprint, Washington, DC: Air Force Museums and History Program, 1998.

[10] FitzSimonds, James R. and Jan M. van Tol. "Revolutions in Military Affairs." *Joint Force Quarterly* (May 1994): 24-31. http://ndupress.ndu.edu/portals/68/Documents/jfqZjfq-4.pdf

[11] Freedman, Lawrence. *The Evolution of Nuclear Strategy*. 3rd edition. New York: Palgrave Macmillan, 2003.

[12] Gray, Colin S. *Fighting Talk: Forty Maxims on War, Peace, and Strategy*. Westport, CT: Greenwood Publishing, 2007.

[13] Gray, Colin S. *Defining and Achieving Decisive Victory*. U. S. Army War College: Strategic Studies Institute, April 2002.

[14] Gray, Colin S. *Modern Strategy*. Oxford: Oxford University Press, 1999.

[15] Gray, Colin S. and Roger W. Barnett. *Seapower and Strategy*. Annapolis, MD: Naval Institute Press, 1989.

[16] Gray, Colin S. *Weapons Don7 Make War: Policy, Strategy, and Military Technology*. Lawrence, KS: University Press of Kansas, 1993.

[17] Hagel, Chuck. Department of Defense. *Memorandum on the Defense Innovation Initiative*. November 15, 2014. http://archive.defense.gov/pubs/OSD013411-14.pdf

[18] Handel, Michael I. *Masters of War: Classical Strategic Thought*. 3rd edition. London: Frank

Cass,2001.

[19] Hanley, Brian. "Transformation Ballyhoo." *U. S. Naval Institute Proceedings* vol. 132. 9. 1 (September 2006):64—68.

[20] Jaffe, Greg. "'New and Improved?' Special Report: Spending for Defense." *The Wall Street Journal*. March 28,2002.

[21] Jomini, Antoine-Henri de. *The Art of War*. 1862; reprint, London: Greenhill Books,1992.

[22] Jomini, Antoine – Henri de. *Traite des grandes operations militaires*, volume 3. Paris: 1804—1806.

[23] Lippmann, Walter. "Why Are We Disarming Ourselves?" *Redbrook Magazine* (September 1946).

[24] Lonsdale, David J. *The Nature of War in the Information Age: Clausewitzian Future*. London: Frank Cass,2004.

[25] Mahan, Alfred Thayer. *Influence of Sea Power Upon the French Revolution and Empire,1793-1812*. Boston: Little, Brown, and Co. ,1892.

[26] Mahnken, Thomas G. *Technology and the American War of War Since 1945*. New York: Columbia University Press,2008.

[27] Mao Tse–tung. *Selected Military Writings of Mao Tse – tung*. Peking: Foreign Language Press,1963.

[28] Massie, Andy. "Reframing the Third Offset as a 21st-Century Model for Deterrence." *War on the Rocks*. March 28,2016. https://warontherocks.com/2016/03/reframing-the-third-offset-as-a-21st-century-model-for-deterrence/

[29] Mazarr, Michael J. , Jeffrey Shaffer, and Benjamin Ederington. "The Military Technical Revolution: A Structural Framework." The Center for Strategic and International Studies,1993.

[30] Milner, Marc. "Anglo-American Naval Cooperation in the Second World War,1939-45." In *Maritime Strategy and the Balance of Power: Britain and America in the Twentieth Century*, edited by John B. Hattendorf and Robert S. Jordan, 243 - 270. New York: St. Martin's Press,1989.

[31] Murray, Williamson and Allan Millett. Introduction to *Military Innovation in the Interwar Period*,1-5. Edited by Williamson Murray and Allan Millett. Cambridge: Cambridge University Press,1996.

[32] National Defense Panel. *Transforming Defense: National Security in the 21st Century*. Washington, DC: U. S. Government Printing Office,1997.

[33] Owens, William, with Ed Offley. *Lifting the Fog of War*. New York: Farrar, Straus, and Giroux, 2000.

[34] Peters, Ralph. *Fighting for the Future: Will America Triumph?* Mechanicsburg, PA: Stackpole Books,1999.

[35] Rosen, Stephen Peter. *Winning the Next War: Innovation and the Modern Military*. Ithaca, NY: Cornell University Press, 1991.

[36] Strassler, Robert B. *The Landmark Thucydides: A Comprehensive Guide to the Peloponnesian War*. New York: Free Press, 1996.

[37] The White House. *National Space Policy of the United States of America*. June 28, 2010. www.nasa.gov/sites/default/files/national_space_policy_6-28-10.pdf

[38] Thucydides. *History of the Peloponnesian War*. 432 BC.

[39] United Nations General Assembly. Resolution 2222(XXI). *Treaty on Principles Governing the Activities of States in the Exploration and Use of Outer Space, including the Moon and Other Celestial Bodies*, or *The Outer Space Treaty*. 1967. www.unoosa.org/oosa/en/ourwork/spacelaw/treaties/outerspacetreaty.html

[40] United Nations General Assembly. Resolution 47/68. *Principles Relevant to the Use of Nuclear Power Sources in Outer Space*. December 14, 1992. www.unoosa.org/oosa/en/ourwork/spacelaw/principles/nps-principles.html

[41] United States Marine Corps. *Small Wars Manual*. Washington, DC: 1940; reprint, 1990.

[42] Watts, Barry D. "Clausewitzian Friction and Future War." McNair Paper No. 68. National Defense University, 2004.

[43] Work, Bob. "Center for New American Security Defense Forum." JW Marriott, Washington, DC, December 14, 2015. www.defense.gov/News/Speeches/Speech-View/Article/634214/cnas-defense-forum

[44] Work, Bob. "Remarks by Deputy Secretaiy Work on Third Offset Strategy." Brussels, Belgium, April 28, 2016. www.defense.gov/News/Speeches/Speech-View/Article/753482/remarks-by-d%20eputy-secretaiy-work-on-third-offset-strategy/

[45] Wylie, J. C. *Military Strategy: A General Theory of Power Control*. With introduction by John B. Hattendorf. New Brunswick, NJ: Rutgers University Press, 1967; reprint, Annapolis, MD: Naval Institute Press, 1989.

第 4 章　太空威慑和战争法

战争具有持久性。因此,数千年的历史经验和战略的实际执行可以帮助我们理解太空威慑和战争法则之间的关系。通过这种基础性的理解,我们可以制定更合适的航天战略,并提出有效的技术解决方案,从而在冲突期间实现政治目的。

本章将讨论广义的思想体系,其中包括保证、胁迫、威慑和拒止的思想。这些思想可能影响他国的决策,并影响(但不一定改变)潜在盟国和对手的思维过程。虽然政策制定者和战略家有时很容易就与这一想法相关的术语的定义喋喋不休,但笔者在此假设,如果这一想法只是寻求影响他人的思维,那么实现预期最终状态的概念和方法就更容易从整体上得以考虑和发展。这是因为当使用具体的定义性语言时,很容易形成无意的"差距和缝隙"。此外,虽然词语有其意义,但有许多"知识包袱"与前面的术语相关,以至于有时很难就这些概念与航天战略的关系进行深思熟虑和客观的对话。

4.1　太空威慑

当希望影响他人的思维以避免直接对抗,并使他们相信由于预期的失败或相关的成本而不应该采取敌对行动时,威慑就达成了(通过拒止或惩罚实现),这可能需要影响(包括改变或加强)潜在对手的决策考量。在 Thomas Schelling 经常引用的一个定义中,威慑是说服潜在的敌人,使其认识到避免某些活动是符合其自身利益的[1]。在 Thomas Schelling 看来,威慑就像防御,或者说是被动的,因为它是基于对被认为不可接受的事物的反应[2],威慑的目的是影响某人或某国的行为[3]。

太空威慑理论(一般威慑的一个子理论)的根本基础是,对任何可能的对手进行可信的和潜在的压倒性武力或其他报复行动的威胁,足以阻止大多数潜在的侵略者在太空开展敌对行动。这一定义也可称为惩罚性威慑。相比之下,当想向对手传达停止当前的某些行动并要求对手做出回应的信息时,威慑更多起到胁迫性的作用[4]。Thomas Schelling 将"胁迫"定义为劝说对手放弃所期望的东西的直接行动[5],任何影响他人决策的举措最好都要清楚地表达自己的愿望、意图、能力和军事反应[6]。这种必要的沟通不能仅仅通过官方声明或政策文件来实现,还需要通过一以贯之的行动历史来证明。

值得注意的是,军事和非军事手段在影响他人(他国)的意志方面都是适用的。非军事手段可大体上等同于软实力,或国家的外交、信息和经济手段。非军事手段可以用来影响另一个国家领导人的思维过程(包括加强目前持有的对影响国有利的观点及改变另一个国家领导人或政治实体的观点)。因此,一个行之有效的实施活动可能需要政治和外交努力,如新的国际条约或协议、以有利的角度对事实的宣传、增加自己的经济影响力或对潜在的对手或敌对联盟产生负面影响的商业和贸易活动。

James Finch 和 Shawn Steene 指出,有必要将太空威慑视为对己方太空系统攻击的事前拒止措施,同时加强总体的威慑态势[7]。他们建议采用一种熟悉的方法,即强加成本、剥夺利益和鼓励克制。通过这种方法,人们认为,如果太空威慑失败,则国家领导人有其他余地并使他们能够在更广泛的地面冲突中获胜[8]。

一些批评者可能会质疑事实上是否存在太空威慑,或者这个想法是否应该仅仅称为威慑[9]。虽然他们的这个观点经过了深思熟虑,但这个问题没有抓住重点。一个更应提出的问题是,目前在太空的活动和系统是否能够改变潜在对手的思维过程。这个答案很简单,至少对战略家来说答案是肯定的。任何语词和术语应尽可能清晰。然而,为传达这一概念而选择的任何语词或术语对于理解以下内容来说是次要的:就太空来说,确实存在着可以影响他人决定的行动。此外,还有一些与国家权力工具和其他领域的行动有关的行动,其也可以影响到与太空行动有关的决定和行动。

4.1.1 与核威慑的比较

由于将太空视为一个作战领域是一个相对较新的想法,因此一些政策制定者和战略家已经试图从其他框架中提取相关内容来考量太空中的大国竞争。因此,人们经常将太空威慑与冷战时期的核威慑进行比较。不可否认,对于核威慑的实际含义存在一系列不同的看法。在一个关于制造核武器的目的的观点中,Bernard Brodie 写道:"此刻之前,我们军事机构的主要目的是赢得战争。

然而从现在开始,它的主要目的必须是避免战争。除此之外几乎不可能有其他有用的目的。"[10]根据 Bernard Brodie 的说法:"核武器的存在只是为了防止战争,而不是在战争中使用"。

James Finch 和 Shawn Steene 也比较了核威慑和太空威慑,同时他们充满信心地注意到这两者的不同作用方式。在描述核威慑的作用时,他们写道:

> 当然,威慑以前就存在,但原子武器空前的破坏力使得威慑失败的代价无法承受。学者尤其是美国的学者,花费了大量的时间来研究和超级大国间的军事平衡的各个方面:首次打击的稳定性、升级的条件及威慑失败的条件。在冷战结束时,美国已经普遍接受了一种威慑理论,即在威慑失败的情况下,通过保证彻底消灭对手来确保战略稳定[11]。

我们指出了使用核模式思考太空事宜的问题,与核武器不同(核武器可能威胁到人类的生存),太空武器被归类为其他武器,其并非是冲突达到极点时威胁要使用的武器或界定双边关系的武器。虽然 James Finch 和 Shawn Steene 观察到在大规模的核攻击下,防御是无能为力的,但对太空来说并非如此。因此,在太空背景下,威慑的效力可能因武器和目标而异,这就造成这样一种情况,即威慑对一些目标有效,而对另一些目标无效。

在反驳核威慑理论在太空威慑中的适用性时,Karl Mueller 认为,尽管核威慑和太空威慑有相似之处,但二者并不是平行的概念[12]。他指出,独特的操作环境和轨道力学的物理学特性创造了一个常规智慧体(人类)不适用的操作和战略环境,他甚至暗示太空威慑可能根本不是一个有用的东西。同样,James Lewis 断言,从核武器派生出来的威慑概念不适用于太空资产,因为核武器具有独特的破坏性,而且美、苏两极冲突是国际事务中一个独特的政治命题[13]。

Michael Krepon 也写过关于这一比较的文章,他将太空威慑定义为"以任何手段阻止他国针对本国太空资产和支持太空行动的资产的有害行动"[14]。与此不同,他将核威慑定义为"通过核武器阻止有害行动"[15]。由于太空威慑的概念没有得到很好的界定,Michael Krepon 建议使用更容易理解的核威慑概念来帮助更好地了解太空威慑的含义[16]。他确实注意到,核威慑的概念从未就"有效威慑"的要求达成共识,而且他的结论是,对于多少核能力足以实现威慑,答案是"视情况而定"[17]。

在比较太空威慑和核威慑时,Michael Krepon 表示,在冷战时期的核威慑中被证明是行之有效的一些举措可能对太空威慑同样有用。在注意到太空威慑

和核威慑之间潜在的重叠领域时,他指出:

> 与核威慑一样,太空威慑的关键因素是安全的报复能力、足以毁灭攻击者的优势、有效的指挥和控制机制,以及冗余的安全和保障机制,以防止意外和未经授权使用军事设施。此外,成功的威慑需要态势感知、归因能力,以及有弹性的太空资产,以便美国能够识别有害行动的实施者,并在这些行为发生后继续利用太空维护国家和经济安全[18]。

由于在考虑所需功能时采取了广义上的范围,所以 Michael Krepon 的共同领域清单对于衡量太空威慑有效性所需的那些能力是适用的。

4.1.2 确保威慑,建立联盟,进而扩大威慑

影响他人决策的目标包括以对自己有利的方式强化他人的想法。例如,如果在某国看来,另一个国家是一个忠实的盟友和伙伴,那么某国就可能希望加强这种伙伴关系,并传达出继续不扩散大规模毁灭性武器的必要性,同时使强国的威慑延伸,以对另一个国家构成"保护伞"。这种做法是战略的一部分,其中包括作为集体或双边安全协议一部分的盟友之间的保证。在核武器方面,美国 2001 年的《四年防务评估报告》包含了保证的概念,其中指出:"美国应给美国的盟友和朋友以保证,给美国的敌人以威慑。这些关系创造了一个致力于共同目标的国家共同体。"[19]因此,加强共同利益体内的合作关系,有利于遏制潜在对手的侵略行为。

保证一直是美国与北约(NATO)的延伸威慑战略的一部分,与日本和韩国的双边协议也体现了美国对这两个盟友的保证。考量美国延伸威慑的有效性的关键是理解其有效性取决于盟国和潜在对手如何看待美国承诺的可信度。此外,盟国和潜在对手的看法不会是一致的,他们的看法可能会因历史、文化和其他独特情况而有很大的不同[20]。

在谈到保证和影响他人对延伸威慑的看法的复杂性时,Colin Gray 指出:

> 要扩大威慑力,仅仅有能力接触假定的敌人是不够的。还必须要使敌人相信,扩大的威慑力量一旦倾注下来,他就将面临无法承受的巨大风险,遭受无法忍受的痛苦。仅仅是可信度并不能确保足够的威慑力或战略效果。事实上,在可信度和预期的痛苦之间存在着一种根本的紧张关系。出于对报复的合理恐惧,一个行动越是能够造成痛苦,就越不可能被采取,也越不可能有人相信它会被采取[21]。

出于这个原因,一国需要相信在受到攻击时他国有做出严厉的军事反应的意愿。对美国和欧洲国家来说,可信的反应可能是由《武装冲突法》规定的。

由于威慑理念似乎适用于太空领域,因而威慑延伸的概念在未来可能是大有裨益的,其也可以纳入共同防御条约或双边协议的一部分。因此,太空威慑延伸可能通过保护共同的太空相关利益为盟友和伙伴提供保证,包括使用武力支持集体自卫。然而,Dean Cheng 观察到,所有国家对威慑延伸的看法不尽相同。他指出,中国可能会寻求以整体的方式运用其各种力量和能力来追求其目标,这意味着在太空领域的威慑通常不是一个孤立的行为。因此,像美国这样的太空强国应该理解,一些国家可能认为威慑延伸体现了其所有的国家能力,包括陆地、海洋、空中、外太空、网络和核力量[22]。

国家联盟可以影响对太空的进入和使用,因此,国家联盟对于太空安全和试图实现某种程度的太空威慑是很重要的。澳大利亚皇家空军军官 Steve Henry 在谈及澳大利亚通过结盟与美国合作实现的共同太空目标时指出:"我领悟到的主要经验是,与盟友合作是具有挑战性的,但它非常值得。历史将证明,建立在共同价值观、相互尊重和互补力量基础上的联盟是无坚不摧的"[23]。在 Steve Henry 看来,没有其他领域能有像太空那样的全球准入和合作程度。因此,需要由各国建立一个国际合作联盟来实现在太空中的共同目标。就太空行动而言,盟友和合作伙伴可以带来诸多益处,其中最有利的一个是多样化的地理环境。例如,美国与至少 17 个国家有太空态势感知共享协议,并且拥有遍布全球的太空观测系统,从而直接改善了太空态势感知能力[24]。例如,Steve Henry 指出,澳大利亚在印度洋—太平洋地区的存在(该地区毗邻一些大国,特别是中国和印度)可能为其他国家(如美国)提供有价值的视角[25]。

在阐释盟友带来的益处时,Gregory Schulte 认为,在战略层面上,北约在加强太空威慑方面具有独特的地位,这是因为该联盟在集体防御和经济繁荣方面越来越依赖太空,而对任何一个盟友的太空资产的攻击都会影响到所有盟友的安全[26]。Gregory Schulte 观察到北约对太空的依赖,同时断言北约的理论和规划没有跟上。他说:"北约应该继续巩固专业知识和能力以开展太空行动,确保理论、要求和规划考虑到太空行动优势并调整演习和培训以确保部队能够有效利用基于太空的能力"[27]。

盟友所带来的战略利益早已被阐释,修昔底德和孙子的著作中就有所体现。鉴于拥有盟友和形成联盟的固有优势,一些国家可能会寻求采取一种旨在分裂这种联盟或同盟的战略。

4.2 战争法与与生俱来的自卫权

> 联合国任何会员国受武力攻击时,在安全理事会采取必要办法,以维持国际和平及安全以前,该会员国可行使单独或集体自卫之自然权利[28]。
>
> ——《联合国宪章》第 51 条

在西方国家的国防界看来,如果对敌对行为有可信的报复行动或武力威胁,则威慑往往被认为是最有效的。然而,建立可信度并不是一件容易的事,需要有可信的军事威胁后果。Thomas Schelling 指出:"遗憾的是,这么说并不意味着它是真的;如果它是真的,这么说也不一定能让人相信。"[29] 武力攻击后的可信行动通常由《武装冲突法》来规定(该法有时也称为战争法)。虽然其不打算指导任何未来的行动,但在考虑对太空的敌对行为和武力攻击的反应时,《武装冲突法》中的想法和原则具有相关性。因此,在美国或西方的战争模式中,《武装冲突法》对于什么是合理和正当的反应的规定具有重要意义,因此《武装冲突法》可以影响到威慑理论。

《武装冲突法》定义为"国际法中规范武装敌对行为的部分"[30],其有两个主要来源:第一个是由敌对行动产生的、对所有国家都有约束力的国际习惯法;第二个是《国际条约法》,但它只影响到那些已经批准了特定协议的国家。固有的自卫权是《武装冲突法》的基础,这项权利适用于和平时期或战争时期,其渊源至少可追溯到 300 年前的国际习惯法。此外,这一权利在《联合国宪章》第 51 条中有所规定,本节开头提供了该条款的摘录。《武装冲突法》的目的是减少任何冲突所带来的损害和伤亡,保护战斗人员和非战斗人员免受不必要的痛苦,保障战斗人员和非战斗人员的基本权利并使冲突结束后更容易恢复和平。

《武装冲突法》解决了许多关于开战理由和适当武力的问题。即使根据习惯国际法和《国际条约法》,自卫和集体自卫也可以用来证明军事行动的正当性。根据《联合国宪章》第 51 条,当事国也可以援引集体自卫。这意味着,如果作为集体防御协议一部分的某个国家受到攻击,那么作为同一防御协议一部分的其他国家可以对交战方采取行动(即使它们自己没有受到攻击)[31]。这种集体防御协议在国家之间已经沿用了几个世纪,并为国际稳定做出了贡献。

在考虑航天战略时,《武装冲突法》中的两项原则至关重要,包括目标选择的合法性原则和军事必要性原则[32]。这些原则加在一起,有助于在行动发生之前考虑攻击合法军事目标所造成的损害。

第一项原则,即目标选择的合法性原则包括区分原则,其基于三个基础[33]。第一,交战方伤害敌人的权利不是无限的;第二,禁止对平民发动攻击;第三,必须对战斗人员和非战斗人员进行区分,尽可能避免对非战斗人员的伤害。因此,基于目标选择的合法性原则,必须采取一切"合理的预防措施",以确保攻击只针对军事目标,从而尽可能避免对民用设施的损害(附带损害)或平民的死亡和受伤(附带伤害)[34]。军事目标是指战斗人员和那些因其性质、位置、目的或用途而有效地有助于敌方作战或维持战争能力的物体。此外,平民和民用设施也不能成为攻击的对象。民用设施包括所有民用财产和活动,但支持或维持敌方作战能力的民用设施除外。

第二项原则,即军事必要性原则,要求只使用使敌人部分或完全屈服所需的程度和种类的武力,同时考虑到时间、生命和物质资源的最低限度消耗[35]。这一原则旨在将武力的使用限制在实现合法的军事目的所需的范围内,故而也称为相称性原则。有时,这一原则被误解和误用为给过度和非法使用军事力量提供借口,因为军事必要性可以被错误地认为是完成任何任务的理由。虽然军事必要性原则承认,在攻击合法的军事目标时,可能会对平民造成一些附带损害和意外伤害,但这并不能成为肆意破坏与所获得的军事优势不相称的生命和财产的借口。

4.2.1 交战规则

就通过威胁采取可信的行动来影响他人决策的想法而言,下一个应考虑的领域是交战规则,特别是美国军方制定的交战规则。虽然交战规则不认为是严格意义上的法律或法律依据,但这些规则是由《武装冲突法》衍生而来的。因此,交战规则试图在一个被认为是被国际习惯法和《国际条约法》所接受的法律制度下实施军事行动。这些规则有助于形成对国家或联盟的作战部队在和平或冲突期间适当使用武力的理解。

可以预见的是,太空战将遵循与其他领域的战争相同的诸多限制。在美国,该规则被细分为两个子类别,即常规交战规则和补充交战规则。常规交战规则为和平和战争期间的武装行动提供了总体指导[36]。美国参谋长联席会议主席颁布了美国常规交战规则并描述了三种类型的自卫。第一,国家自卫适用于美国及其部队,以及在特定情况下适用于其国民及其财产;第二,集体自卫适用于指定的非美国部队、外国国民及其财产;第三,单位自卫适用于一个特定的军事单位,包括单位自身和附近的其他部队[37]。

相比之下,美国的补充交战规则是为在特定的军事行动中完成任务目标制定的。补充交战规则通常会划定什么是任务必需的装备,这可能适用于对完成任务至关重要的设备或财产。值得注意的是,任务必需的装备(一种有形资产)可能因为其重要性而被认为有必要用武力进行保护。这种解释似乎与太空领域特别相关,因为在太空领域,宝贵的且任务必需的卫星是无人驾驶的,因此人员损失可能不是一个直接的问题。

4.2.2 对航天战略的影响

《武装冲突法》与航天战略之间有四个方面的联系。

第一,固有的自卫权适用于卫星和其他关键太空系统。一些政策制定者可能质疑这一权利是否适用于卫星,毕竟有一句格言说道"卫星没有母亲"[38]。如果没有人的生命直接受到太空武装攻击的威胁,那么,在理论上,没有必要通过军事手段保护卫星。对这一问题的反驳见于《联合国宪章》第5条第4款,其中阐述了不对一国的领土完整进行武力威胁或使用武力的必要性,其可扩大解释为包含一国的物质财产[39]。此外,根据美国参谋长联席会议主席制定的交战规则,国家自卫和集体自卫同时适用于人员和财产[40]。美国军事领导人最近的公开评论,包括美国战略司令部司令约翰·海滕将军,也支持自卫权适用于太空的观点[41]。

第二,考虑到目标选择合法性原则和必要性原则,在攻击合法军事目标时对自然环境造成附带损害并不违法。但是,在实际可行的范围内,有义务避免对环境造成不必要的损害。因此,应禁止在非完成任务所必需的情况下肆意破坏自然环境,并应提前考虑攻击合法军事目标所造成的环境损害。对于太空行动来说,这意味着制造轨道碎片以实现军事目标是被允许的。也就是说,在战争期间,应采用各种手段保护和维护太空的自然环境,禁止非完成任务所需的碎片和不顾一切地破坏轨道环境的行为。出于这些原因,在分析和选择目标时,应当考虑到攻击合法军事目标所产生的任何预期轨道碎片。

第三,在未来的冲突中,可能不仅需要瞄准一个特定的卫星,而且需要瞄准该卫星上的特定子系统。根据《武装冲突法》,可能需要对一颗卫星上的多个有效载荷或子系统进行目标区分。由于今天的商业卫星可能有多个付费客户,而每颗卫星上都有不同的有效载荷,所以目标选择的合法性原则表明,攻击方只能瞄准卫星上与军事目标直接相关的特定子系统。例如,敌方可能使用商业卫星进行某些通信,因此在打击过程中只应考虑作为军事目标的那个通信子系统。在考虑对用于军事目的的信号带宽进行干扰时,这种特定目标的想法同样适用。不可否认的是,目前的技术和能力使得只瞄准和攻击一个卫星上的单一子系统变得很困难。此外,在这种攻击之后进行战损评估可能也颇具挑战性。

第四,遵守军事必要性原则并不排除在不同领域对太空的武装攻击做出反应。因此,如果一个被认为至关重要的系统或资产在太空中受到攻击,则可以在陆地、海上或空中进行反击。通过军事行动保护国家在太空中的利益意味着可能要冒着人命危险来捍卫和保护关键的太空资产。因此,那些寻求保护国家太空利益的人可能需要将军人置于危险境地,而根据《武装冲突法》对敌对行为的合法反应可能导致人员损失。当然,通过不同的领域对敌对行动做出反应可能会被对手视为升级行动。因此,在潜在的敌对行动开始之前,应及早就意图、目标和能力发出适当的信息。

4.3 先发制人与预先性自卫

很少有战略概念能像预先性自卫(或者说是先发制人)那样引起激烈的辩论。在考虑太空中的军事行动时,这一情况更甚。Colin Gray 指出:"先发制人在法律上、道德上或战略上都没有争议"[42]。Colin Gray 之所以这样说,是因为先发制人是基于数百年的国际习惯法和条约法形成的。尽管有这一历史先例,但大多数太空大国在发展技术能力和国防政策沟通方面还有很多工作要做,只有这样才能使在太空中的先发制人事实上成为保护国家利益的实际可行的手段。随着太空竞争的加剧,这些事宜变得愈发紧迫。尽管可能与人们的直觉相悖,但在冲突发生之前就秉持先发制人的概念会增强威慑力,并可能促进国际和平与稳定。

先发制人是固有的自卫权的一个分支,其涉及一个国家在受到武装攻击时能够自卫的能力。如前所述,《联合国宪章》第 51 条承认,任何东西都不能损害国家固有的自卫权的适用性[43]。相反,预先性自卫是在武装攻击或敌对行为实际发生之前发生的。

诚然,法律学者们对预先性自卫的合法性存在争议。一些法律专家对《联合国宪章》第 51 条进行了限制性解释,指出"遭受武力攻击"这一措辞只意味着在攻击开始或发生后进行自卫。因此,根据《联合国宪章》,预先性自卫或先发制人的行动是不合法的。

相比之下,其他法律学者则持不同观点,他们认为《联合国宪章》的表述并不损害国际习惯法中固有的预先性自卫权,因此预先性自卫在某些条件下是被允许的。与条约不同的是,国际习惯法不是由各国以书面形式规定的,而是由各国在实践中的所作所为创造的。美国前国务卿丹尼尔·韦伯斯特在1842年关于卡洛琳外交危机的案例著作中和罗伯托·阿戈在1980年的法律著作中同样认为,在符合必要性、相称性和即时性的条件下,先发制人是一种合法行动[44]。这些条件意味着,如欲进行预先性自卫,必须存在对对手采取军事行动的必要性,且先发制人的反应应该是相称的,而且威胁应该是直接的。先发制人的决定是一种政治抉择,需有军事能力的支持并应向国际社会说明理由。

主张先发制人合法性的安全文件中,最著名的是2002年的《美国国家安全战略》,但许多安全专家仍然认为它具有争议性。值得注意的是,当美国面临迫在眉睫的威胁时,它毫不掩饰地采纳了先发制人的理念以及防御性战争的抉择。该文件指出:"美国长期以来一直保留着采取先发制人行动的选项,以应对对我们国家安全的威胁。"[45]该战略明确指出,在敌人攻击的时间和地点方面仍存在不确定性的情况下,威胁越大,不采取行动的风险就越大,因此有理由采取预先性行动来捍卫美国的利益。因此,为了预防对手的敌对行为,美国将在必要时采取先发制人的行动。

太空中的先发制人需要满足三个先决条件,即必要性、相称性和即时性。然而,尽管在太空中进行先发制人不应该被认为是有争议的,但太空作为一个战争领域对先发制人行动提出了特殊挑战。具体而言,太空中的先发制人需要有能力和程序来"观察"正在发生的事情,对潜在威胁进行"归类",并与国际社会"沟通"以获得理解[46]。

4.3.1 观察

先发制人的目标是在敌方采取行动之前采取行动并在消极后果出现之前减轻或减少威胁。在敌方的决策周期内采取行动与John Boyd提出的概念相一致,特别是在敌方的观察、判断、决策和行动(OODA)环中采取行动。John Boyd认为,比敌方更快地执行OODA环是取得胜利的关键[47]。同样,先发制人的行动也是为了比敌方更快地采取行动,以实现自己的目标。

然而,如要采取先发制人的行动,需要有能力观察他人在太空中的行动,或有广泛的太空态势感知。要在太空环境中准确判定方向和采取行动,需要一种全面、实时的态势感知能力。如果没有这样的态势感知,预先性自卫能否得到最佳执行就有待商榷。许多国家,包括中国、俄罗斯和美国已经提出,需要提高对太空领域行动的认知,并就广义的太空态势感知能力开展大量研究。例如,美国空军空间司令部司令约翰·雷蒙德将军就美国的太空能力说道:"我们有四颗地球同步太空态势感知卫星,其实际上就在地球同步轨道带下方漂移,有点像太空里的监视器。"[48]雷蒙德所述的这些卫星是对美国空军用来追踪轨道上物体的地面雷达的补充,借助它,美国对大气层以外发生的事情能够有一个全面的了解[49]。

4.3.2 分类

采取先发制人行动的决策归根结底是一项政治决策,其是根据部队或资产受到威胁的程度和方式来决定的。

若没有这样的一个知情决策,先发制人便构成一种侵略。随着太空能力的不断增强,关于捍卫太空能力的决策的问题日益紧迫。需要获取必要的信息,以确定先发制人是否满足军事必要性的先决条件。这一概念需要对什么构成"武力攻击"(《联合国宪章》第51条的表述)、"威胁或武力"(《联合国宪章》第2条第4款的表述)或"敌对行为或显然的敌对意图"(美国参谋长联席会议《交战规则》的表述)有一个总体的理解。虽然前面的术语有相似之处,但每个术语的背景和含义都略有不同。在某些时候,这些差异可能会导致在评价太空战中的自卫和先发制人是否符合国际习惯法或条约法时的模糊性。

在太空中先发制人的另一个挑战是可能的行动范围的广泛性,其包括从可逆(干扰)到不可逆(破坏关键的卫星电子设备)的活动,也包括动能或非动能行动,如反卫星导弹或激光。这种对关键太空系统的潜在进攻行动的范围,使得人们对哪些类型的迫在眉睫的武力攻击或敌对行为,需要上升到先发制人的程度感到困惑。一些战略家可能质疑非动能和可逆行动是否需要做出军事反应,出于这些原因,在军事理论以及任何交战规则中,需要明确自卫的条件,并为政治领导层在太空采取先发制人行动的决策提供依据。

4.3.3 沟通

权衡先发制人行动的最后一个考量因素是沟通,一个国家关于先发制人的政策(其重点是先发制人的法律基础以及如何衡量太空中的武力攻击和敌对行为)需要在国际社会中共享。与盟友和伙伴的这种对话将减少在战争延伸到太空期间的任何误解或不确定性。通过通报哪些类型的情况符合必要性、相称性和即时性原则,太空大国将能够更好地争取国际社会对潜在盟友或同盟的支持,以应对新出现的威胁。此外,通报先发制人的政策可能使其看起来更具可信度,从而迫使潜在对手放弃武力攻击行动。

4.3.4 对先发制人的防范

一些安全专家认为,先发制人的行动意义不大。因此,应该从战略工具箱中删除它。例如,Elbridge Colby 指出:

> 就太空防御性战略而言,如果过度依赖(更别提完全依赖了)先发制人地打击对手的太空资产,就会使国家处于一种不可靠的政治军事地位,即在危机中被要求及早出击,以确保在潜在对手分散或准备好防御措施之前攻击他们的太空设施。然而,一个现实的问题是,没有一个美国政治领导人愿意被迫进入这样一个位置,即使在有充分理由的情况下仍是如此[50]。

然而,Brian Chow 反驳了 Elbridge Colby 的观点,他指出,Elbridge Colby 所说的先发制人根本不是预先性自卫,而是更类似于"在对方做好分散措施或准备好防御之前对对方太空资产的首轮打击"[51]。Bijan Chow 认为 Elbridge Colby 的观点借鉴了核威慑理论,首轮核打击可以大大地削弱对方的二次核打击能力,这是破坏稳定的,也是很危险的[52]。

在考虑先发制人的利弊时,战略家应该记住以下几点:先发制人不是决定是否开战的条件,而是决定冲突将发生的条件[53]。当一个国家进行先发制人时,它要在接受第一轮打击或先发制人之间做出选择。在大多数情况下,当某些敌对行动迫在眉睫时,如果不先发制人,那么就不可能改善自己的军事地位。如果攻击是确定的,那么只有两个理由可以拒绝开展先发制人行动。首先,先发制人可能不可行,因为自己的 OODA 环(观察、判断、决策和行动)不充分,包括无法准确观察或识别即将发生的威胁的存在。如果没有这样一个知情决策,先发制人只是一种侵略行为。其次,允许敌人首先进攻,从而使其成为道义和法律上的侵略者,这在政治上可能是很重要的[54]。

4.4 拒 止

就整体航天战略而言,能影响潜在对手的决策的另一个方面是拒止,其目的是阻止对手发起军事行动或开展军事竞争[55]。在描述"在这些潜在对手拥有构成危险的实际能力之前,应该对那些被确定为对美国利益构成威胁的人采取的行动时,经常会使用拒止一词"[56]。为了使拒止更有效果,拒止活动必须在威胁表现出来之前进行。拒止包括"塑造性活动",这些活动通常是非军事性的,并在和平时期进行。在美国的军事词典中,拒止可在军事行动的潜在威胁之外发挥作用,并称为"预威慑",或者沿用Glenn Snyder1960年的术语进行拒止性威慑[57]。根据Glenn Snyder的定义,拒止性威慑是"阻却对方从所要阻止的行动中获得任何收益的能力"[58]。基于Glenn Snyder的描述,Paul Davis将这一概念定义为:"通过让对手看到一种可靠的能力来阻止他获得足以促使其采取行动的潜在收益,从而对一种行动开展与否进行威慑。"[59]

如果潜在对手得出结论,认为其在太空中的攻击将无法达到预期的效果,那么其就可能被拒止。用美国太空专业人员的话说,这就是所谓的太空任务保障。太空任务保障工作包括防御行动(包括外部保护要素)、重组(包括发射替代卫星或激活新的地面站)以及复原力(弹性)(包括内部保护元素)[60]。值得注意的是,复原力(弹性)包括分解、分布和多样化。能力的分解是"将不同的能力分离成独立的平台或有效载荷"[61],分布则利用一些协同工作的节点来执行相同的任务或功能[62]。多样化是指使用或依赖不同的平台、不同的轨道或商业、民用或国际伙伴并以多种方式完成同一任务的能力[63]。最后,太空任务保障可能会跨领域,可行的拒止措施包括导致潜在对手不寻求军事对抗的行动。因此,其措施包括分布、冗余、可操作性和保护,这些都有助于实现太空拒止。

这些关于拒止或拒止性威慑的研究的一个关键因素是承认,为了阻却太空攻击和侵略行为,可能的侵略者必须认为他们的攻击将是徒劳的。这与Everett Dolman的著作观点一致,即重要的防御性和进攻性太空能力可能会阻却他人试图在太空进行竞争[64]。与威慑一样,任何致力于太空任务保证的举措必须广泛宣传,以有效地劝阻他人,保证任务(包括复原力(弹性)的想法)仍然是在采用拒止战略的威慑时影响潜在对手想法的主要手段。

拒止的第二个方面是拥有可靠且反应迅速的太空取证能力,以协助敌对行为发生后的归因过程。按照此定义,太空取证包括编目信息,以及来自卫星或地面系统的数据和信号分析,以帮助确定敌对行为的细节。太空取证,以及来自执法和情报界的信息,有助于促进在敌对行为发生后责任分配的归属过程。强大的快速识别和确定太空或地面攻击来源的能力,可能有助于阻却潜在的对手。如果敌方的身份在攻击发生后仍然未知,他们便会更加肆无忌惮地攻击。

在太空的敌对行为发生之后,为归因过程提供信息的太空取证能力可能有助于通过民事法庭进行起诉。或者,对于更残暴的侵略行为,太空取证能力可以迅速识别攻击者,从而可以利用动能或非动能武器对其进行报复。

与先发制人的必要条件一样,这种取证能力的一个重要部分是太空态势感知(SSA)能力,其目的是提供关于太空物体和活动的信息,以实现及时归因。太空态势感知包括必要的基础性、当前性和预测性知识,对太空物体和太空作业所依赖的作业环境的描述,以及所有进行或准备进行太空作业的实体的因素、活动和事件[65]。这些太空态势感知活动既可以是政府的,也可以是商业的。

美国的联合作战学说注意到了前面关于归因和太空态势感知的几个要点。在定义防御性太空控制(DSC)时,《美军联合作战条令》给出了如下描述:

> 防御性太空控制能力应与太空态势感知要素相结合,以提供探测、定性和将攻击归因的能力。强大的防御性太空控制能力会影响敌人对美国太空能力的看法,并降低他们对成功干扰这些能力的信心[66]。

因此,实时观察和了解太空中发生的事情的能力可以实现及时归因,并可能影响潜在对手的决策。

4.5 战略失配

战略家的工作是在实施战略的独特条件下制定一个实用的战略,这样一个过程远非完美。在制定看似合理和健全的战略时,必须记住一句久经考验的箴言:"敌人心里也有一杆秤"。在考虑威慑问题时,Steven Lambakis 一针见血地指出:"我们的价值观不一定是他们的价值观,我们的方式可能不是他们的方式。我们不会这样做,并不意味着他们不会这样做。"[67] 一项战略(包括以威慑为核心要素的战略)只有在影响另一方的心理考量的情况下才能被判断为有效。因此,在考虑通过拒止性或惩罚性的方式进行威慑时,有必要了解潜在对手的观点可能与自己的世界观或威慑战略的实施有什么不同。

战略失配指对威慑和升级控制存在不同的文化和社会理解,是国家之间最危险的一种情况。这种危险的出现是因为某些领导人可能认为自己并非在寻求直接军事对抗,自己的国家是理性而合理的,然而,敌方对其的看法则截然相反,这种失配可能会导致误判,从而增加战争的风险性。由于对威慑在防止战争或威慑在冲突中控制升级的能力的不同理解,将美国和许多西方国家的观点与那些被认为是"威慑不住"的国家进行对比以及将俄罗斯和中国的不同威慑定义进行对比是非常有用的。俄罗斯军队的"不可接受的损失"战略和中国通过"胁迫"军事行动来避免冲突的观点是两种不同的战略方法,美国的决策者和战略家需要很好地理解这一点。

4.5.1 威慑的失效

在考虑威慑时,必须记住,有些国家或外国领导人是威慑不住的。Colin Gray 从正确的角度看待了威慑的效力,他说:"某些国家并不总是轻而易举被威慑住的。"[68]他们可能不甘心被胁迫,或者甚至在本国严重受损的情况下,他们可能选择继续战斗,并希望改变战略结局。"[69]他接着说:"在这种情况下,威慑可能是没用的,因为这些外国领导人可能不相信我们发出的潜在或明确的威胁信号,或者可能不关心我们是否会执行这些威胁信号。"Karl Mueller 也同样指出:"如果敌人没有什么损失,即使是非常冒险的行动也可能比维持现状更可取"[71]。

因此,在某种行动或情况下,潜在对手是否应该被威慑并不重要;重要的是对手的领导层和决策者如何在其世界观和心理结构中解释任何行动。虽然这种情况可能会让那些寻求"威慑他国"的国家感到不安,但这正是国际事务的现实。

4.5.2 俄罗斯战略威慑的特点

在过去 10 年中,俄罗斯一直在实施其战略威慑的愿景,而该愿景则建立在展示一系列能力和使用军事力量的决心之上。俄罗斯的战略威慑在概念上与西方国家不同,因为它不仅限于核武器[72]。在描述战略威慑时,俄罗斯的军事著作将该术语描述为一种寻求在对手身上"引起恐惧"的方法,无论是在和平时期还是在战争时期均是如此。因此,这一概念包括威慑、遏制和胁迫[73]。俄罗斯的战略威慑手段基于其对内部和外部威胁的理解,包括与西方相比的军事不对称感[74]。俄罗斯的军事理论阐述了来自美国和北约军事力量的感知危险,这可能导致俄罗斯主权的不稳定性和恐怖主义,以及其广阔边界上可能升级为敌对行动的局部冲突,在此情况下俄罗斯可能使用核武器[75]。

在俄罗斯看来,战略威慑并不完全是防御性的。在美国安全界,有些人可能认为俄罗斯的战略威慑观点是一种"从升级到降级"的战略(尽管俄罗斯的军事学说或战略中没有使用这一术语),因为这一理念包括使用军事力量和行动来潜在地缓和敌对行动或紧张局势[76]。俄罗斯的战略威慑概念超越了传统观念,即如果冲突爆发,威慑就会失败。因此,俄罗斯认为在冲突爆发的情况下威慑可以继续发挥作用,"在战争时期防止战争升级,确保战争降级,或以俄罗斯接受的条件迅速终止冲突"[77]。俄罗斯的战略威慑试图通过展示俄罗斯使用胁迫措施的意愿来影响战时行动,尽管核武器的纯粹破坏性意味着它们的存在就足以起到威慑作用。但俄罗斯认为,军事措施,特别是非核和非军事措施必须进行展示以胁迫或威慑潜在的对手[78]。因此,俄罗斯的战略威慑一词是一个包容性的概念,其囊括了旨在防止任何针对俄罗斯的威胁实现的活动、旨在阻止任何对俄罗斯的直接侵略的活动、胁迫对手在对抗中让步于俄罗斯规定的条件的活动[79]。

除了大规模使用战略核武器(被认为会造成"威慑性破坏"),有限使用核武器或使用非战略核武器也被认为具有威慑作用[80]。有限使用核武器可以通过威胁对敌人造成"不可接受的损害",从而以俄罗斯可以接受的条件缓和并终止战争行动[81]。因此,核武器的有限使用被认为可以阻止核侵略和常规侵略。尽管许多西方分析家可能认为,非战略核武器是这种有限使用的最有可能的选择,但大多数俄罗斯分析家在这方面对战略或非战略核武器不加区分[82]。

此外,俄罗斯的军事理论还描述了在区域威慑的理念下大规模使用非战略性核力量和战略性非核力量的威胁,其结果包括摧毁对方的军事力量和对侵略者的经济造成不可挽回的损失。在俄罗斯的军事理论中,强调常规精确武器和有限或非战略核武器的互换性是习以为常的。目前,俄罗斯的想法是,常规武器可以执行类似核武器的任务,如演习性打击和旨在缓和局势的有限打击,同时也可以摧毁对敌人而言至关重要的目标[83]。

俄罗斯的战略威慑概念强调的是,对意图的误解很可能会助长态势的升级,特别是对那些坚持西方威慑观点的国家[84]。在一个新型危机中,人们认为俄罗斯可能会发出威慑信号,并升级常规能力和可能的核能力的备战状态。最值得注意的是,俄罗斯计划通过对对方的军事和经济目标使用常规精确打击导弹系统来控制局势的升级,这增加了意外升级的可能性,特别是当其与网络和电子战攻击一起使用时[85]。告知哪些行动可能导致报复是威慑战略的一个关键因素,但俄罗斯所扩大的威慑概念在这方面是有缺陷的。虽然俄罗斯的战略威慑试图利用间接使用军事力量所产生的关注和恐惧,但俄罗斯分析家也认为,莫斯科必须认真对待西方关于常规力量透明度的建议[86]。

4.5.3 中国战略威慑的特点

与俄罗斯一样,中国的战略威慑概念与美国和西方的想法有根本的不同。

Alison Kaufman 和 Daniel Hartnett 在他们的分析中指出,中国的威慑概念包括一个重要的强制和胁迫因素。因此,中国的威慑目标可能包括通过经济、外交或军事胁迫的方式对对手进行恐吓,以"直接影响对手的利益,以迫使他服从北京的意愿"[87]。中国在 2001 年出版的《军事战略科学》杂志中,这一思想的双重性被再次予以强调,在其中将战略威慑定义为"一种军事战略,致力于通过展示或威胁使用武力,以迫使对手屈服"[88]。中国战略分析家提醒读者注意其所使用的术语间的细微差别,特别是那些具有更多强制性含义的术语[89]。Dean Cheng 在描述中、美两国对威慑的不同看法时同样指出:"中国的关注点是包括胁迫在内的强制力,而并非仅仅是阻却[90]。"因此,"威慑"的概念是从胁迫和阻却两个方面来定义的。因此,中国人将威慑视为实现政治目的的一种手段[91]。

更重要的是,美国和中国所面临的危机和冲突阶段不同。根据分析家们的观点,中国的军事著作一直在强调冲突的连续性,描述了从低等危机和一般冲突到大规模冲突的一系列阶段。这个连续体的这些阶段包括危机、军事危机、武装冲突、局部战争、全面战争[92]。在这一冲突连续体上,最潜在的危险状态位于该连续体的中间部分,在这一阶段会进行一些目标不太明确的军事活动[93]。这个连续体的中间部分包括军事危机和/或武装冲突,在这两个状态下有军队参与,但战争还没有爆发。处于"准战争"状态的军事行动似乎有双重目标。第一个目标是解决危机,防止战争爆发;第二个目标是为在战争爆发时赢得战争做准备[94]。中国人民解放军的一些文件认为,在战前"武装冲突"状态下,各国可以采取有限的军事行动来"澄清局势"或劝说对方缓和局势[95]。根据解放军的相关军事著作,这一阶段的军事活动可能类似于战争行动,即使有关国家并不认为自己处于战争状态。值得关注的是,解放军的军事著作并没有明确指出外部观察者如何辨别这些军事行动的不同意图。

另一个思维上的差异涉及战争期间的威慑与每个战争领域的威慑,中国似乎对"太空威慑"不感兴趣,即阻止对手在太空领域采取行动或对己方太空资产采取行动——不感兴趣。对威慑的思考应是整体性的,而不应孤立于存在潜在冲突的每个领域。相比之下,中国的战略家专注于"通过太空进行威慑",从而将太空活动与常规、网络、甚至核威慑相结合,以对对手产生相应影响[96]。此外,Dean Cheng 指出,就中国对太空威慑广泛影响的看法而言,"这巩固了一个观点,即从中国的角度来看,'太空威慑'并非阻止对手在太空采取行动,而是利用太空相关系统来实现某些(地球上的)政治和军事目的"[97]。

Alison Kaufman 和 Daniel Hartnett 对此感到担忧,因为他们不清楚美国领导层、政策制定者和战略家是否知晓中、美两国观点之间的重要区别[98]。中国人民解放军的相关著作指出了几种可能会升级的危机和冲突行动。总而言之，《解放军报》在战争之外还存在着一个涉及武装冲突阶段的观点，以及主张在战争初期就发动进攻的理论，二者都蕴含着严重的升级含义[99]。2013年出版的《军事战略科学》杂志指出，重要的是"敢于使用军事威慑手段，特别是在太空、网络和其他新的斗争领域，以粉碎敌人的作战指挥系统"[100]。如果在危机期间启动这些措施，其中任何一项都可能被对方视为升级行为（即使解放军并不打算这样做）[101]。因此，Alison Kaufman 和 Daniel Hartnett 警告说，在"准战争"状态下，中国和美国之间极有可能出现误解和误判[102]。由于解放军特别强调在战争中夺取主动权，我们可以设想这样一种情况：解放军在战前状态下采取的是有限的军事行动，但对方却认为这是大规模攻击的征兆[103]。

4.6 小 结

太空战战略是一般战争战略的一个子集，因此，固有的自卫权、威慑、先发制人和拒止的想法都适用于航天战略。即使威慑在未来的航天战略中具有合法的作用，它也不是防止冲突的万能药。历史经验告诉我们，威慑有时会因为误判、不确定性或偶然性而失败（这些想法包含了克劳塞维茨的摩擦概念）。当然，威慑也可能是遏制太空侵略行为的法宝，特别是考虑到像美国、俄罗斯和中国这样的国家对威慑、胁迫和升级控制有不同的观点时。

任何认为本国可能在延伸到太空的冲突中遭受重大损失的人（包括美国的一些安全专家），都应该考虑将预先性自卫纳入其应对计划。考虑到相互竞争国家之间潜在的战略失配的可能性，就更应计划预先性自卫。尽管先发制人在许多安全专家看来是一个颇有争议的问题，但国际习惯法长期以来一直支持这样的观点，即一个国家在面临迫在眉睫的武装攻击或敌对行为的威胁时，可以先以相应的方式进行攻击。

纳入威慑、先发制人和拒止的实际战略需要卓越的安全保证能力、太空取证能力和复原力（弹性），以及及时的太空归因程序。此外，这些概念需要法律界在推进关于什么是太空领域的敌对意图、敌对行为和武力攻击方面的讨论上取得更多的进展，并将这些定义纳入交战规则。此外，就这些举措而言，还需要与国际社会就这些定义的具体内容以及在什么条件下需要进行自卫和预先性自卫进行沟通和通报。

最后，关于威慑、拒止和预先性自卫的对话和辩论应在安全和政策界进行大范围探讨（导致某个国家目前可能缺乏必要的能力和程序）。太空强国需要能够在太空冲突时限内的任何时刻和任何地点做出反应，无论是先发制人还是受到攻击之后均是如此。这种对话（包括由此产生的对航天战略和能力的改进）有助于促进国际和平与稳定，同时也有助于确保国家的太空利益得到更好的保护。

引文标注

1 Thomas C. Schelling, *Arms and Influence* (New Haven, CT: Yale University Press, 1966), 2, 31–34.

2 同上. , x.

3 同上. , 2.

4 同上. , 72.

5 同上. , 69–72.

6 "Effective deterrence also requires a consistency and clarity in signals and messaging…" Joan Johnson Freese, *Space Warfare in the 21st Century: Arming the Heavens* (Abingdon: Routledge, 2017), xii.

7 James P. Finch and Shawn Steene, "Finding Space in Deterrence: Toward a General Framework for Space Deterrence," *Strategic Studies Quarterly* vol. 5 no. 4 (Winter 2011), 13, www. dtic. mil/dtic/tr/fulltext/u2/a569581. pdf

8 同上.

9 James A. Vedda and Peter L. Hays, "Major Policy Issues in Evolving Global Space Operations," (The Mitchell Institute of Aerospace Studies, February 2018), 3, www. aerospace. org/publications/policy-papers/major-policy-issues-in-evolving-global-space-operations/

10 Bernard Brodie, "The Development of Nuclear Strategy," International Security vol. 2 no. 4 (Spring, 1978), 65–83.

11 Finch and Steene, "Finding Space in Deterrence," 10–17.

12 Karl Mueller, "The Absolute Weapon and the Ultimate High Ground: Why Nuclear Deterrence and Space Deterrence Are Strikingly Similar – Yet Profoundly Different," in *Anti-satellite Weapons, Deterrence and Sino-American Space Relations*, eds. Michael Krepon and Julia Thompson (The Stimson Center, September 2013), 41–60, www. stimson. org/content/anti-satellite-weapons-deterrence-and-sino-American-space-relations.

13 James A. Lewis, "Reconsidering Deterrence for Space and Cyberspace" in *Anti-satellite Weap-

ons, *Deterrence and Sino-American Space Relations*, eds. Michael Krepon and Julia Thompson (The Stimson Center, September 2013), 61–80.

14　Michael Krepon, "Space and Nuclear Deterrence," in *Anti-satellite Weapons, Deterrence and Sino-American Space Relations*, eds. Michael Krepon and Julia Thompson (The Stimson Center, September 2013), 15.

15　同上.

16　同上.

17　同上.

18　同上., 38.

19　Department of Defense, *U. S. Quadrennial Defense Review* (September 30, 2001), 14, http://archive.defense.gov/pubs/qdr2001.pdf

20　David J. Trachtenberg, "US Extended Deterrence How Much Strategic Force Is Too Little?" *Strategic Studies Quarterly* vol. 6 no. 2 (Summer 2012); www.airuniversity.af.mil/Portals/10/SSQ/documents/Volume-06_Issue-2/05-Trachtenberg.pdf

21　Colin S. Gray, *Weapons Don't Make War: Policy, Strategy, and Military Techno-logy* (Lawrence, KS: University Press of Kansas, 1993), 25.

22　Dean Cheng, "Prospects for Extended Deterrence in Space and Cyber: The Case of the PRC," Lecture No. 1270 (The Heritage Foundation, January 21, 2016), www.heritage.org/research/reports/2016/01/prospects-for-extended-deterrence-in-space-and-cyber-the-case-of-the-prc

23　Wing Commander Steve Henry, Australian Air Force, "US Allies in Space Opera-tions" (presentation, The Mitchell Institute for Aerospace Studies, Washington, DC, October 27, 2017).

24　同上.

25　同上.

26　Gregory Schulte, "Protecting NATO's Advantage in Space," *Transatlantic Current* No. 5 (National Defense University, May 2012). www.dtic.miPdtic/tr/fulltext/u2/a577645.pdf

27　同上.

28　第51条规定：
如果对联合国会员国进行武装攻击，本宪章的任何规定均不得损害单独或集体自卫的固有权利。
联合国，直到安理会采取必要措施维持国际和平与安全。
联合国，《联合国宪章》与《国际法院规约》（旧金山，1945年6月26日）

29　Schelling, Arms and Influence, 35.

30　Joint Chiefs of Staff, *Department of Defense Dictionary of Military and Associated Terms*, Joint Publication 1-02 (March 23, 1994), 215.

31　同上.

32　Note that *armed attack* is the phase used in the United Nations Charter, Article 51. 同上.

33 U. S. Department of the Navy, *The Commander's Handbook on the Law of Naval Operations*, NWP 1-14M(July 9,1995),6-5.

34 同上.,8-1.

35 同上.,6-5.

36 Joint Chiefs of Staff, *Standing Rules of Engagement for US Forces*, CJCSI 3121.01A(January 15,2000),1.

37 同上.,(Enclosure A),p. A-4.

38 General John Hyten,"Space, Nuclear, and Missile Defense Modernization"(presentation, The Mitchell Institute for Aerospace Studies, Washington, DC, June 20, 392017), www. stratcom. mil/Media/Speeches/Article/1226883/mitchell-institute-breakfast-series/

39 United Nations, *Charter of the United Nations*, Chapter 1, Article 2(4).

40 Chairman of the Joint Chiefs of Staff Instruction,"Standing Rules of Engagement," in *Operational Law Handbook*, 16th edition, eds. Rachel Mangas and Matthew Festa(Charlottesville, VA:The Judge Advocate General's Legal Center and School, U. S. Army, 2016), 95-110, www. loc. gov/rr/frd/Military_Law/pdf/OLH_2015_Ch5. pdf

41 General John Hyten in 60 *Minutes*,"The Battle Above," David Martin, original air date, August 2,2015, www. cbsnews. com/news/rare-look-at-space-command-satellite-defense-60-minutes-2/

42 Colin S. Gray,"The Implications of Preemption and Preventive War Doctrines:A Reconsideration"(Strategic Studies Institute, July 2007), v, http://ssi. armywar college. edu/pdffiles/pub789. pdf

43 United Nations, *Charter of the United Nations*, Chapter 7, Article 51.

44 Anthony Clark Aren,"International Law and the Preemptive Use of Military Force," *The Washington Quarterly*, vol. 26 no. 2(Spring 2003), 89-103, www. cfr. org/content/publications/attachments/highlight/03spring arend. pdf

45 The White House, *The National Security Strategy of the United States of America* (September 2002),15, www. state. gov/documents/organization/63562. pdf

46 Edward G. Ferguson and John J. Klein,"It's Time for the U. S. Air Force to Prepare for Preemption in Space," *War is Boring*, April 22,2017, https://warisboring. com/its-time-for-the-u-s-air-force-to-prepare-for-preemption-in-space/

47 James Fallows,"John Boyd in the News:All You Need to Know About the OODA Loop," *The Atlantic*, August 29,2015, www. theatlantic. com/notes/2015/08/john-boyd-in-the-news-all-you-need-to-know-about-ooda-loop/402847/

48 Jay Bennett,"Space War:How the Air Force Plans to Defend the Final Frontier," *Popular Mechanics*, November 6, 2017, www. popularmechanics. com/military/news/a28851/us-air-force-gears-up-for-expanded-role-in-space/

49 同上.

50 Eldbridge Colby, "From Sanctuary to Battlefield: A Framework for a U. S. Defense and Deterrence Strategy for Space" (Center for a New American Security, January 2016), 11, www.cnas.org/publications/reports/from-sanctuary-to-battlefield-a-framework-for-a-us-defense-and-deterrence-strategy-for-space

51 Brian G. Chow, "Stalkers in Space: Defeating the Threat," *Strategic Studies Quarterly* vol. 11 no. 2(Summer 2017), 100.

52 同上.

53 Gray, "The Implications of Preemption and Preventive War Doctrines," v.

54 Ferguson and Klein, "It's Time for the U. S. Air Force to Prepare for Preemption in Space."

55 Department of Defense, *U. S. Quadrennial Defense Review* (September 30, 2001).

56 Glen M. Segall, "Thoughts on Dissuasion," *Journal of Military and Strategic Studies* vol. 10 no. 4(Summer 2008), 1, https://jmss.org/article/view/57658/43328

57 Andrew F. Krepinevich and Robert C. Martinage, "Dissuasion Strategy" (Center for Strategic and Budgetary Assessments, 2008), www.files.ethz.ch/isn/162559/2008.05.06-Dissuasion-Strategy.pdf; Glenn Snyder, "Deterrence and Power," *Journal of Conflict Resolution* vol. 4 no. 2(June 1960), 163—178.

58 Snyder, "Deterrence and Power," 163.

59 Paul K. Davis, "Toward Theory for Dissuasion(or Deterrence) by Denial: Using Simple Cognitive Models of the Adversary to Inform Strategy," RAND NSRD WR-1027 (RAND Corporation, January 2014) 2, Emphasis original, www.rand.org/content/dam/rand/pubs/working_papers/WRl000/WR1027/RANDWR1027.pdf

60 Office of the Assistant Secretary of Defense for Homeland Defense and Global Security, *Space Domain Mission Assurance: A Resilience Taxonomy* (September 2015), 3, http://policy.defense.gOv/Portals/11/Space%20Policy/ResilienceTaxonomy WhitePaperFinal.pdf? ver=2016-12-27-131828-623

61 Office of the Assistant Secretary of Defense for Homeland Defense and Global Security, *Space Domain Mission Assurance*, 6.

62 同上.

63 同上., 7.

64 Everett C. Dolman, *Astropolitik: Classical Geopolitics in the Space Age* (London: Frank Cass, 2002), 156-158.

65 Joint Chiefs of Staff, *Space Operations*, Joint Publication 3-14(10 April, 2018), II—2. www.jcs.mil/Portals/36/Documents/Doctrine/pubs/jp3_14.pdf

66 Joint Chiefs of Staff, *Space Operations*, II—2.

67 Steven Lambakis, *On the Edge of Earth: The Future of American Space Power* (Lexington, KY:

The University Press of Kentucky, 2001), 183.

68　Colin S. Gray, *Airpower for Strategic Effect* (Maxwell Air Force Base, AL: Air University Press, 2012), 296.

69　Colin S. Gray, *Fighting Talk: Forty Maxims on War, Peace, and Strategy* (Westport, CT: Greenwood Publishing, 2007), 125.

70　同上.

71　Mueller, "The Absolute Weapon and the Ultimate High Ground," 43.

72　Anya Loukianova Fink, "The Evolving Russian Concept of Strategic Deterrence: Risks and Responses," Arms Control Today (Arms Control Association, July/August 2017), www.armscontrol.org/act/2017-07/features/evolving-russian-concept-strategic-deterrence-risks-responses

73　Yu A. Pechatnov, "Deterrence Theory: Beginnings," *Vooruzheniye I Ekonomika* (February 2016). As referenced in Fink, "The Evolving Russian Concept of Strategic Deterrence."

74　同上.

75　Embassy of the Russian Federation to the United Kingdom of Great Britain and Northern Ireland, "The Military Doctrine of the Russian Federation" (June 29, 2015), http://rusemb.org.uk/press/2029

76　Mark B. Schneider, "Escalate to De-escalate," U.S. Naval Institute Proceedings vol. 143/2/1,368 (February 2017), www.usni.org/magazines/proceedings/2017-02/escalate-de-escalate

77　Russian Federation Ministry of Defense, "Military–Encyclopedic Dictionary of the Russian Ministry of Defense," accessed August 11, 2018, http://encyclopedia.mil.ru/encyclopedia/dictionary/details.htm?id=14206@morfDictionary. As referenced in Kristin Ven Bruusgaard, "Russian Strategic Deterrence," *Survival: Global Politics and Strategy* vol. 58 no. 4 (August–September 2016), 7–26, www.iiss.org/en/publications/survival/sections/2016-5el3/survival-global-politics-and-strategy-august-september-2016-2d3c/58-4-02-ven-bruusgaard-45ec

78　Dmitry (Dima) Adamsky, "Cross-Domain Coercion: The Current Russian Art of Strategy," *Proliferation Papers* vol. 54 (2015). As referenced in Ven Bruusgaard, "Russian Strategic Deterrence."

79　同上.

80　D. A. Kalinkin, A. L. Khryapin, and V. V. Matvichuk, "Strategic Deterrence in the Context of the US Global Ballistic-Missile Defense System and Means for Global Strike," *Voyennaya Mysl'* no. 1 (January 2015), 18–22. As referenced in Ven Bruus-gaard, "Russian Strategic Deterrence."

81　See S. A. Bogdanov and S. G. Chekinov, "Strategic Deterrence and Russian National Security in the Contemporary Era," *Voyennaya Mysl'* no. 3(March 2012),11-20. As referenced in Ven Bruusgaard,"Russian Strategic Deterrence."

82 Ven Bruusgaard,"Russian Strategic Deterrence," 7-26.

83 V. A. Sobolevskii', A. A. Protasov and V. V. Sukhorutchenko,"Planning for the Use of Strategic Weapons," *Voyennaya My sl'* no. 7(July 2014),9-27. As referenced in Ven Bruusgaard,"Russian Strategic Deterrence," 7-26.

84 Fink,"The Evolving Russian Concept of Strategic Deterrence."

85 同上.

86 Sergei Oznobishchev,"Russia and NATO:From the Ukrainian Crisis to the Renewed Interaction," in "Russia:Arms Control,Disarmament,and International Security," eds. Alexei Arbatov and Sergei Oznobishchev(Moscow:IMEMO, 2016), www. sipri. org/sites/default/files/SIPRI-Y earbook-Supplement-2015. pdf

87 Mark A. Stokes,"The Chinese Joint Aerospace Campaign:Strategy,Doctrine,and Force Modernization," in "China's Revolution in Doctrinal Affairs:Emerging Trends in the Operational Art of the Chinese People's Liberation Army," eds. James Mulvenon and David M. Finkelstein(CNA, 2005), 226-227. Referenced in Alison A. Kaufman and Daniel M. Hartnett,"Managing Conflict:Examining Recent PLA Writings on Escalation Control" (CNA, February 2016),54.

88 Peng Guangqian and Yao Youzhi,eds., *The Science of Military Strategy*(Beijing:Militaiy Science Publishing House, 2001), 230. Referenced in Kaufman and Hartnett,"Managing Conflict:Examining Recent PLA Writings on Escalation Control," 54.

89 Kaufman and Hartnett,"Managing Conflict:Examining Recent PLA Writings on Escalation Control," 54.

90 Dean Cheng,"Evolving Chinese Thinking about Deterrence:What the United States Must Understand About China and Space," Backgrounder No. 3298(The Heritage Foundation, March 29,2018),2,http://report. heritage. org/bg3298

91 同上.

92 Kaufman and Hartnett,"Managing Conflict:Examining Recent PLA Writings on Escalation Control," 20.

93 同上.

94 同上.

95 同上.

96 同上.

97 Cheng,"Evolving Chinese Thinking About Deterrence:What the United States Must Understand About China and Space," 2.

98 Dean Cheng,"Are We Ready to Meet the Chinese Space Challenge?" *Spacenews*, July 10,

2017, http://spacenews.com/op-ed-are-we-ready-to-meet-the-chinese-space-challenge/

99 Kaufman and Hartnett, "Managing Conflict: Examining Recent PLA Writings on Escalation Control," v.

100 Shou Xiaosong, ed., *The Science of Military Strategy* (Beijing: Military Science Press, 2013), 129. Referenced in Kaufman and Hartnett, "Managing Conflict: Examining Recent PLA Writings on Escalation Control," 56.

101 同上.

102 同上.

103 同上.

参考文献

[1] 60 *Minutes*. "The Battle Above." David Martin. Original air date, August 2, 2015. www.cbsnews.com/news/rare-look-at-space-command-satellite-defense-60-minutes-2/

[2] Adamsky, Dmitiy (Dima). "Cross-Domain Coercion: The Current Russian Art of Strategy." *Proliferation Papers* vol. 54 (2015).

[3] Aren, Anthony Clark. "International Law and the Preemptive Use of Military Force." *The Washington Quarterly* vol. 26 no. 2 (Spring 2003): 89-103. www.cfr.org/content/publications/attachments/highlight/03 spring_arend.pdf

[4] Bennett, Jay. "Space War: How the Air Force Plans to Defend the Final Frontier." *Popular Mechanics*. November 6, 2017. www.popularmechanics.com/military/news/a28851/us-air-force-gears-up-for-expanded-role-in-space/

[5] Bogdanov S. A. and S. G. Chekinov. "Strategic Deterrence and Russian National Security in the Contemporary Era." *Voyennaya Mysi'* no. 3 (March 2012): 11-20.

[6] Brodie, Bernard. "The Development of Nuclear Strategy." *International Security* vol. 2 no. 4 (Spring, 1978): 65-83.

[7] Chairman of the Joint Chiefs of Staff Instruction. "Standing Rules of Engagement." In *Operational Law Handbook*. 16th edition. Edited by Rachel Mangas and Matthew Festa, 95-110. Charlottesville, VA: The Judge Advocate General's Legal Center and School, U. S. Army, 2016. www.loc.gov/rr/frd/Military_Law/pdf/OLH_2015_Ch5.pdf

[8] Cheng, Dean. "Are We Ready to Meet the Chinese Space Challenge?" *Spacenews*. July 10, 2017. http://spacenews.com/op-ed-are-we-ready-to-meet-the-chinese-space-challenge

[9] Cheng, Dean. "Evolving Chinese Thinking about Deterrence: What the United States Must Understand about China and Space." Backgrounder No. 3298. The Heritage Foundation, March 29, 2018. http://report.heritage.org/bg3298

[10] Cheng, Dean. "Prospects for Extended Deterrence in Space and Cyber: The Case of the PRC." Lecture No. 1270. TheHeritage Foundation, January 21, 2016. www. heritage. org/research/reports/2016/01/prospects-for-extended-deterrence-in-space-and-cyber-the-case-of-the-prc

[11] Chow, Brian G. "Stalkers in Space: Defeating the Threat." *Strategic Studies Quarterly* vol. 11 no. 2(Summer 2017):82-116.

[12] Colby, Eldbridge. "From Sanctuary to Battlefield: A Framework for a U. S. Defense and Deterrence Strategy for Space." Center for a New American Security, January 2016. www. cnas. org/publications/reports/from-sanctuary-to-battlefield-a-framework-for-a-us-defense-and-deterrence-strategy-for-space

[13] Davis, PaulK. "Toward Theory for Dissuasion(or Deterrence) by Denial: Using Simple Cognitive Models of the Adversary to Inform Strategy." RAND NSRD WR-1027. RAND Corporation, January 2014. www. rand. org/content/dam/rand/pubs/working_ papers/WRl 000/WR1027/RAND WR1027. pdf

[14] Department of Defense. *U. S. Quadrennial Defense Review*. September 30, 2001. http://archive. defense. gov/pubs/qdr2001. pdf

[15] Dolman, Everett C. *Astropolitik: Classical Geopolitics in the Space Age*. London: Frank Cass, 2002.

[16] Embassy of the Russian Federation to the United Kingdom of Great Britain and Northern Ireland. "The Military Doctrine of the Russian Federation." June 29, 2015. http://rusemb. org. uk/press/2029

[17] Fallows, James. "John Boyd in the News: All You Need to Know About the OODA Loop." *The Atlantic*. August 29, 2015. www. theatlantic. com/notes/2015/08/john-boyd-in-the-news-all-you-need-to-know-about-ooda-loop/402847/

[18] Ferguson, Edward G. and John J. Klein. "It's Time for the U. S. Air Force to Prepare forPreemption in Space." *War is Boring*. April 22, 2017, https://warisboring. com/its-time-for-the-u-s-air-force-to-prepare-for-preemption-in-space/

[19] Finch, James P. and Shawn Steene. "Finding Space in Deterrence: Toward a General Framework for Space Deterrence." *Strategic Studies Quarterly* vol. 5 no. 4(Winter 2011):10-17. www. dtic. mil/dtic/tr/fulltext/u2/a569581. pdf

[20] Fink, Anya Loukianova. "The Evolving Russian Concept of Strategic Deterrence: Risks and Responses." Arms Control Today. Arms Control Association, July/August 2017. www. armscontrol. org/act/2017-07/features/evolving-russian-concept-strategic-deterrence-risks-responses

[21] Gray, Colin S. "The Implications of Preemption and Preventive War Doctrines: A Reconsideration." Strategic Studies Institute, July 2007

[22] Gray, Colin S. *Airpower for Strategic Effect*. Maxwell Air Force Base, AL: Air University Press, 2012.

[23] Gray, Colin S. *Fighting Talk: Forty Maxims on War, Peace, and Strategy*. Westport, CT: Greenwood Publishing, 2007.

[24] Gray, Colin S. *Weapons Don't Make War: Policy, Strategy, and Military Technology*. Lawrence, KS: University Press of Kansas, 1993.

[25] Henry, Steve. "US Allies in Space Operations," Presentation. The Mitchell Institute for Aerospace Studies, Washington, DC, October 27, 2017.

[26] Hyten, John. "Space, Nuclear, and Missile Defense Modernization." Presentation. TheMitchell Institute for Aerospace Studies, Washington, DC, June 20, 2017. www.strat-com.mil/Media/Speeches/Article/1226883/mitchell-institute-breakfast-series/

[27] Johnson-Freese, Joan. *Space Warfare in the 21st Century: Arming the Heavens*. Abingdon: Routledge, 2017.

[28] Joint Chiefs of Staff. *Department of Defense Dictionary of Military and Associated Terms*. Joint Publication 1-02. March 23, 1994.

[29] Joint Chiefs of Staff. *Space Operations*. Joint Publication 3-14. April 10, 2018. www.jcs.mil/Portals/36/Documents/Doctrine/pubs/jp3_14.pdf.

[30] Joint Chiefs of Staff. *Standing Rules of Engagement for US Forces*. CJCSI 3121.01A. January 15, 2000.

[31] Kalinkin, D. A., A. L. Khryapin, and V. V. Matvichuk, "Strategic Deterrence in the Context of the US Global Ballistic-Missile Defense System and Means for Global Strike," *Voy-ennaya MysT* no. 1 (January 2015): 18-22.

[32] Kaufman, Alison A. and Daniel M. Hartnett. "Managing Conflict: Examining Recent PLA Writings on Escalation Control." CNA, February 2016.

[33] Krepinevich, Andrew F. and Robert C. Martinage. "Dissuasion Strategy." Center for Strategic and Budgetary Assessments, 2008. www.files.ethz.ch/isn/162559/2008.05.06-Dissuasion-Strategy.pdf

[34] Krepon, Michael. "Space and Nuclear Deterrence." In *Anti-satellite Weapons, Deterrence and Sino-American Space Relations*, edited by Michael Krepon and Julia Thompson, 15—40. The Stimson Center, September 2013. www.stimson.org/content/anti-satellite-weapons-deterrence-and-sino-American-space-relations

[35] Lambakis, Steven. *On the Edge of Earth: The Future of American Space Power*. Lexington, KY: The University Press of Kentucky, 2001.

[36] Lewis, James A. "Reconsidering Deterrence for Space and Cyberspace." In *Anti-satellite Weapons, Deterrence and Sino-American Space Relations*, edited by Michael Krepon and Julia Thompson, 61-80. The Stimson Center, September 2013. www.stimson.org/content/anti-

satellite-weapons-deterrence-and-sino-American-space-relations

[37] Mueller, Karl. "The Absolute Weapon and the Ultimate High Ground: Why Nuclear Deterrence and Space Deterrence Are Strikingly Similar-Yet Profoundly Different." In *Anti-satellite Weapons, Deterrence and Sino-American Space Relations*, edited by Michael Krepon and Julia Thompson, 41-60. The Stimson Center, September 2013. www. stimson. org/content/anti-satellite-weapons-deterrence-and-sino-American-space-relations

[38] Office of the Assistant Secretary of Defense for Homeland Defense and Global Security. *Space Domain Mission Assurance: A Resilience Taxonomy*. September 2015. http://policy. defense. gov/Portals/ll/Space%20Policy/ResilienceTaxonomyWhitePaperFinal. pdf? ver=2016-12-27-131828-623

[39] Oznobishchev, Sergei. "Russia and NATO: From the Ukrainian Crisis to the Renewed Interaction." In *Russia: Arms Control, Disarmament, and International Security*, edited Alexei Arbatov and Sergei Oznobishchev, 57-71. Moscow: IMEMO, 2016. www. sipri. org/sites/default/files/SIPRI-Y earbook-Supplement-2015. pdf

[40] Pechatnov, Yu. A. "Deterrence Theoiy: Beginnings." *Vooruzheniye 1 Ekonomika* (February 2016).

[41] Peng Guangqian and Yao Youzhi, eds. *The Science of Military Strategy*. Beijing: Military Science Publishing House, 2001.

[42] Russian Federation Ministry of Defense. "Military-Encyclopedic Dictionary of the Russian Ministry of Defense." Accessed August 11, 2018. http://encyclopedia. mil. ru/encyclopedia/dictionary/details. htm? id=14206@ morfDictionary

[43] Schelling, Thomas C. *Arms and Influence.* New Haven, CT: Yale University Press, 1966. Schneider, Mark B. "Escalate to De-escalate." U. S. Naval Institute *Proceedings* vol. 143/2/1,368 (February 2017). www. usni. org/magazines/proceedings/2017-02/escalate-de-escalate

[44] Schulte, Gregoiy. "Protecting NATO's Advantage in Space." *Transatlantic Current* No. 5. National Defense University, May 2012. www. dtic. miVdtic/tr/fulltext/u2/a577645. pdf

[45] Segall, Glen M. "Thoughts on Dissuasion." *Journal of Military and Strategic Studies* vol. 10 no. 4 (Summer 2008). https://jmss. org/article/view/57658/43328

[46] Shou Xiaosong, ed. *The Science of Military Strategy*. Beijing: Military Science Press, 2013.

[47] Snyder, Glenn. "Deterrence and Power." *Journal of Conflict Resolution* vol. 4 no. 2 (June 1960): 163-178.

[48] Sobolevskii', V. A., A. A. Protasov and V. V. Sukhorutchenko. "Planning for the Use of Strategic Weapons." *Voyennaya MysT* no. 7 (July 2014): 9-27.

[49] Stokes, Mark A. "The Chinese Joint Aerospace Campaign: Strategy, Doctrine, and Force Modernization." In "China's Revolution in Doctrinal Affairs: Emerging Trends in the Operation-

al Art of the Chinese People's LiberationArmy," edited by James Mulvenon and David M. Finkelstein,221-305. CNA,2005.

[50] The White House. *The National Security Strategy of the United States of America.* September 2002. www. state. gov/documents/organization/63562. pdf

[51] Trachtenberg,David J. "US Extended Deterrence How Much Strategic Force Is Too Little?" *Strategic Studies Quarterly* vol. 6 no. 2(Summer 2012):62-92. www. air university. af. mil/Portals/10/SSQ/documents/Volume-06_Issue-2/05-Trachtenberg. pdf

[52] U. S. Department of the Navy. *The Commander s Handbook on the Law of Naval Operations.* NWP 1-14M. July 9,1995.

[53] United Nations. *Charter of the United Nations and Statue of the International Court of Justice.* San Francisco,June 26,1945.

[54] Vedda,James A. and Peter L. Hays. "Major Policy Issues in Evolving Global Space Operations." The Mitchell Institute of Aerospace Studies, February 2018. www. aerospace. org/publications/policy-papers/major-policy-issues-in-evolving-global-space-operations/

[55] Ven Bruusgaard,Kristin. "Russian Strategic Deterrence."*Survival:Global Politics and Strategy* vol. 58 no. 4(August-September 2016):7-26,www. iiss. org/en/publications/survival/sections/2016-5el3/survival-global-politics-and-strategy-august-september-2016-2d3c/58-4-02-ven-bruusgaard-45ec

第 5 章 大国的航天战略

历史经验表明,各国将在太空中竞争,而这种竞争基于对恐惧、荣誉和利益的评估。在考虑各个国家(或各支力量,下文不再逐个区分)的航天战略时,太空强国、中等太空国家和新兴太空国家的分类对于明晰制定战略的相关考量因素是大有裨益的。即使第 2 章中描述的概念和原则是独立的,但具有不同程度权力和能力的国家和行为者的战略可能会有所不同。战略涉及平衡目的和可用的手段,而可用的手段将部分地取决于与太空相关的、与每一类太空力量相称的能力。由于不同类型太空力量之间预期的战略偏好,接下来的第 6~第 8 章将探讨那些可能对太空强国、中等太空国家和新兴太空国家最具意义的领域。也就是说,仅仅因为一个概念在一个类别中被描述,并不意味着它不能在另一个类别中被深思熟虑地衡量和实施。国家之间的每一次竞争或冲突都是不同的,因此,这里讨论的概念并不是金科玉律,而只是说明了那些应该予以深思熟虑的领域。

Deganit Paikowsky 为那些热衷于研究太空的专家提供了一个富有启发性的框架,可以用来区分新兴太空国家、中等太空国家和太空强国的水平[1]。根据 Deganit Paikowsky 的框架,新兴太空国家包括众多能够独立开发、维护和控制卫星但无法通过本国手段独立发射卫星的国家。这个群体包括许多国家,如加拿大和沙特阿拉伯。中等太空国家包括那些有能力独立发射、开发和控制卫星的国家[2]。目前来看,竞争中等太空国家包括欧洲航天局、为欧洲航天局发射能力提供支持的欧洲航天局成员国,日本、印度、以色列、乌克兰(其继承了苏联的发射能力)和伊朗。相比之下,太空强国定义为那些既拥有上述中等太空国家的能力,也拥有本土载人航天能力的国家,包括中国、俄罗斯和美国。尽管美国自 2011 年航天飞机退役后就丧失了本土载人航天的能力,但鉴于其继承了这一能力,所以其仍然被认为是一个太空强国。

由于有几十年的历史经验可以借鉴,因此在各种类型的太空国家中,对太空强国的理解是最透彻的。本章将研究太空强国之间的竞争,重点在于中国、俄罗斯和美国最近的太空活动,以彰显国际合作的潜在挑战和机会。在从历史中汲取教训或获取值得考虑的因素之后,本章将讨论航天战略实际执行的议题。虽然本章提出的想法将与之前讨论的一般概念和原则相一致,但本章的想法和议题对太空强国尤为适用。

5.1 中国的航天战略

作为一个太空强国,中国的飞速崛起令人瞩目。中国的载人航天计划始于2003年,并在2020年之前建立一个大型空间站[3]。这些举世瞩目的成就表明,中国在太空领域迅速地发展壮大,并取得了突出的成就。2003年10月,中国将其第一位宇航员杨利伟送上太空并安全返回,这使中国成为由俄罗斯和美国组成的"精英航天俱乐部"的新成员[7]。

就太空中的军事行动来说,中国领导人的意图难以揣摩。然而,有人认为,中国非常明白,为了有效地进行战争,必须迅速发展成为一个太空强国。Joan Johnson Freese写道,北京知道不可能一直控制太空,也不认为必须控制太空。只需要通过干扰对手的能力来争取实现其目标所需的时间[8]。同样,中国的军事理论指出,通过干扰信息系统和地面站、电磁脉冲、伪装、耀闪和欺骗,可以实现对对方太空系统的"软杀伤"[9]。

中国的政治和军事领导层已经得出结论,要想在未来的冲突中作战和取胜,就需要具备信息作战能力和太空能力。因此,自己利用和拒止别国利用太空和网络领域的举措是解放军关注的重点,即他们所谓的"打赢未来信息化条件下的局部战争",其中在外层空间、网络空间、海洋和核领域的主导权将起到一定的作用[10]。

人们普遍认为,解放军的实力在各方面都在稳步增强。2017年,美国军方提交给美国国会的一份报告指出:

> 解放军正在获取一系列技术以提高中国的反太空能力。除了研究和可能开发定向能武器和卫星干扰器外,中国还在发展反卫星能力,并可能在2014年7月测试的反卫星导弹系统方面取得突出进展。中国正在采用更复杂的卫星操作系统,并可能正在测试可用于反太空任务的太空军民两用技术[11]。

此外,中国已经得出结论,太空战将是未来战时行动的一个组成部分[12]。

发动"现代高科技条件下的局部战争"需要太空能力的加持[13]。在中国的战略中,太空领域是至关重要的,因为它在收集、传输和利用信息方面具有优势[14]。中国的战略家已经得出结论,未来的联合行动将涉及多个部门在相当远的距离内共同行动。在未来的冲突中,胜利不仅需要自己的部队不受限制地进入太空,还需要剥夺对方的这种能力[15]。在2013年中国出版的《军事战略科学》杂志中,太空被描述为"信息化条件下战争的制高点",同时与网络空间和电磁频谱的未来战场的斗争联系在一起[16]。

中国的航天战略包含了在西方军队中被称为联合或多领域的内容。Dean Cheng指出,中国人主张"全方位的统筹",从而以联合的角度看待陆地、海洋、空中、电磁波谱和太空。每个领域的行动都有助于其他领域,并得到其他领域的支持[17]。这些领域的所有行动最终都是为了达到预先确定的政治目的[18]。根据解放军的分析,中国的军事太空行动可能需要五大"风格"或任务领域:太空威慑、太空封锁、太空打击行动、太空防御行动和太空信息支持[19]。

中国日益增长的实力和对太空的重视可能主要以和平和合作的方式体现出来,然而其不断增强的实力也可能导致竞争加剧。Peter Hays指出:"中国给全球社会带来了太空合作的最佳机会和最艰难的挑战"[20]。许多安全分析家认为,如果美国和其他国家能够成功地让中国参与有效的太空合作并与中国建立信任,则可能有助于减少与竞争加剧有关的风险。此外,美国的国家领导人必须避免犯这样的错误,即把中国当作苏联,或以冷战的视角来看待这种关系[21]。Brad Roberts指出,一个可以参照的、可能更适用于当前时期的历史阶段可能是第一次世界大战和第二次世界大战的战时,因为那个时期是国家竞争和多极世界的典范[22]。如果Brad Roberts所言非虚,那么那一时期的历史经验告诉我们,应该直接解决恐惧、不信任、误判和模糊的问题,以避免任何未来的全球冲突。

5.2 俄罗斯的航天战略

俄罗斯的太空计划是苏联太空计划的一个缩影,苏联的太空计划开拓了太空,并完成非凡的壮举。苏联成功地将第一颗卫星射入轨道("斯普特尼克"1号),并将尤里·加加林(第一个进入太空的男人)和瓦伦蒂娜·捷列什科娃(第一个进入太空的女人)成功送入太空。美国和苏联都开发了反卫星技术,并推进太空的军事用途以保护国家利益。然而,俄罗斯的太空计划在苏联解体后只是勉强苟活下来,而且此后一直处于停滞状态。

苏联在反卫星计划和在太空的军事利用方面有着悠久的历史。分段式轨道轰炸系统(建立于20世纪60年代,即《外层空间条约》签署之前)是一个从低地球轨道向地球运送核弹头的计划[23]。该武器系统由低空飞行的导弹和核弹头组成,可从苏联起飞并在攻击时脱离轨道。更重要的是,它并非飞越北极到达美国,而是会穿越南部极地地区,然后通过"后门"抵达美国[24]。20世纪60年代至80年代,苏联的冷战计划Istrebitel Sputnikov(卫星杀手)是一个致力于与目标"交会"的机动计划,以便在必要时对美国的太空系统实施"神风式"攻击[25]。

虽然目前的俄罗斯太空计划源于这一遗产,并且仍然展现出一些令人眼前一亮的能力(如重型火箭),但与苏联时期相比,俄罗斯的太空计划总体上是萎靡不振的,其太空计划的这种低迷在很大程度上是整体经济下行和预算缩减导致的。在提到俄罗斯太空计划时,约翰·洛格斯顿直言不讳地指出:"他们的预算不足以全面维持一个世界级的太空计划"[26]。经济和财政困境导致俄罗斯太空计划的供应链出现问题。洛格斯顿进一步指出,俄罗斯太空计划正在经历与美国太空计划相同的问题:核心工程师退休、年轻的工程师被吸引到待遇更好的纯商业公司就业[27]。据报道,俄罗斯政府下设的航天机构——俄罗斯联邦航天局的人员不断萎缩,预算不断减少,系统性腐败也层出不穷,所有这些都使这个曾经的太空超级大国岌岌可危[28]。使得这一局面更加糟糕的是,俄罗斯的太空计划在最近几年中火箭出现了15次故障[29]。

尽管火箭发射失败的次数很多,但俄罗斯的重型运载能力目前仍是俄罗斯联邦航天局的一个亮点。事实上,这种能力继承了苏联洲际弹道导弹技术和专有技术的衣钵。俄罗斯的火箭发动机能力十分强劲,美国的一些公司也利用俄罗斯的火箭发动来驱动他们的一些运载火箭。虽然美国公司使用俄罗斯火箭发动机技术被视为一种不寻常的合作安排,可能会引起美国国会一些议员的不安,但在美国本土的新系统,如美国国家航空航天局太空发射系统或商业供应商的重型火箭问世之前,俄罗斯火箭发动机仍是最优解。根据目前的美国法律,至少在2022年前,美国公司可获准使用高性能的俄罗斯火箭发动机[30]。此外,在美国商业航天公司获得美国国家航空航天局的载人航天认证之前,"联盟"号火箭是目前唯一能够将宇航员送往国际空间站的运载火箭。

在过去10年中,俄罗斯在利用太空进行军事活动方面有值得注意的举措。据报道,俄罗斯官员在2013年建议俄罗斯恢复研究和开发一种机载反卫星导弹,以"能够绝对拦截所有从太空飞来的东西"[31]。在讨论俄罗斯的太空行动时,Steven Lambakis指出:"如今的俄罗斯正在经历一场反太空的复兴。莫斯科认为太空对威慑和作战极为重要,它打算在2025年前将其作战卫星的数量增加到150颗。"[32] 据报道,在2014年11月,有人观察到俄罗斯电信卫星的一块残余碎片正在独立机动,其速度接近了将其推入轨道的火箭级速度[33]。正如人们所讨论的中国的机动能力一样,这些类型的交会和接近操作是极为先进的[34]。根据俄罗斯国防部的一份官方声明,2017年6月,俄罗斯进一步测试了在轨卫星检查能力,这被认为是俄罗斯官方对俄罗斯军事卫星项目中的航天器检查项目的首次确认[35]。

目前,俄罗斯的大部分航天战略和政策似乎是由俄罗斯的一种战略意愿所驱动的,即让"自给自足"和"优势"的想法渗透到其所有军事太空活动中[36]。俄罗斯和美国之间仍然存在着强烈的、无法弥合的竞争,而且最近俄罗斯在太空的许多军事举措都旨在赢得与美国的竞争。据报道,一些俄罗斯高级领导人认为对抗美国的太空优势是作战的一个重要组成部分。然而,俄罗斯人的自豪感在很大程度上是从对苏联的回顾和缅怀中获得的。人们认为,俄罗斯人对过去的力量和威望的怀念和崇拜已经被弗拉基米尔·普京总统领导的政府巧妙地激发和"收编",而俄罗斯的太空计划非常适合这一举措[37]。

虽然俄罗斯的太空计划仍存在巨大挑战,但断言该计划行将终结的预言不应有市场。目前,俄罗斯政府正在努力改革和重组俄罗斯联邦航天局这个国营公司,但其未来的生存能力仍有待商榷[38]。俄罗斯的领导层是否能够扭转他们的太空计划,我们将拭目以待。

5.3 美国的航天战略

自太空时代开启以来,太空一直与美国的国家安全交织在一起。美国的太空系统在监测战略和军事发展方面有着至关重要的历史,包括条约合规检查和军控核查。可以预见的是,美国在未来对太空技术的依赖将会一直延续。鉴于与美国国家安全相关的太空企业的重大投资和天基能力的整合,安全专家得出结论:"美国比任何其他国家都更依赖太空。"[39] 对此,一些美国安全专家认为,潜在的对手认为太空是美国作战能力的一个薄弱环节。《2017年美国国家安全战略》也承认这种观点,其指出:"他国认为,攻击太空资产的能力提供了不对称的优势,因此他们正在谋求一系列反卫星(ASAT)武器。"[40] 所以,一些安全分析家可能将太空中的进攻性行动视为利用美国的这一弱点来实现战略或军事优势的一种手段。

美国的太空政策在过去几届总统任期中大多是一贯的,其包括承认所有国家都有权为和平目的探索和使用太空的政策,以及根据国际法太空应被用于全人类的利益的政策[41]。美国的政策一再声明,1967年《外层空间条约》中的"和平目的"意味着非侵略性,并允许将太空用于国家和国土安全活动[42]。诚然,一些国家不同意对"和平目的"进行这种阐释,并认为这一术语排除了太空中的任何军事活动[43]。但美国的解释意味着,天基系统可以合法地执行其基本功能,以促进陆地、空中、海上和水下的军事活动[44]。基于对《外层空间条约》中"和平目的"的解释,美国的政策没有直接寻求发展新的法律制度,也就是说,美国认为目前的条约并不妨碍美国保护其太空利益。

此外,美国的政策是用于防止和阻却对美国太空关键基础设施的侵略,同时做好击败报复敌人攻击的准备的[45],美国的太空政策保留了在威慑失败时进行自卫的权利。《2017年美国国家安全战略》明确指出:

> 美国认为不受限制地进入太空和自由地在太空运作是一项重要的利益。对我们太空设施的关键部分的任何有害干扰或攻击,如果直接影响到美国的这一重要利益,那么敌方将在我们选择的时间、地点、方式和领域受到我们的回应和报复[46]。

总的来说,美国的政策是,使用武力的方式应符合国际法长期以来确立的原则、美国所加入的条约以及固有的自卫权。然而,应该注意的是,这种法律理解和对固有自卫权的承认是从西方的角度出发的,中国或俄罗斯不一定赞同。

5.4　非军事手段

不战而屈人之兵[47]。

——孙子

一个太空国家的战略在处理全方位的潜在冲突时应该是灵活的,即遵循从大到小的规模。由于未来的冲突不能被可靠地预测,太空强国需要为广泛的非军事和军事活动进行规划。

当国家决定采取行动保护国家利益和实现政治目的时,它们通常会使用国家权力的一个或多个工具(手段)。在考虑国家将如何寻求保护国家的太空安全利益时,外交、信息、军事和经济手段可能十分有用[48]。外交手段是指国家之间在国际事务领域的政治举措,包括与国际条约、共同防御条约、联合国安全理事会决议、公文、公报和国际论坛有关的举措[49]。信息手段是指以任何媒介或形式传播事实、数据或指令,其包括与传统广播和新闻机构、社会媒体、广告、互联网信息或娱乐业有关的活动。就航天战略而言,网络行动和活动被视为是信息手段的一部分(尽管其有时可能被认为是一种军事功能)。国家权力的军事手段是通过施加军事存在、胁迫或武力实现的影响力和优势。经济手段指的是通过贸易、商业和金融活动获得或丧失的影响力和权力[50]。就太空战的战略和原则而言,虽然国家权力的四个工具涵盖了可以影响其他国家或组织的手段,但其也同样受到了别国该等手段的影响。值得强调的是,国家权力的工具往往是相互关联的。例如,拥有强大的经济和军事力量将使外交效力得到提高。

本书接下来的讨论将集中在非军事手段上。通过非军事手段实现国家目标的情况(如外交、经济和信息手段)就是所谓的"不战而屈人之兵",正如孙子在本节开头所述的那样,由于我们的外交活动在塑造观念和影响他国方面有几十年的历史经验,因此在讨论航天战略时将简要介绍外交手段,但其将更多地在第6章和第7章中进行讨论。外交手段极其重要,部分实例包括使用卫星核查《军备控制与裁军条约》的履行、1967年《外层空间条约》的起草和签署、1975年的"阿波罗"·"联盟"号试验项目,以及监督和管理涉及太空活动的许多国际组织的行动。

5.4.1 分裂联盟

故上兵伐谋,其次伐交[51]。

——孙子

大国可以充分利用外交措施,其不仅能够建立己方联盟,而且还可以分化和瓦解敌方的联盟,这就是孙子上面那句话的含义。虽然实力较强的太空强国可能寻求集体和合作活动来提高他们的影响力,但他们也可以减少潜在对手所在联盟的影响力和有效性。在考虑攻击敌人的计划和战略时,孙子建议采取切断或分化敌人联盟的行动,这样做可能会削弱敌方的整体实力[52]。反击和瓦解敌人的联盟和同盟的行为是在孙子的总体指导下进行的,"佚而劳之,亲而离之"[53]。分化联盟可以减少优势力量的相对优势,并有可能使冲突旷日持久,直到局势发生更有利于自己的变化。

所有国家,无论其能力水平如何,都可能寻求利用外交手段来谋求对另一个国家的影响力,但那些实力强大的国家则拥有最能推动外交举措的手段。正如 J. C. Wylie 所描述的那样,长期的外交举措和活动与累积的战略相称。J. C. Wylie 认为战略有两种不同的类型:顺序的和累积的。顺序性战略包括一系列不连续的行动(其中每一个行动都取决于之前的行动),它们不停累积,直至做出最后的决定[54]。在 J. C. Wylie 看来,过去所有著名的陆地和海上战役都反映出了这种顺序性战略。相比之下,累积性战略不需要通过一系列单独行动的结果来取得最终成功。相反,决策是由这些行动的总和决定的。在比较累积性战略与顺序性战略时,J. C. Wylie 指出:"另一种战略是累积性的,不太容易察觉的小项目堆积在一起,直到在某个未知点,累积的行动质量可能大到足以成为决定性的因素。"[55]如果一个单一的举措受挫,那么顺序性战略便会变得十分脆弱,而在累积性战略中,即使个别行动失败,整个计划也能取得成功。

因此,一个太空强国应按照孙子的建议努力分化对方的联盟,这可能需要许多行动相互堆叠,以达到预期的结果。这种方法虽然有效,但不太可能成为决定竞争国之间结果的唯一因素。

5.4.2 经济领域手段

太空强国很可能在利用太空促成的商业活动方面具有实质性的经济影响力。这种经济影响可以被用来对另一个国家、组织或团体施加强制性的经济压力,以达到政治目的。几千年来国际关系的历史也证明,国家或团体可以采取经济措施来影响他国。

斯科特·佩斯业已详细介绍了一个太空政策冲突的模型,并用商人和监护人这两个词来描述公共和私营部门利益的不同目标,包括国家在历史上如何寻求保护其经济利益[56]。根据这些思路,太空强国预计将会保护那些与太空有关的商业和贸易利益或优势。换句话说,这些强国可能采取多种措施对潜在对手的利益产生负面影响。这种行动的目的是在一定程度上削弱对手的长期作战能力。

归根结底,是否要对对方的太空相关的商业和贸易产生负面影响将取决于各种因素。英国炮兵军官 Charles E. Callwell 的《军事行动和海上优势》一书在这方面有所建树[57]。他在纠正那些夸大海权对经济战影响的人时给出了明智的建议,他认为那"将是一种将敌人的商船赶出海面和封锁敌人海岸的过程"[58]。Charles E. Callwell 提醒说,对对方的海上贸易所能造成的损失取决于贸易量,因此,每个国家的情况都有所不同[59]。

从逻辑上推断,一个强国对另一个国家的经济工具效力的影响取决于另一国的商业对太空的依赖程度,以及另一国面对经济打击的韧性。正如 Bleddyn Bowen 所说:"太空经济的特点随着行为者的类型、技术和经济的变化而变化"[60]。因此,太空经济行动的效力由对太空商业的依赖性和该商业活动的分布特点决定[61]。

5.4.3 信息战与网络战

太空活动影响信息并受信息影响,因此,利用信息效应是航天战略的一个重要因素。历史经验表明,信息可以被用来对另一个国家的政治实体施加压力,使那个国家决定支持与其利益相悖的东西[62]。这种思想与克劳塞维茨的思想一致,即通过影响人民、军队和政府领导人来迫使敌人服从自己的意愿(尽管克劳塞维茨的背景是使用武力来做到这一点)。发出这类胁迫性信息的人在对其有利和有益的背景下提出这些观点和信息,但实际传达的信息可能有偏差,甚至可能是赤裸裸的虚假信息[63]。

除了通过天基通信传输的信息,依靠太空的数据和信息也可以影响战争的实际进程。M. V. Smith 描述了这种比敌人更快地收集、评估天基信息并采取行动的能力:

> 太空资产形成了一个无处不在的全球基础设施(一个通信和信息骨架),驻扎或部署在世界任何地方的友军都可以插入这个骨架,以获得提高态势感知、改善精确交战和加速指挥和控制的服务[64]。

M. V. Smith 的观点与 John Boyd 的 OODA 环理论相一致,该理论认为,在冲突中实现成功取决于在敌人的决策周期内运作[65]。根据 John Boyd 的观点,拥有卓越的观察和定位能力的军队可以对手无法有效匹配或反应的方式做出决定并开展行动[66]。同样,人们认为,优越的太空数据和信息可以使该国拥有一个更快的 OODA 环,从而更快做出军事决策和行动。

由于太空系统经常是网络空间的一个组成部分,所以网络行动自然而然成为一个重要的考虑因素。诚然,网络行动可能被视为军事行动,但日常的网络通常不构成战争中的暴力工具,网络行动在本节关于非军事措施的部分已被阐释。卫星通常会充当网络中的节点,所以在某种程度上,卫星的价值来自它们可以在这个网络上收集和传播的信息[67]。由于太空通路与促成太空行动和活动的网络相互关联,故而太空行动和网络行动在操作方法和预期战略效果方面经常重叠。

根据 Andrew Krepinevich 的定义,网络领域(又称网络空间)是指世界上由控制系统组成的计算机网络,包括开放的和封闭的系统,也包括计算机本身,在其中机器能够彼此互动,以发送有关金融交易的数据[68]。与空间域一样,网络域利用了涉及全球网络的广泛通信线路,以及服务器库或网络物理位置的活动中心[69]。网络活动涉及国际商业和金融、社交媒体、信息共享,以及最近的军事行动。网络空间不是任何一个国家的主权领土,其囊括了不受任意一国控制的全球公共资源和位于各国主权领土内的广泛分布的硬件。此外,网络活动直接影响陆地、海洋、空中和太空领域,并与之相互关联。需要吸取的教训是,航天战略和行动应该与网络领域的战略和行动相结合。

Dean Cheng 认为,在中国看来,太空优势不仅需要针对卫星,还需要针对地面设施,包括任务控制站和连接它们的数据链[70]。他指出,中国的太空计划并不完全用于民用,还用于为解放军提供关键的信息,这些信息对打赢"高科技条件下的局部战争"和"信息化条件下的局部战争"至关重要[71]。因此,在解放军看来,争取太空优势的斗争是"争取信息优势的更宏大斗争的一部分"[72]。同样,在美国兰德公司的一份报告中,Kevin Pollpeter、Michael Chase 和 Eric Heginbotham 指出,解放军的战略家强调,太空在获得和保持信息主导权的博弈中发挥着关键作用,这决定了未来军事行动的结果[73]。上述报告的作者强调了于 2015 年 12 月宣布建立的解放军战略支援部队,该部队的目的并不是将中国的所有太空企业精简在一个指挥部之下,而是通过向作战指挥部提供进行"信息化局部战争"所需的信息战基础设施来促进联合行动[74]。

5.5 进攻性手段

摧毁敌军力量始终是更优、更有效的手段,其他手段无法与之匹敌……希望采取不同手段的指挥官只有在假定他的对手同样不愿意诉诸大规模战斗时才能合理地这样做[75]。

——克劳塞维茨

由于太空强国的实力和相对于其他国家的影响力,太空强国需要采取进攻性战略,并将其作为总体航天战略的一部分。Colin Gray 同意克劳塞维茨的说法,他指出:"虽然战略理论指出防御是更强大的战争形式,但进攻是更有效的"[76]。这意味着,需要采取进攻性措施(包括使用军事力量和暴力)来实现政治目的并使冲突尽快结束。克劳塞维茨在论述进攻行动的重要性时说:"毋庸置疑,摧毁敌军是所有交战的目的。"[77]根据英国海上战略家Julian Corbett的说法,强国可以利用进攻行动来获得积极的结果,或从敌人那里缴获一些东西,同时还可以获取发起攻击所需的"力量和能量"[78]。Julian Corbett认为,对敌方舰队开展决定性进攻行动对于实现永久和整体的制海权至关重要[79]。

进攻性战略是一个强国成功的航天战略的一个必要组成部分。进攻性行动可以创造主动性和出其不意,由于敌人可能对自己的进攻性行动做出反应,所以进攻性行动能够让己方支配敌方的步伐。成功的进攻性行动会大大削弱对手的军事实力,这可能会在短期内使进攻性行动更加成功。

尽管在战争中需要采纳进攻性战略,但进攻性战略也有其局限性。就海权而言,Charles E. Callwell认为,海军只为陆军提供间接利益。他写道:"制海权对陆上战役的影响主要是战略上的,它对军事行动进展的影响往往只是间接性的。[80]"Colin Gray得出了类似的结论,他对第二次世界大战中空中力量的使用进行了下列描述:

> 作为一种威胁,空中轰炸通过威慑、打击、胁迫,以瘫痪或摧毁敌方设施来创造战略优势。单单依靠无助的、势单力薄的防御无法决定冲突的胜负[81]。

此外,进攻性战略和措施是为了支持政治目的,在大多数情况下,其与陆地上发生的事件有关,因为那是大多数人生活的地方。航天战略中的进攻性措施和行动也是如此。Colin Gray鞭辟入里地提出:

> 由于人们只生活在陆地上并归属于在领土范围内组织起来的安全社区,所以,军事行动,无论其战术形式如何,最终只能对陆地上的事件进程产生战略意义。制海权、制空权以及现在的制天权在战略上发挥着有利作用。战争的结果可能由海上、空中或太空的行动决定,但战争必须在陆地上结束,而且通常是以陆地为参照的[82]。

因此,即使太空强国拥有强大的进攻能力,但归根结底,太空中的进攻行动本身不太可能产生决定性作用。

5.5.1 胁迫、强迫与"小规模战争"

事实上,太空强国有更多可用的胁迫手段。虽然胁迫经常发生在战争或公开敌对行动之前,但它可能暗示或明确威胁其会采取某种有害行动,包括使用武力。胁迫的目的往往是影响潜在对手的决策,导致对手默许某些要求以实现胁迫方的政治目的[83]。

西方国家对胁迫的看法与中国的看法相似,但并不完全相同[84]。中国人民解放军将军事危机或武装冲突阶段的一些军事行动视为实际战争之外的行动,这些行动可能会胁迫对手在某些有争议的问题上默许胁迫方的要求[85]。这种思想在解放军的有关军事著作中可以找到,在第4章中也有相关讨论。中国人民解放军的"胁迫"概念是从整体上考虑的,即通过经济、外交或军事行动来直接影响对手的利益,"迫使其屈从于北京的意志"[86]。

历史经验表明,在考虑战争或冲突时,往往可能涉及小规模的战争。关于这一主题的最权威、最全面的著作之一是 Raoul Castex 的《小规模战争手册》。《小规模战争手册》于1940年出版,其中描述了一些反叛乱和维和行动。在第二次世界大战之前,美国海军陆战队在应对低强度冲突时会参考该手册,这些低强度冲突在20世纪30年代被称为"小规模战争"。法国海军军官和战略家 Raoul Castex(1878—1968)的许多观点在《小规模战争手册》中有所体现。《小规模战争手册》将小规模战争定义为:

> 小规模战争是依赖行政权力采取的行动。行动的目标蕴藏在另一个国家的内部或外部事务中,行动的方式是军事力量与外交压力相结合,行动的前提是这个国家的政权不稳定、不充分或不能妥善地保护我国公民的生命安全和我国外交政策确定的利益[87]。

小规模战争从简单的演习行动到军事干预不一而足,其不属于实际战争的范畴。根据《小规模战争手册》,小规模战争就规模、战区或其财产、金钱或生命的损耗方面没有做出限制[88]。此外,美国通过小规模战争进行干预的行为被认为是合法的,因为根据国际法,一个国家可以保护或要求保护其公民及其财产,无论其公民及其财产在何处[89]。上述小规模战争的定义承认了战争的军事和非军事性质,而军事战略则服从于国家政策。

《小规模战争手册》的重要性在于它所涉及的许多主题与直接的武力行动无关,这些主题涵盖了国务院、国家政府官员、选举监督员和地方抵抗部队的作用。与和交战方之间主要进行军事行动不同,在进行小规模战争的同时还要进行积极的外交斡旋,以迅速达成一个令人满意的结束状态[90]。因此,《小规模战争手册》详细介绍了非军事行动在实现国家目标方面的一些细微差别。《小规模战争手册》认为,任务的完成不是以军事胜利为前提,而是以持久和平为前提。例如,"任务的完成应以最小的生命和财产损失为前提,并采用不留下痛苦的后遗症或使恢复和平变得较为容易的方法"[91]。

由于美国历史上小规模战争的普遍性,可以推测未来涉及太空的冲突的意图可能与《小规模战争手册》中描述的意图相似。国家领导人可能决定在合法的情况下进行干预,以保护其公民的财产或在太空的利益。在未来,太空行动可能采用军事力量与外交施压相结合的方式,以迅速达成一个可接受的、持久的、和平的解决方案。

在总结本专题时,有必要提请大家注意。虽然胁迫有时是一种合适的策略,但它可能会出大问题。如果胁迫行动导致受到胁迫的一方由于恐惧、荣誉或利益而重新评估局势,其结果可能导致敌对行动意外升级。因此,在推行包括胁迫在内的战略之前,应该非常谨慎,特别是要考虑到到不同文化和社会对战争、胁迫和威慑的不同看法。

5.5.2 封锁太空通路

太空强国希望将阻却对方进入和使用太空通路的措施纳入其战略中[92]。正如此处所介绍的,这一概念被纳入第2章所探讨的"封锁太空通路"的术语中。按照《美国联合军事理论》中的表述,这一想法最类似于太空拒止,其定义为"积极的防御性和进攻性措施,以欺骗、破坏、毁损、拒止或摧毁对手的太空能力"[93]。这些措施包括针对地面、数据链、用户和太空部分的行动[94]。由于近距离封锁是指防止太空系统在其活动中心附近的部署、发射或移动,因此它在意图上更具有防御性,旨在阻止对手采取相应行动。相比之下,远距离封锁指的是破坏、削弱或拒止对方的太空实力。远距离封锁包括夺取或攻占敌人的太空通路(如果这些线路尚未在交战国之间共享),同时阻却敌人未来对它们的使用。因此,远距离封锁具有进攻性质,特别适合于太空强国。当遭遇远距离太空通路的封锁时,被封锁方可能会为了突破封锁而战。因此,封锁是一种战略,可迫使被封锁方在对实施封锁的强国有利的条件下采取行动。

与封锁太空通路的想法相类似,中国的军事著作也讨论了"太空封锁行动"[95]。根据 Dean Cheng 的分析,这种行动的目的是恐吓或胁迫敌方。根据解放军的文件,太空封锁使用的是太空和地面部队,以防止对方进入太空和通过太空收集或传输信息[96]。值得注意的是,解放军强调,太空封锁对精确控制、详细的太空态势感知、高度集中、有限的武器部署都提出了很高的要求[97]。这些文件列出了数种太空封锁活动。第一种方法是"封锁与太空活动相关的地基设施"(航天基地封锁),包括发射场、跟踪、遥测和控制场及任务控制中心[98],这与之前描述的海洋中的近距离封锁较为类似。就封锁活动来说,可以使用动能手段,如特种作战部队或导弹,或使用非动能手段,如计算机和信息网络干扰。第二种方法是"轨道封锁",包括实际摧毁在轨卫星、制造太空碎片或部署太空地雷,从而使对方无法轻易使用某一轨道。这种想法类似于之前所述的远距离封锁。中国已经认识到损害第三方太空系统所带来的相关风险,这种风险反过来又可能导致意想不到的后果。第三种方法是太空封锁还包括推迟敌方的卫星发射窗口,使卫星无法在正确的时间到达其适当的轨道[99]。第四种方法是实施"信息封锁",破坏敌方在地面控制站和卫星之间的数据链接,从而干扰卫星的控制系统或阻止地面发出指令,这种方法可以实现"任务终结"[100]。

卡勒韦尔就海上封锁提出了告诫,这对太空封锁同样适用。通过对海战历史的观察,他得出结论:

> 对任何国家海岸的封锁都可能会给该国带来不便,从而构成对其繁荣发展的威胁和制约。然而,这种封锁本身并不足以胁迫该国牺牲它所秉承的权利,也不足以迫使该国自立自强的人民通过明显的让步和妥协来换取和平[101]。

因此,虽然封锁对手的太空通路(无论是近距离封锁还是远距离封锁)可能有利于实现预期的政治目的和军事优势,但在面对一个意志坚定的对手时,仅靠封锁来取得胜利纯属无稽之谈。

5.5.3 反卫星武器与卫星猎杀者

太空强国需要整合各种措施,以确保自己能进入和使用太空,同时阻却潜在对手获得同样的机会。事实上,这种想法并不新鲜。反卫星武器的预期目的正是如此。20世纪70年代和80年代,苏联和美国都测试了反卫星武器,两个超级大国都在思索在近地轨道上与对方的卫星进行交战的方法[102]。此外,中国人自称的科学任务可能有第二重目的,即展示反卫星能力,以阻却他人在太空的行动。反卫星武器系统通常在陆地上发射,飞机、船舶、移动运载火箭、固定的地面设施都可以成为发射的平台。

从逻辑上来说,阻却潜在对手借助轨道进入和使用太空同样也有必要。许多战略家已经写过关于此类主题的文章(尽管他们使用的术语各不相同)。美国兰德公司在1946年提出了"卫星导弹"的概念[103]。斯图尔特·埃弗斯称这些系统为"魔鬼",Brian Chow 则称其为"追踪者"[104]。根据美国联合军种理论,无论这些在轨或地月系统被如何称呼,它们都需要进行探测、跟踪、识别,并可能与对方的卫星或其他太空系统交战[105]。

本书无意增加候选术语或将术语进行类比。值得一提的是,可以利用借鉴冷战期间反潜战的经验,以便在思考太空进攻行动时提供一个恰当的心理感知。事实上,反潜战和太空战存在着行动上的相似之处。与太空态势感知的探测、跟踪、识别和交战功能类似,执行反潜任务的作战单位通过搜索、探测、分类、定位以及在允许的情况下攻击等阶段来实现对海洋领域的感知[106]。这个过程似乎类似于从太空寻找并打击对方卫星的任务。

在20世纪50年代至70年代,美国海军采用"猎杀者任务组"(阿尔法和布拉沃任务组)并利用小型航空母舰、固定翼飞机、直升机、驱逐舰和潜艇来猎杀敌方潜艇[107]。因此,"猎杀者任务组"以多领域的方式运作,包括水面下、水面和空中。在提到反潜飞机时,其中一些"猎杀者"飞机中队简称为"猎手"[108]。

这种类比诚然有其局限性,但通过作战模拟可以推断出,发现并潜在地攻击敌方的卫星或太空系统需要多领域的解决方案[109]。因此,陆地、海洋、空中、太空和网络资产都可以为这一重要任务做出贡献。为了应对对方的在轨系统的威胁,需要"猎手"的加持,同时与其他资产协调行动。当然,其他资产有时也需要自主行动,以协助"猎手"任务。由于太空通路分布广泛,一些"猎手"应可以变轨或移动位置,以搜寻和打击敌方的太空资产。如果作为一个协调的卫星群使用,一组合作的"猎手"有可能阻却对方在更广泛的区域内或在整个轨道系统内获得和使用太空通路。

5.6 攻防结合的战略

战争中的防御形式绝对不是简单的堆砌盾牌,而是要用巧妙的打击构成防御的盾牌[110]。

——克劳塞维茨

即使进攻性战略是太空强国的一个合适的选择,但防御性措施和方法绝不能成为事后诸葛亮。防御是更强大的战争形式,在太空也是如此。防御不是一种坐等敌方"首轮打击"的战略,而是一种预先性战略,即发展和部署保护国家太空利益的部队和资产,并细致地考虑潜在的威胁的战略。在和平时期,太空国家应进行必要的准备,以充分利用防御的优势,这种准备包括前面讨论的任务保证和复原力(弹性)措施。做好有效的准备工作对于减轻与太空强国竞争所带来的风险和不确定性至关重要。

虽然在军事行动中采取进攻性策略是取得胜利的必要条件,但在某些地点采取防御性战略可以促成在其他地方采取更有效和更成功的进攻性措施,分散和集中原则就是这种情况。尽管可能需要集中资产或军事效果,但保护和捍卫那些使进攻得以实现的通信线路仍然是至关重要的,这与Julian Corbett关于海战的建议是一致的。由于交战国之间的海上交通线往往是共享的,所以Julian Corbett指出:"我们不能攻击敌人的交通线而不防守我们自己的交通线"[111]。大国和强国需要保护和捍卫那些能够实现进攻行动和效果的太空通路。因此,就旨在支持其他进攻行动的通信线路来说,防御性战略往往是最合适的。

中国的航天战略已经认识到进攻性和防御性措施之间的相互依存和相互作用的关系。中国人认为太空优势是通过进攻性和防御性的反太空行动实现的,同时他们也使用了多领域的平台[112]。中国的有关航天战略理论强调需要同时考虑进攻性和防御性行动,以更好地确保进攻性和防御性措施的协调、不受干扰和有效执行[113]。

5.7 "行动屏障"与控制战争升级

在新兴太空国家、中等太空国家或太空强国中,只有太空强国才可能在一定程度上获得制天权,从而使太空成为对抗潜在对手的屏障[114]。根据这一定义,太空强国将拥有潜在的掌握制天权的能力,如第2章所述。一旦拥有这种先进的能力,制天权在性质上就可以更加普遍和持久。相比之下,对于在太空没有同等制天权水平的对手来说,这些相同的太空通路更有可能构成他们的障碍。

在战略意图上,Julian Corbett也提到了在海上建立行动障碍。Julian Corbett指出,"掌控制海权的国家拥有很大的自由,他们可以随心所欲地进行战争,……"[115]。Julian Corbett的描述意在强调制海权是如何促成有限的战争或阻止敌人的行动的。Julian Corbett还用"隔绝敌人的力量"和"不可逾越的物理障碍"这样的措辞来描述这个概念[116]。推而广之,在太空拥有卓越的能力(包括掌控制天权的能力)从而确保进入和使用太空通路,一个太空强国能够更好地抵御敌人的行动或控制对手。使太空成为行动的障碍是与防御性战略相称的,因为它旨在防止敌人做什么或获取什么。

"行动障碍"的概念在军事冲突的其他领域也很容易理解。在陆战中,防御性屏障包括像战壕这样的土方工程或像中国长城和哈德良长城这样的防御墙。在海战中，屏障包括海军封锁或矿业港。在空战中，防御性屏障包括综合防空系统或空防交战区。即使在网络战中，也存在着防御性措施，包括防火墙和网络设计中的"气隙"。太空中也会有轨道和区域，强国可以限制或阻却对手不受限制地进入和使用太空。

制造"行动障碍"可以更好地引发与政治目标相称的有限冲突，而不用担心敌人将冲突升级为大规模太空战争。政治目标有限的太空冲突包括那些仅试图获得某些太空通路或确保持续性进入某个太空区域的冲突。相比之下，无限的政治目标将包括迫使敌方民众、军队和领导层无条件投降[117]。如果战略得到充分执行，那么冲突便不太可能失控，并演变成目标和手段有限的战争。在这种情况下，一个强大的太空强国能够预测和分配实现战略目标所需的资源。

航天战略应该促进战争和战事的实际执行。"太空屏障"这个想法似乎有点牵强，没有实际效应。然而，这个概念的历史先例仍历历在目，包括20世纪80年代末提出的Brilliant Pebbles概念。Brilliant Pebbles是美国的一项在轨计划（但从未投入使用），其旨在用非核武器对付和摧毁敌方导弹。将其作为弹道导弹防御系统的一部分有助于保护美国本土的安全[118]。另一种可能实施升级控制的屏障可能包括在低地轨道运行的超大型卫星星座，并采用非动力学方法限制卫星或航天器在轨道系统中的移动。鉴于太空技术的现状，类似方法的技术要求似乎是可以实现的。

5.8 对手也能投票

即使对于实力强劲太空强国来说，也要牢记"敌人心中也有一杆秤"。潜在的对手可能会提前采取行动，这可能使得太空强国的行动对他们失效。对手的行动包括提前修补航天战略的漏洞或将太空风险最小化，并将任务保证措施彻底纳入天基能力。当然，这种行动也可能包括一个国家的领导层决定不将太空作为国家安全利益所在的领域。在这种情况下，太空强国可能对这些"太空淡漠者"没有什么影响。

卡勒韦尔的著作体现了这一思想，即强国需要考虑其他国家的战略。鉴于他作为英国炮兵军官的军事经验，他提到了Alfred Thayer Mahan在英国无可匹敌的海上霸权背景下的著作；然而，他警告他的英国同僚：

> 我们拥有庞大的海军资源和崇高的海上传统,这使得我们倾向于仅从强者的角度看待海上战争艺术。我们很容易忘记,在任何一组行动中,当条件决定了对一个交战方采取侵略态度时,这些条件可能同时决定了对另一个交战方采取费边政策(缓进策略)。人们常常忘记,摧毁一支敌对的海军是很不容易的,即使这支海军只是一支相对来说很弱的力量,除非它接受在公海上作战。[119]

因此,一个国家不能仅仅因为拥有了非凡的军事能力就可以完全忽视弱者的立场和行动[120]。

此外,卡勒韦尔进一步阐述了战略环境和地缘政治将塑造大国竞争的本质。在他的文章中,他比较了英国和奥匈帝国的情况。英国是一个岛国,如果失去海洋霸权,将会遭到毁灭性打击;而奥匈帝国是一个内陆大国,在领土内基本上是自给自足的。在谈到英国的海军行动和海上力量时,卡勒韦尔写道:

> 他们可以摧毁敌人的海上贸易,他们可以封锁敌对交战国的海域,但是他们对敌人的摧毁能力仅止于海岸,所以这些行动的影响仅限于切断海外供应来源可能对敌对社会造成的影响。这些供应来源可能对人民的生存至关重要(如英国)。相比之下(如对于奥匈帝国而言),它们可能并不重要。像英国这样的国家,其海外贸易是其生命的血液,一个更强大的海军能够立即使它屈服。像奥匈帝国这样一个几乎自给自足的国家,它有着广袤的领土,而且只拥有一支规模不大的商船,其可能会因敌方的海上力量而感到不便,但绝不会被它单独击垮。[121]

简而言之,制海权并不能保证在每次冲突中都有战略效果,这一点从制海权对被海洋包围的国家和对内陆国家的影响中可以看出。

这一观点同样适用于太空行动。太空部队、制天权、太空控制或太空优势等都不是胜利或实现政治目的的保证。Colin Gray 也注意到了这一点。他写道,"太空力量肯定是有用的,但其确切的作用和实际的战略效用对每一类和每一种冲突都是不同的"[122]。太空强国应汲取的教训是,太空计划应纳入那些与太空有关的、大大有助于战争结束的条件,以及那些将不会促成战争结束的条件。

5.9 小　　结

本章探讨了那些被认为与太空强国最相关的战略方法,包括平衡攻守战略以实现政治目的。由于未来在任何细节上都是不可知的,因此太空强国必须针对全方位的突发事件(从小规模冲突到大规模冲突)制订应急计划。当在太空拥有高于其他国家的能力时,太空强国便能够抵御潜在敌人的攻击或控制太空敌对行动的升级。

虽然此处的重点是航天战略,但延伸到太空、通过太空或来自太空的大国冲突可能需要汇集所有国家力量工具的全领域举措。这一观点与中国的"全方位统筹"的理念相一致[123]。因此,就太空强国的航天战略而言,其应整合陆、海、空、太空和网络力量,以更好地创造军事优势,实现政治目标。

引文标注

1 Deganit Paikowsky, "The Space Club—Space Policies and Politics" (paper presented at the 60th International Astronautical Congress, Daejeon, Republic of Korea, October 2009). Also referenced by Scott Pace, "A Space Launch without a Space Program," 38 *North*, April 11, 2012, http://38north.org/2012/04/space041112.

2 Pace, "A Space Launch without a Space Program."

3 Dean Cheng, *Cyber Dragon: Inside China's Information Warfare and Cyber Operations* (Santa Barbara, CA: Praeger Security International, 2017), 159.

4 同上., 160.

5 同上.

6 同上., 161.

7 Maximilian Betmann, "A Counterspace Awakening? (Part 1)," *The Space Review*, May 22, 2017, www.thespacereview.com/article/3247/1

8 Joan Johnson-Freese, *Space as a Strategic Asset* (New York: Columbia University Press, 2007), 222.

9 同上.

10 Dean Cheng, "Are We Ready to Meet the Chinese Space Challenge?" *Spacenews*, July 10, 2017, http://spacenews.com/op-ed-are-we-ready-to-meet-the-chinese-space-challenge/

11 Department of Defense, *Annual Report to Congress: Military and Security Developments Involving the People's Republic of China* 2017 (2017), 35, www.defense.gov/Portals/l/Documents/pubs/2017_China_Military_Power_Report.PDF

12 Cheng, *Cyber Dragon*, 155.

13 同上., 156.

14 同上., 159.

15　同上.,157.
16　Shou Xiaosong,ed. *The Science of Military Strategy*(Beijing:Militaiy Science Press,2013).
17　Cheng,*Cyber Dragon*,162.
18　同上.
19　同上.,165.
20　Peter L. Hays,*Space and Security:A Reference Handbook*(Santa Barbara,CA:ABC‑CLIO,LLC,2001),92.
21　同上.
22　Brad Roberts,*The Case for U. S. Nuclear Weapons in the 21st Century*(Stanford,CA:Stanford Security Studies,2015).
23　Paul B. Stares,*The Militarization of Space:U. S. Policy*,1945—1984(Ithaca,NY:Cornell University Press,1985),80.
24　Braxton Eisel,"The FOBS of War," *Air Force Magazine*,June 2005,www. airforce mag. com/MagazineArchive/Pages/2005/June%202005/0605FOBs. aspx
25　Sergei N. Khrushchev,*Nikita Khrushchev and the Creation of a Superpower*(University Park,PA:Penn State Press,2010),351-360. As referenced in Michael Nayak,"Deterring Aggressive Space Actions with Cube Satellite Proximity Operations:A New Frontier in Defensive Space Control," Air and Space Power Journal vol. 31 no. 4(Winter 2017),94.
26　John Logsdon quoted in Emma Grey Ellis,"Russia's Space Program is Blowing Up. So are its Rockets," *Wired*,December 7,2016,www. wired. com/2016/12/russias-space-program-blowing-rockets/
27　Ellis,"Russia's Space Program is Blowing Up."
28　同上.
29　Asif Siddiqi,"Russia's Space Program is Struggling Mightily," Slate,March 21,2017,www. slate. com/articles/technology/fiiture_tense/2017/03/russia_s_space_program_is_in_trouble. html
30　Valerie Insinna,"RD-180 Ban Thrusts Russian Manufacturer into Uncertain Future," *Defense News*,April 11,2017,www. defensenews. com/digital-show-dailies/space-symposium/2017/04/1 1/rd-180-ban-thrusts-russian-manufacturer-into-uncertain-future/
31　Ryan Browne,"Russia Wants to Modify Cold War Missiles to Destroy Asteroids," *CNN*,February 19,2017,www. cnn. com/2016/02/19/politics/russia-icbm-asteroid-killer/index. html
32　Steve Lambakis,"Foreign Space Capabilities:Implications for U. S. National Security"(National Institute for Public Policy,September 2017),27,www. nipp. org/wp-content/uploads/2017/09/Foreign-Space-Capabilities-pub-2017. pdf
33　Mike Wall,"Is Russian Mystery Object a Space Weapon?" *Space*,November 19,2014,www. space. com/27806-russia-mystery-object-space-weapon. html

34 Jim Sciutto, Barbara Starr and Ryan Browne, "Sources: Russia Tests Anti-satellite Weapon," *CNN*, December 21, 2016, www. cnn. com/2016/12/21/politics/russia-satellite-weapon-test/index. html

35 "Cosmos-2519 Released a Satellite Inspector," Russianforces. org, last updated August 23, 2017, accessed August 16, 2018, http://russianforces. org/blog/2017/08/cosmos-2519_released_a_satelli. shtml

36 Jana Honkova, "The Russian Federation's Approach to Military Space and Its Military Space Capabilities," George C. Marshall Policy Outlook (The George C. Marshall Institute, November 2013).

37 Matthew Bodner, "60 Years After Sputnik, Russia is Lost in Space," *Spacenews*, October 4, 2017, https://spacenews. com/60-years-after-sputnik-russia-is-lost-in-space/

38 同上.

39 U. S. Commission to Assess United States National Security, *Space Management and Organization, also known as the Space Commission Report* (January 11, 2001), 18.

40 The White House, *The National Security Strategy of the United States of America* (December 2017), 31, www. whitehouse. gov/wp-contenl/uploads/2017/12/NSS-Final-12-18-2017-0905. pdf

41 The White House, *National Space Policy of the United States of America* (June 28, 2010), 2, www. nasa. gov/sites/default/files/national_space_policy_6-28-10. pdf

42 A. R. Thomas and James C. Duncan, *International Law Studies*, Volume 73: *Annotated Supplement to the Commander's Handbook on the Law of Naval Operations* (Newport, RI: Naval War College, 1999), 149-150.

43 同上. ,149.

44 Thomas and Duncan, *International Law Studies*, 150.

45 Department of Defense and Office of the Director of National Intelligence, *National Security Space Strategy* (January 2011), 11.

46 The White House, *The National Security Strategy of the United States of America* (December 2017), 31.

47 Sun Tzu, *The Art of War* (c. 400—320 bc), 3. 2.

48 "Joint Forces Command Glossary," U. S. Joint Forces Command, accessed September 2, 2004, www. jfcom. mil/about/glossary/html. Diplomatic, Information, Militaryand Economic (DIME) are areas of national power that are used in "effects-based" operations.

49 "Joint Forces Command Glossary," U. S. Joint Forces Command.

50 Yuan-Li Wu, *Economic Warfare* (New York: Prentice-Hall, 1952). This reference gives an overview on the methods of using economic influence against others.

51 Sun Tzu, *The Art of War*, (c. 400-320bc), 3. 5.

52 Sun Tzu, *The Art of War*, trans. Samuel B. Griffith (Oxford: Oxford University Press, 1963), 77-78.

53 同上., 69.

54 J. C. Wylie, *Military Strategy: A General Theory of Power Control*, with introduction by John B. Hattendorf (New Brunswick, NJ: Rutgers University Press, 1967; reprint, Annapolis, MD: Naval Institute Press, 1989), 22-27.

55 同上., 24.

56 Scott Pace, *Merchants and Guardians: Balancing U. S. Interests in Space Commerce* (Santa Monica, CA: RAND Corporation, 1999), www.rand.org/pubs/reprints/RP787.html.

57 Charles E. Callwell, *Military Operations and Maritime Preponderance: Their Relations and Interdependence*, with introduction by Colin S. Gray (London: William Blackwood and Sons, 1905; reprint, Annapolis, MD: Naval Institute Press, 1996), 443.

58 同上., 170.

59 同上., 176-177.

60 Bleddyn E. Bowen, *Spacepower and Space Warfare: The Continuation of Terran Politics by Other Means* (PhD Thesis, Aberystwyth University, 2015), 210.

61 同上.

62 Carl von Clausewitz, *On War*, trans. and ed. Michael Howard and Peter Paret (Princeton, NJ: Princeton University Press, 1989), 75, 89.

63 This concept is also sometimes referred to as *information operations*, *information warfare*, and *psychological warfare*. "Joint Forces Command Glossary," U. S. Joint Forces Command.

64 M. V. Smith, "Spacepower and the Strategist," in *Strategy: Context and Adaption from Archidamus to Airpower*, eds. Richard J. Bailey Jr., James W. Forsyth Jr., and Mark O. Yeisley (Annapolis, MD: Naval Institute Press, 2016), 171.

65 Grant T. Hammond, *The Mind of War: John Boyd and American Security* (Washington: Smithsonian Institution, 2001), 4-5.

66 同上.

67 Committee on National Security Space Defense and Protection, "National Security Space Defense and Protection" (The National Academies of Sciences, Engineering, and Medicine, 2016), 13.

68 Andrew F. Krepmevich, "Cyber Warfare: A 'Nuclear Option'?" (Center for Strategic and Budgetary Assessments, 2012), 8, https://csbaonline.org/research/publications/cyber-warfare-a-nuclear-option

69 John J. Klein, "Some Principles of Cyber Strategy," *International Security Network* (August 21, 2014), www.files.ethz.ch/isn/187930/ISN_182955_en.pdf

70 Cheng, *Cyber Dragon*, 176.

71 同上., 160.

72 同上., 176.

73 Kevin L. Pollpeter, Michael S. Chase, and Eric Heginbotham, *The Creation of the PLA Strategic Support Force and Its Implications for Chinese Military Space Operations* (Santa Monica, CA: RAND, 2017), 1; www.rand.org/content/dam/rand/pubs/research_reports/RR2000/RR2058/RAND RR2058.pdf

74 同上.

75 Carl von Clausewitz, *Vom Kriege*, erster Band (Berlin: Ferdinand Dummler, 1832), 48-50.

76 Colin S. Gray, *Airpower for Strategic Effect* (Maxwell Air Force Base, AL: Air University Press, 2012), 292.

77 Clausewitz, *On War*, 236.

78 Julian S. Corbett, *Some Principles of Maritime Strategy* (London: Longmans, Green and Co., 1911; reprint, Annapolis, MD: Naval Institute Press, 1988), 34.

79 同上., 167.

80 Charles E. Callwell, *The Effect of Maritime Command on Land Campaigns since Waterloo* (Edinburgh: William Blackwood and Sons, 1897), 29.

81 Gray, Airpower for Strategic Effect, 297

82 Colin S. Gray, *Modern Strategy* (Oxford: Oxford University Press, 1999), 259.

83 John J. Klein, *Space Warfare: Strategy, Principles and Policy* (Abingdon: Routledge, 2006), 63.

84 Dean Cheng, "Evolving Chinese Thinking about Deterrence: What the United States Must Understand About China and Space," Backgrounder No. 3298 (The Heritage Foundation, March 29, 2018), 2, http://report.heritage.org/bg3298

85 Peng Guangqian and Yao Youzhi, eds., *The Science of Military Strategy*, (Beijing: Military Science Publishing House, 2001), 230. Referenced in Alison A. Kaufman and Daniel M. Hartnett, "Managing Conflict: Examining Recent PLA Writings on Escalation Control," 54.

86 Mark A. Stokes, "The Chinese Joint Aerospace Campaign: Strategy, Doctrine, and Force Modernization," in "China's Revolution in Doctrinal Affairs: Emerging Trends in the Operational Art of the Chinese People's Liberation Army," eds. James Mulvenon and David M. Finkelstein (CNA, 2005), 226-227.

87 United States Marine Corps, Small Wars Manual (Washington, DC: 1940; reprint, 1990), section 1-1.

88 同上., section 1-1.

89 同上., section 1-5. The Small Wars Manual divides small wars into five distinct phases. Phase 1 is the initial demonstration or arrival of landing forces; phase 2 is the arrival of reinforcements and general militaiy operations; phase 3 is assuming control of local executive, legislative, and judicial agencies; phase 4 is conducting routine police functions; phase 5 is the with-

drawal of forces from the theater of operations.

90 同上., section 1-5.
91 同上., section 2-3.
92 Klein, *Space Warfare*, 91—92.
93 Joint Chiefs of Staff, *Space Operations*, Joint Publication 3-14 (May 29, 2013), II—8.
94 同上.
95 Cheng, "Evolving Chinese Thinking About Deterrence: What the United States Must Understand About China and Space," 4.
96 同上., 4-5.
97 同上.
98 同上.
99 Cheng, *Cyber Dragon*, 167.
100 同上.
101 Callwell, *Military Operations*, 173.
102 Steven Lambakis, *On the Edge of Earth: The Future of American Space Power* (Lexington, KY: The University Press of Kentucky, 2001), 121-123.
103 同上., 97.
104 Stuart Eves, "Angels and Demons: Cooperative and Non-cooperative Formation Flying with Small Satellites" (presentation, Surrey Satellite Technology Limited, London, 2008), 2; Brian G. Chow, "Stalkers in Space: Defeating the Threat," *Strategic Studies Quarterly* vol. 11 no. 2 (Summer 2017), 100.
105 Erin Salinas, "Space Situational Awareness is Space Battle Management," *Air Force Space Command*, May 16, 2018, www.afspc.af.mil/News/Article-Display/Article/1523196/space-situational-awareness-is-space-battle-management/
106 David P. Finch, "Anti-submarine Warfare (ASW) Capability Transformation: Strategy of Response to Effects Based Warfare" (presented at the 16th International Command and Control Research and Technology Symposium, Quebec City, Canada, June 21-23, 2011), 2, www.dtic.mil/dtic/tr/fulltext/u2/a547026.pdf
107 Robert C. Manek, "Overview of U.S. Navy Antisubmarine Warfare (ASW) Organization during the Cold War Era," NUWC-NPT Technical Report 11,890 (Naval Undersea Warfare Center Division, August 12, 2008), 8-9, www.dtic.mil/dtic/tr/fulltext/u2/a487974.pdf
108 For instance, Air Anti-Submarine Squadron Two-Eight (VS-28) was referred to as "The World Famous Hukkers" in the 1960-1970s. "Squadrons and Wings," Viking Association, accessed August 15, 2018, www.vikingassociation.com/squadrons-and-wings.php#vs28
109 John B. Sheldon, *Reasoning by Strategic Analogy: Classical Strategic Thought and the Foundations of a Theory of a Space Power* (Ph.D. Thesis, University of Reading, 2007).

110　Carl von Clausewitz, *Vom Kriege*, dritter Band(Berlin:Ferdinand Dummler,1832),144.

111　Corbett, *Some Principles of Maritime Strategy*, 100.

112　Shou Xiaosong, ed. , *The Science of Military Strategy*, 182. As referenced in Poll-peter, Chase, and Heginbotham, *The Creation of the PLA Strategic Support Force*, 9.

113　Pollpeter, Chase, and Heginbotham, *The Creation of the PLA Strategic Support Force*.

114　But a medium power can make space a "weak" barrier. See Chapter 6.

115　Original paraphrase is from Corbett, *Some Principles of Maritime Strategy*, 58. Attributed to Francis Bacon, with original reference from *Essays* 29, "Of the True Greatness of Kingdoms and Estates" (1597).

116　Corbett, *Some Principles of Maritime Strategy*, 57-59.

117　Clausewitz, *On War*, 89.

118　Simon P. Worden, "Space Control for the 21st Century: A Space 'Navy' Protecting the Commercial Basis of America's Wealth," in *Spacepower for a New Millennium: Space and National Security*, eds. Peter L. Hays, James M. Smith, Alan R. Van Tassel, and Guy M. Walsh (New York: McGraw-Hill, 2000), 235; Stares, *The Militarization of Space*, 225.

119　Call well, *Military Operations*, 52—53.

120　同上. , 91-92.

121　同上. , 170.

122　Gray, *Modern Strategy*, 264.

123　Cheng, *Cyber Dragon*, 162.

参考文献

[1] Bacon, Francis. "Of the True Greatness of Kingdoms and Estates," in *The Essays*. 1601; reprint, Adelaide: The University of Adelaide, 2014.

[2] Betmann, Maximilian. "A Counterspace Awakening? (Part 1)." *The Space Review*. May 22, 2017. www. thespacereview. com/article/3247/1

[3] Bodner, Matthew. "60 Years After Sputnik, Russia is Lost in Space." *Spacenews*. October 4, 2017. https://spacenews. com/60-years-after-sputnik-russia-is-lost-in-space/

[4] Bowen, Bleddyn E. *Spacepower and Space Warfare: The Continuation of Terran Politics by Other Means*. PhD Thesis, Aberystwyth University, 2015.

[5] Browne, Ryan. "Russia Wants to Modify Cold War Missiles to Destroy Asteroids." *CNN*. February 19, 2017. www. cnn. com/2016/02/19/politics/russia-icbm-asteroid-killer/index. html

[6] Callwell, Charles E. *Military Operations and Maritime Preponderance: Their Relations and Interdependence*. With introduction by Colin S. Gray. London: William Blackwood and Sons, 1905;

reprint, Annapolis, MD: Naval Institute Press, 1996.

[7] Callwell, Charles E. *The Effect of Maritime Command on Land Campaigns since Waterloo*. Edinburgh: William Blackwood and Sons, 1897.

[8] Cheng, Dean. "Are We Ready to Meet the Chinese Space Challenge?" *Spacenews*. July 10, 2017. http://spacenews.com/op-ed-are-we-ready-to-meet-the-chinese-space-challenge/

[9] Cheng, Dean. "Evolving Chinese Thinking about Deterrence: What the United States Must Understand about China and Space." Backgrounder No. 3298. The Heritage Foundation, March 29, 2018. http://report.heritage.org/bg3298

[10] Cheng, Dean. *Cyber Dragon: Inside China's Information Warfare and Cyber Operations*. Santa Barbara, CA: Praeger Security International, 2017.

[11] Chow, Brian G. "Stalkers in Space: Defeating the Threat." *Strategic Studies Quarterly* vol. 11 no. 2 (Summer 2017): 82-116.

[12] Clausewitz, Carl von. *On War*. Translated and edited by Michael Howard and Peter Paret. Princeton, NJ: Princeton University Press, 1989.

[13] Clausewitz, Carl von. *Vom Kriege*, dritter Band. Berlin: Ferdinand Diimmler, 1832.

[14] Clausewitz, Carl von. *Vom Kriege*, erster Band. Berlin: Ferdinand Dummler, 1832.

[15] Committee on National Security Space Defense and Protection. "National Security Space Defense and Protection." The National Academies of Sciences, Engineering, and Medicine, 2016.

[16] Corbett, Julian S. *Some Principles of Maritime Strategy*. London: Longmans, Green and Co., 1911; reprint, Annapolis, MD: Naval Institute Press, 1988.

[17] "Cosmos-2519 Released a Satellite Inspector." Russianforces.org. Last updated August 23, 2017. Accessed August 16, 2018. http://russianforces.org/blog/2017/08/cosmos-2519_released_a_satelli.shtml

[18] Department of Defense and Office of the Director of National Intelligence. *National Security Space Strategy*. January 2011.

[19] Department of Defense. *Annual Report to Congress: Military and Security Developments Involving the People's Republic of China 2017*. 2017. www.defense.gov/Portals/1/Documents/pubs/2017_China_Military_Power_Report.PDF

[20] Eisel, Braxton. "The FOBS of War." *Air Force Magazine*. June 2005. www.airforcemag.com/MagazineArchive/Pages/2005/June%202005/0605FOBs.aspx

[21] Ellis, Emma Grey. "Russia's Space Program is Blowing Up. So are its Rockets." Wired. December 7, 2016. www.wired.com/2016/12/russias-space-program-blowing-rockets/

[22] Eves, Stuart. "Angels and Demons: Cooperative and Non-cooperative Formation Flying with Small Satellites." Presentation. Surrey Satellite Technology Limited, London, 2008.

[23] Finch, David P. "Anti-submarine Warfare (ASW) Capability Transformation: Strategy of Re-

sponse to Effects Based Warfare." Presented at the 16th International Command and Control Research and Technology Symposium, Quebec City, Canada, June21 – 23, 2011. www. dtic. miFdtic/tr/fulltext/u2/a547026. pdf

[24] Gray, Colin S. *Airpower for Strategic Effect.* Maxwell Air Force Base, AL: Air University Press, 2012.

[25] Gray, Colin S. *Modern Strategy.* Oxford: Oxford University Press, 1999.

[26] Hammond, Grant T. *The Mind of War: John Boyd and American Security.* Washington: Smithsonian Institution, 2001.

[27] Hays, Peter L. *Space and Security: A Reference Handbook.* Santa Barbara, CA: ABC – CLIO, LLC, 2011.

[28] Honkova, Jana. "The Russian Federation's Approach to Military Space and Its Military Space Capabilities." George C. Marshall Policy Outlook. The George C. Marshall Institute, November 2013.

[29] Insinna, Valerie. "RD – 180 Ban Thrusts Russian Manufacturer into Uncertain Future." *Defense News.* April 11, 2017. www. defensenews. com/digital-show-dailies/space-symposium/2017/04/11/rd-180-ban-thrusts-russian-manufacturer-into-uncertain-future/Johnson – Freese, Joan. *Space as a Strategic Asset.* New York: Columbia University Press, 2007.

[30] Joint Chiefs of Staff. *Space Operations.* Joint Publication 3–14. May 29, 2013.

[31] "Joint Forces Command Glossary." U. S. Joint Forces Command. Accessed September 2, 2004. www. jfcom. mil/about/glossaiy/html.

[32] Kaufman, Alison A. and Daniel M. Hartnett. "Managing Conflict: Examining Recent PLA Writings on Escalation Control." CNA, February 2016.

[33] Khrushchev, Sergei N. *Nikita Khrushchev and the Creation of a Superpower.* University Park, PA: Penn State Press, 2010.

[34] Klein, John J. "Some Principles of Cyber Strategy." *International Security Network* (August 21, 2014). www. Iiles. ethz. ch/isn/187930/ISN_182955_en. pdf

[35] Klein, John J. *Space Warfare: Strategy, Principles and Policy.* Abingdon: Routledge, 2006.

[36] Krepinevich, Andrew F. "Cyber Warfare: A 'Nuclear Option'?" Center for Strategic andBudgetary Assessments, 2012. https://csbaonline. org/research/publications/cyber-warfare-a-nuclear-option

[37] Lambakis, Steve. "Foreign Space Capabilities: Implications for U. S. National Security." National Institute for Public Policy, September 2017. www. nipp. org/wp-content/uploads/2017/09/Foreign-Space-Capabilities-pub-2017. pdf

[38] Lambakis, Steve. *On the Edge of Earth: The Future of American Space Power.* Lexington, KY: The University Press of Kentucky, 2001.

[39] Manek, Robert C. "Overview of U. S. Navy Antisubmarine Warfare(ASW) Organization during

the Cold War Era." NUWC-NPT Technical Report 11,890. Naval Undersea Warfare Center Division, August 12,2008. www. dtic. mil/dtic/tr/fulltext/u2/a487974. pdf

[40] Nayak, Michael. "Deterring Aggressive Space Actions with Cube Satellite Proximity Operations: A New Frontier in Defensive Space Control. " *Air and Space Power Journal* vol. 31 no. 4 (Winter 2017): 92—102.

[41] Pace, Scott. "A Space Launch without a Space Program. "*38 North.* April 11,2012. http://38north. org/2012/04/space041112

[42] Pace, Scott. *Merchants and Guardians: Balancing U. S. Interests in Space Commerce.* Santa Monica, CA: RAND Corporation, 1999. www. rand. org/pubs/reprints/RP787. html

[43] Paikowsky, Deganit. "The Space Club—Space Policies and Politics," Paper presented at the 60th International Astronautical Congress. Daejeon, Republic of Korea, October 2009).

[44] Peng Guangqian and Yao Youzhi, eds. *The Science of Military Strategy.* Beijing: Military Science Publishing House, 2001.

[45] Pollpeter, Kevin L. , Michael S. Chase, and Eric Heginbotham. *The Creation of the PLA Strategic Support Force and Its Implications for Chinese Military Space Operations.* Santa Monica, CA: RAND Corporation, 2017. www. rand. org/content/dam/rand/pubs/research _ reports/ RR2000/RR2058/RAND RR2058. pdf

[46] Roberts, Brad. *The Case for U. S. Nuclear Weapons in the 21st Century.* Stanford, CA: Stanford Security Studies, 2015.

[47] Salinas, Erin. "Space Situational Awareness is Space Battle Management. " *Air Force Space Command.* May 16, 2018. www. afspc. af. mil/News/Article-Display/Article/1523196/space-situational-awareness-is-space-battle-management/

[48] Sciutto, Jim, Barbara Starr and Ryan Browne. "Sources: Russia Tests Anti-satellite Weapon. " *CNN.* December 21, 2016. www. cnn. com/2016/12/21/politics/russia-satellite-weapon-test/index. html

[49] Sheldon, John B. *Reasoning by Strategic Analogy: Classical Strategic Thought and the Foundations of a Theory of a Space Power.* Ph. D. Thesis, University of Reading, 2007.

[50] Shou Xiaosong, ed. *The Science of Military Strategy.* Beijing: Military Science Press, 2013.

[51] Siddiqi, Asif. "Russia's Space Program is Struggling Mightily. "*Slate.* March 21, 2017. www. slate. com/articles/technology/future_tense/2017/03/russia_s_space_program_is_ in_trouble. html

[52] Smith, M. V. "Spacepower and the Strategist. " In *Strategy: Context and Adaption from Archidamus to Airpower*, edited by Richard J. Bailey Jr. , James W. Forsyth Jr. , and Mark O. Yeisley, 157-185. Annapolis, MD: Naval Institute Press, 2016.

[53] "Squadrons and Wings. " Viking Association. Accessed August 15, 2018. www. viking assoeiation. eom/squadrons-and-wings. php#vs28

[54] Stares, Paul B. *The Militarization of Space: U. S. Policy*, 1945-1984. Ithaca, NY: Cornell University Press, 1985.

[55] Stokes, Mark A. "The Chinese Joint Aerospace Campaign: Strategy, Doctrine, and Force Modernization." In "China's Revolution in Doctrinal Affairs: Emerging Trends in the Operational Art of the Chinese People's Liberation Army," edited by James Mulvenon and David M. Finkelstein, 221-305. CNA, 2005.

[56] Sun Tzu. *The Art of War*. c. 400-320bc.

[57] Sun Tzu. *The Art of War*. Translated by Samuel B. Griffith. Oxford: Oxford University Press, 1963.

[58] The White House. National Space Policy of the United States of America. June 28, 2010. www. nasa. gov/sites/default/files/national_space_policy_6-28-10. pdf

[59] The White House. The National Security Strategy of the United States of America. December 2017. www. whitehouse. gov/wp-content/uploads/2017/12/NSS-Final-12-18-2017-0905. pdf

[60] Thomas, A. R. and James C. Duncan. International Law Studies, Volume 73: Annotated Supplement to the Commander's Handbook on the Law of Naval Operations. Newport, RI: Naval War College, 1999

[61] U. S. Commission to Assess United States National Security, Space Management and Organization, also known as the Space Commission Report. January 11, 2001.

[62] United States Marine Corps. Small Wars Manual. Washington, DC: 1940; reprint, 1990. Wall, Mike. "Is Russian Mystery Object a Space Weapon?" Space. November 19, 2014. www. space. com/27806-russia-mystery-object-space-weapon. html

[63] Worden, Simon P. "Space Control for the 21st Century: A Space 'Navy' Protecting the Commercial Basis of America's Wealth." In Spacepower for a New Millennium: Space and National Security, edited by Peter L. Hays, James M. Smith, Alan R. Van Tassel, and Guy M. Walsh, 225-237. New York: McGraw-Hill, 2000.

[64] Wylie, J. C. Military Strategy: A General Theory of Power Control. With introduction by John B. Hattendorf. New Brunswick, NJ: Rutgers University Press, 1967; reprint, Annapolis, MD: Naval InstitutePress, 1989.

[65] Yuan-Li Wu. Economic Warfare. New York: Prentice-Hall, 1952.

第6章 中等国家的航天战略

本章的重点介绍中等太空国家的航天战略。与太空强国一样,任何中等太空国的航天战略的基本目的应该是确保进入和使用太空通路,以实现国家目标,无论是在和平时期还是冲突期间均是如此。然而,与太空强国的战略相比,中等国家的航天战略往往是不同的,因为中等国家希望独立行动,而且比大多数太空强国更受现有物质和财政资源的限制。本章讨论印度和伊朗的太空计划,重点探讨非军事行动、进攻和防御战略、建立力量存在、有限战争、分散和集中,以及警戒和复原力(弹性)等主题。尽管本章的重点是中等太空国家的首选战略,但根据实际情况,许多理念也可以适用于太空强国和新兴太空国家。

鉴于在世界舞台上,中等太空国家比太空强国数量更多,因此关于中等国家航天战略的讨论可能比关于太空强国战略的讨论更有意义。如第5章所述,Deganit Paikowsky 将中等太空国家归类为那些具有在本土发射、开发和控制卫星的能力,但没有任何本土载人航天能力的国家[1]。因此,中等太空国家(或行为体)包括欧洲航天局(ESA)、支持欧洲航天局太空发射能力的欧洲成员国、日本、印度、以色列、乌克兰(继承了苏联的发射能力)和伊朗[2]。诚然,由于定义中包含了需要具有本土卫星发射能力,中等太空国家的数量也是有限的。此外,该定义并没有考虑到太空强国目前对于其他国家航天战略的态度。这种情况可能导致一些航天战略分析家对该定义的效用持异议。然而,该定义使得中等太空国家与太空强国或新兴太空国家区分开来,并使用一个共同的衡量标准进行比较。

在考量中等太空国家以及它们的利益和战略时,海洋战略可以提供一个类似的讨论框架。就这一点而言,我们可以从 Charles Callwell、Raoul Castex 和 J. R. Hill 的著作中获得启发。

J. R. Hill 在他的《中等国家的海洋战略》(1986年)一书中描述道,"中等国家则介于自给自足和不足之间"[3]。出于这个原因,中等太空国家的航天战略预计将不同于新兴太空国家或太空强国。J. R. Hill 指出,一个中等国家的基本

第6章 中等国家的航天战略

安全目标是"创造并在国家控制下保持足够的权力手段,以发起和维持威慑性行动,其目的是维护本国重要利益"[4]。在该书出版后15年发表的一篇文章中,J. R. Hill作了进一步阐述:

> 就其性质而言,中等规模的国家除了为保障并在可能的情况下促进其领土完整、政治独立和改善等重大利益所需的资源外,很可能没有其他资源可以用来行使权力。这些重要利益的范围需要仔细评估。一旦评估完毕,中等国家就会希望尽可能地将权力杠杆控制在自己手中。[5]

在 J. R. Hill 看来,对于一个中等国家来说,一个持续的、令人纠结的问题总如幽灵般游荡:"在被迫寻求盟友的帮助之前(不管这个盟友是正式的还是非正式的,是超级大国还是另一个中等国家),一个中等国家能够做的事情有哪些呢?"[6] J. R. Hill 对此的答案并非夸夸其谈,他指出"答案就是具体问题具体分析,视情况而定总是最好的"[7]。一个中等国家必须是所实施行动的主要参与者,即使其他国家或组织迟早也会参与这些行动[8]。这一考量通常处于中等国家战略发展的最前沿。

在海洋历史和战略中,中等国家往往被错误地放在"有"和"无"的视角下考虑。这种两极方法导致了一种倾向,即如果一个国家"不能在战争中做所有的事情,那么它就不能做任何事情",这种结论显然是错误的[9]。海事历史学家和战略家 Geoffrey Till 也提出了类似的看法。谈到对海洋战略和大国竞争的思考时,Geoffrey Till 指出,制海权经常被误认为是指在任何时候都能控制部分海洋,而不是在有限的地区和有限的时间内进行某种程度的控制[10]。他坚持认为,"这个概念对小国海军和大国海军都有很重要的意义"[11]。

这是一个适用于航天战略的教训。尽管中等太空国家通常不会有与太空强国相同的保护或促进其航天战略目标的选择,但中等太空国家仍可寻求尽可能充分地利用其现有手段保护其与太空有关的重要利益。由于资源和可用手段更加有限,中等太空国家更有可能谨慎地支配它们的资源。因此与太空强国相比,它们会更审慎地进行战略和作战部队规划。而且,中等太空国家也许能够将其专有能力或细分领域能力引入与其他太空强国的合作关系和联盟的框架下。当然,前提是这种能力足够专门和有优势使得太空强国依赖该等技术和能力。

在接下来的两节中,本书将具体描述两个中等太空国家,即印度和伊朗的战略和活动,以便将这些国家及其战略置于与太空强国不同的分析角度下。本书之所以选择这两个大国,是因为它们开展太空活动的原因截然不同,而且它们的太空能力范围也不尽相同。最后,本书将描述与中等太空国家最相关的一些航天战略领域。

6.1 印度的航天战略

历史上,印度政府一直认为,外层太空的使用应主要是为了民用利益,开发国家太空基础设施可以广泛地有利于其国民的福祉。这一观点确实被认为是印度太空计划创始者维克拉姆·萨拉巴伊的信念[12]。根据印度太空研究组织(ISRO)的说法,印度太空计划目前的愿景是"在追求太空科学研究和行星探索的同时,利用太空技术促进国家发展"[13]。这种方法催生了一个卓有成效的印度太空计划,该计划在本土开发了用于民用的发射、卫星和地面系统。一些实际应用包括资源监测、气象学和灾害管理[14]。印度在火箭和卫星发射方面有很长的历史。1963年11月,印度发射了第一枚探空火箭,美国提供的"阿帕奇"火箭[15]。1980年7月,印度发射了罗西尼RS-1卫星,成为第七个拥有本土卫星发射能力的国家[16]。

印度对太空的军事利用恰恰说明了太空资产是如何促进联合和分散行动的。1999年5月,印度发射了第一颗海洋观测卫星。该卫星可监测印度洋和孟加拉湾,印度海军从这一海上观测能力中受益匪浅[17]。此外,印度陆军和空军经常在印度次大陆各地开展行动,而这两个部门都受益于基于卫星的通信网络,从而加强了对其部队的指挥和控制。2010年6月,印度在综合防御总部设立了一个综合太空小组[18]。该小组负责与国防有关的太空能力开发,其由武装部队的所有部门、太空部和印度太空研究组织共同组成[19]。印度太空研究组织的一名高级官员总结说,鉴于印度已经对其太空能力进行了大量投资,所以印度"有必要且有能力保护本国免受对手的攻击"[20]。因此,持续开发和维持太空能力被认为是印度的一个重要的国家利益领域。

印度在卫星发射能力方面取得了长足进步。1999—2016年,印度将50多颗外国卫星发射进轨道[21]。2017年2月,印度太空研究组织用一枚极地卫星运载火箭(PSLV)发射了104颗卫星,这创造了新的世界纪录[22]。2018年1月,印度发射了一颗Cartosat-2地球观测卫星,以及来自六个不同国家的其他30颗微型和纳米卫星[23]。根据印度太空研究组织的说法,Cartosat-2可以进行各种制图应用,包括沿海土地使用和监管及公共事业管理(如道路网络监测,水资源分配、创建土地规划地图以及相应变化的检测),从而进一步加深对地理和人造特征的了解[24]。印度媒体报道,Cartosat-2 还具有双重用途,即可用于国家安全,特别是在监测印度边境的活动方面。

印度的其他成就包括探索月球和火星的科学任务。印度在 2008 年将一个航天器 Chandrayaan-1 送入月球轨道[25]。印度计划在 2019 年使用 Chandrayaan-2 号航天器进行另一次登月任务,该任务旨在证明印度可以在月球上降落航天器并启动月球车[26]。2013 年,印度太空研究组织向火星发送了一个探索性探测器"曼加里安"号[27]。通过成功地将"曼加里安"号航天器送入火星轨道,印度取得了此前只有其他四个国家取得的太空成就[28]。据 Joan Johnson Freese 说,"曼加里安"号任务在很大程度上是出于对国际声望的考虑,特别考虑到中国的情形[29]。

地缘政治环境最近的变化给印度的太空计划带来了额外的压力。Joan Johnson Freese 指出:"近十年来,印度的民用和军用太空计划的范围已经大大拓宽,这主要是由地缘战略所驱动。"[30]随着越来越多的国家将太空纳入其国家安全范围,深化航天战略对印度来说也成为一个更有吸引力的方法。例如,在中国 2007 年的反卫星试验之后,印度官员开始考虑印度是否应该拥有自己的反卫星能力并在区域内与中国分庭抗礼[31]。

鉴于印度在太空发射和卫星开发方面不断增长的能力,预计印度在未来将成为一个在国际舞台上举足轻重的太空强国,不管是在区域范围内还是全球范围内均是如此。该国可能将继续在太空发射方面发挥重要的国际作用,同时从其他国家获得投资和经济回报。最后,可以预计的是,印度的太空活动将逐步向国家安全领域拓展,更多的具有军民双重用途的太空技术将被纳入其国防和军事行动中。

6.2 伊朗的航天战略

与印度相比,伊朗的太空计划和历史渊源大不相同。伊朗是 1958 年成立的联合国和平利用外层太空委员会的 24 个创始成员之一,而联合国外层太空事务办公室的记录显示,伊朗从该办公室成立的早期就参与了国际太空对话[32]。20 世纪 70 年代末,伊朗寻求建立一个卫星通信计划。然而,它无法独立实现这一目标,因此转向苏联、中国、朝鲜和印度寻求帮助[33]。伊朗革命(1979 年)和与伊拉克的战争(1980—1988 年)破坏了这一时期的许多太空计划。伊朗在2004年成立了航天局,并在2010年增加了大量投资。然而,其在发射火箭和卫星方面似乎仍处于起步阶段[34]。

一些安全专家认为,伊朗的太空计划最初是由国家声望和国民士气驱动的[35]。这一点可以从伊朗总统马哈茂德·艾哈迈迪·内贾德的话中予以验证,"当我们向太空发射卫星时,国民士气会有巨大的提升"[36]。虽然国家声望和国民士气可能是促成其太空野心的一个因素,但由于火箭发射对弹道导弹技术的双重用途,这些行动也有军事影响。伊朗的大部分技术是其过去几十年在短程和中程弹道导弹方面的研究所带来的直接结果,而该国对弹道导弹技术的兴趣可以追溯到20世纪80年代的两伊战争[37]。

目前,伊朗拥有成熟的太空运载工具——"萨菲尔"号火箭。伊朗拥有的太空发射能力和技术主要基于朝鲜的导弹技术[38]。目前,伊朗正在开发一种能力更强的运载火箭,即"西莫尔格"号火箭,但其从开发到面世有着很长的时间跨度。与"萨菲尔"号火箭一样,"西莫尔格"号火箭也是液体燃料火箭。在经过相当长的准备期后,"西莫尔格"号火箭从一个太空发射设施发射升空[39]。2016年4月,"西莫尔格"号火箭的首次已知测试被报道为"部分成功",没有进入轨道[40]。在2017年7月的第二次发射测试中,伊朗媒体报道说这次发射活动是成功的,但其他报道将这次测试描述为灾难性的失败,因为没有到达预定轨道[41]。在考虑其两用能力时,如果"西莫尔格"号太空运载火箭被用作弹道导弹,其射程约为7500千米,弹头为700千克[42]。

伊朗也曾大张旗鼓宣传过载人航天计划,但大多是虚张声势。2013年1月,伊朗声称已成功地将一只名为Pishgam(波斯语中"先锋"之意)的猴子发射到70多英里(1英里=1.609千米)高的太空。这次实验被一些人认为是伊朗为载人航天计划努力的前奏[43]。艾哈迈迪·内贾德总统为这一成功而欢呼雀跃,他宣布:"我将成为第一个为我们国家的科学家牺牲的伊朗人。"[44]然而,2017年5月,一家半官方的伊朗通讯社报道说,出于成本原因,载人航天项目已被取消[45]。

伊朗拥有基础水平的本土卫星制造和运营能力。俄罗斯、泰国和中国在21世纪10年代后半期帮助伊朗开发和发射卫星进入轨道[46]。伊朗使用自己的"萨菲尔"号太空运载火箭已经将4颗小型卫星送入轨道,即"奥米德"(2009年)、"拉萨德"(2011年)、"纳维德"(2012年)和"法贾"(2015年)[47]。这些卫星的质量为50千克或更低。它们被放置在低轨道上,大气阻力导致它们在几周内重新进入了地球的大气。此外,人们认为,伊朗本土卫星在轨数量少可能是制裁的结果,或者是对卫星发射的预期国际反应的敏感性导致的,因为它们的轨迹与弹道导弹相似[48]。虽然伊朗确实有计划发射更大的卫星（包括本土卫星和与其他国家合作的卫星），但这些计划最近出现了延误[49]。

根据媒体报道，一些安全分析人士认为，伊朗已经展示了"欺骗"或操纵 GPS 信号信息的能力。据报道，2011 年底，一架美国 RQ-170 "哨兵"无人驾驶飞行器（UAV）错误地降落在伊朗[50]。美国证实了这一事件，并随后要求伊朗将其归还[51]。一些媒体对这一事件的报道表明，伊朗专家使用了一系列技术来误导无人机，包括干扰指挥和控制信号以及伪造"大本营"的 GPS 坐标，从而使无人机降落在伊朗，而非在阿富汗的大本营[52]。

伊朗的其他信号干扰包括对卫星电视信号的干扰。据报道，2011 年，伊朗加强了对英国广播频道、美国之音和其他西方网络波斯语新闻频道的干扰[53]。西方广播媒体认为这一举措"旨在防止伊朗观众看到伊朗政府认为不受欢迎的外国广播节目"[54]。M. V. Smith 指出："伊朗干扰欧洲卫星信号以阻止外国新闻进入伊朗，是当前太空战状态的典型。"[55] 的确，欺骗 GPS 定时信号和干扰卫星电视通信是一种行之有效的影响别国的方法。

鉴于过去的经验，伊朗可能会以一种不太引人注目且低调的方式在其太空计划中蹒跚前进。这样做将在国内实现领导层的民族主义威望。更重要的是，预期的行动可能包括投资于双重用途的火箭技术和知识，而其可用来发射卫星或弹道导弹来对付潜在的对手。

6.3 非军事行动

与太空强国一样，中等太空国家可利用非军事手段来实现政治目标。虽然中等国家可能采用的非军事手段相当多样，但这里将重点讨论外交与结盟、"购买"航天力量、建立太空存在和保持有生威慑力量四个领域。

6.3.1 外交与结盟

外交和国家间的对话可以帮助推进政治目标和实现战略目的。Thomas Schelling 在描述外交过程中一国的得与失时评论道：

> 外交是讨价还价；它寻求的结果虽然对任何一方都并不理想，但对双方来说都比一些替代方案要好。在外交中，每一方都在一定程度上控制着另一方的需求，应当通过妥协、交换或合作得到更多的东西，而不是把所有事情全盘掌握在自己手中而无视对方的期待。[56]

因此，中等太空国家的领导人可能会采用外交谈判和妥协的方式来保护和促进其太空利益。

这种想法是有历史经验可循的，因为中等太空国家已经通过联合国（UN）和其他国际机构参与了与太空有关的国际协议或条约。参与国际对话可以帮助一个中等太空国家塑造有利于其国家利益的具体条约和法规。即使在一个中等太空国家不能强加明显有利于自己的条约语言的情况下，参与国际组织有时仍可以帮助确保国际组织不通过某些直接损害一个中等国家利益的决议或协议。这种优势的一个例子是联合国安理会的否决权，如中等太空国家法国和英国目前所拥有的。

对于中等太空国家来说，国际规则和条约可以影响其进入和使用太空的能力。2016年的《欧洲航天战略》强调了这种想法[57]。该战略指出："进入和使用太空是由国际规则或标准以及旨在保证所有国家长期、可持续使用太空的治理系统所决定的。"该政策文件还呼吁："欧盟及其成员国和欧洲航天局必须作为全球利益攸关方，促进和保护未来世代对太空的利用。欧盟不能在这一领域落后。"[58]与其他许多政策和战略文件一样，这份文件说明欧盟成员国认为它们可以发挥重要作用，从而促进在太空的共同利益。

中等太空国家提出了制定行为准则的外交倡议，以维护太空的长期可持续性、安全、稳定和保障。欧盟在2008年公布了《外层太空活动行为守则》草案，并在2014年10月发布了修订草案。这一举措催生了后来的《国际行为守则》，以解决非欧洲人对欧洲行为守则的协调和发展方式提出的关切。然而，即使是这一重新包装的倡议最终也没有成功，并在2015年7月各种原因和各国的众多反对意见而告吹。例如，印度的太空政策制定者对守则草案的内容表示关切，认为要想可行，最终的行为守则需要一个法律框架、执行和核查机制，以及对违反守则的国家的惩罚机制[59]。

即使一个中等国家希望保持其独立行动的能力，但与其他国家合作可能更符合其重要利益。对国家来说，结盟可以帮助加强国家权力的一个或多个工具。例如，一群志同道合的中等太空国家在国际社会中的外交影响力可能比任何单一国家都更大。因此，在几个国家之间形成合作关系可以提高外交力量，更好地促进共同利益。此外，中等太空国家可能会与一个太空强国建立合作关系。这种安排的意义在于，在交战国采取敌对行动的情况下，通过威慑延伸或相互防御协议，太空强国可对该中等太空国家提供军事保护。然而，这种合作关系也存在弊端。例如，太空强国可能对中等太空国家施加某些不适当的压力,使其卷入强国间的军事行动中,而中等太空国家在其中得不到什么利益。当谈到结盟在缓解中等国家安全威胁方面的效用时,J. R. Hill 指出:

> 如果是有组织的长期结盟,则应以在这些利益受到威胁时可望从盟友那里得到的帮助为基础。如果是临时性的,则应根据某一特定情况对国家的重大利益的影响进行判断,从而建立联盟或同盟。[60]

J. R. Hill 认为,一个中等国家的战略应该是以利益为基础的。实际的和潜在的威胁应该根据它们对中等国家的重要利益的影响来判断[61]。

合作性的集体自卫协议的一个先例是《华盛顿条约》,即北大西洋公约组织(NATO)的创始条约第 5 条。第 5 条规定,集体防卫意味着对一个盟国的攻击被认为是对所有盟国的攻击[62]。值得注意的是,在美国遭受"9·11"恐怖袭击后,北约在其历史上首次援引了第 5 条[63]。正如历史经验和相互防御条约的使用所证实的那样,向一个中等国家进行的攻击可能会使其他国家向该国提供援助(无论是外交、经济、信息还是军事手段)。通过这种方式,一个中等国家可以召集更多的盟友来打败一个共同的敌人。

6.3.2 "购买"航天力量

与国家权力的经济手段相关的是购买力的概念。这个想法只是寻求将一种形式的国家权力转化为另一种形式。在这种情况下,经济能力可以转化为军事能力。对于寻求改善其太空作战能力的中等太空国家来说,通过商业手段采购军事能力是一个行之有效的举措。在军事史上,大国购买雇佣军服务以提高其军事能力的例子屡见不鲜。在 20 世纪下半叶,这种现象更成常态。政府领导人经常购买商业服务,以增强军队提供后勤支持和安全部队的能力。美国在 21 世纪初参与伊拉克和阿富汗战争期间就是这种情况,Peter Singer 将提供这种服务的个人称为"公司战士"[64]。

同样的想法也适用于一个中等太空国家的航天战略。中等太空国家可能与商业太空公司签订合同或服务协议,甚至使其成为天基服务的唯一提供商。因此,一个经济上富裕的中等太空国家想要获得太空军事能力,就可能倾向于采购这种能力。这样做的一个好处是,一个中等太空国家不需要为任何高端系统预先提供研究和开发费用,而只需要为特定时期的具体服务付费。要签约的服务可能包括那些具有双重用途的服务,包括在轨服务和检查服务,并可以根据需要对在轨卫星提供不可逆的作业效果。其他潜在的合同服务可能包括遥感和相关数据分析、高通量卫星通信、重型运载火箭服务、响应性发射能力和广泛的太空态势感知。

以色列空军的一名高级官员也同样注意到这种"采购"太空能力的想法。以前,"太空力量"这一表述只被认为与那些拥有高科技能力的国家有关。而在今天,商业太空技术和能力的传播正在使小国拥有巨大的太空准入能力[65]。利用商业途径获得太空准入能力被认为可以降低一个国家在执行军事任务时的风险,并通过额外的服务提供行动优势[66]。

一个中等太空国家为军事性质的服务签订协议的一个潜在缺点是,该国可能需要遵守更优先的服务水平协议(假定该协议不具有排他性)。当一个中等太空国家和太空强国都在竞争相同的商业服务时,可能会出现这种情况。而且根据协议,能力更强的国家将获得更高的优先权和相关的服务水平。战争期间经常有大量需求的商业服务,包括地球成像和宽带卫星通信服务。

6.3.3 建立太空存在

对一个中等太空国家来说,在太空建立力量存在是必要的。那些在太空活动中有重要参与和存在的国家,在制定国际条约和法规方面有相应程度的影响力。这一优势类似于在伊朗的太空计划下提到的国家声望的好处。通过增加对基于太空和与太空有关的活动的参与,中等太空国家会受到一定程度的尊重,并在与另一个太空强国出现纷争或竞争性事项时得到更多的考量。事实上,只有那些在天基活动中拥有最高参与度的国家才能取得最大的影响力和积极成果。

在谈及力量存在在中等国家海洋战略中的重要性以及力量存在如何服务于更广泛的国家战略目的时,J. R. Hill 写道:

> 通常情况下,正如人们所熟知的那样,力量存在的目的并不明确,表现出各种不同的特点。海洋力量存在的一个显著特点是,其可以同时涵盖整个范围。此外,中等海洋国家的海上力量也可以做到这一点,而不会像超级大国的力量存在那样显得过于强势或具有威胁性。力量存在也可能带来从事真正有益的事情的机会,如救灾、搜救、为小型和分散的社区开展服务项目[67]。

与其他国家利用其海军力量的方式相一致,J. R. Hill 观察到,对中等国家而言,一般来说,明面上的战斗力越强,其力量存在就越有影响力[68]。

对于任何军队而言,军事力量的数量显然是重要的,这一事实也影响到力量存在。虽然军事系统的质量在和平时期的威慑行动和作战行动中至关重要,但军事太空系统的数量在确定一个国家与其他国家的相对地位方面具有内在的价值。军事资产或军事平台的实际数量有助于形成人们的固定看法,因为这些数字可以帮助我们随时在国家之间进行定量比较。无论是否有必要,在数量上一骑绝尘有助于塑造谁在太空更强大的观念。这种对力量存在、数量和能力的确定将有助于塑造威慑的有效性。也就是说,我的数量越多,我的惩罚越猛烈,我的威慑越有效。

6.3.4 保持有生威慑力量

与利用太空力量存在影响他国相关的概念是"可随时作战的太空军事力量",它源自海洋战略中的"可随时作战的舰队"概念[69]。在海洋战略中,一个能力较弱的国家应该避免与一个实力较强的海洋大国进行决定性的军事交战。相比之下,能力较弱的太空国家应该通过积极运作来保持"力量存在",以实现有限的政治目的,直到局势对其有利。这一想法对一个中等太空国家也是适用的。

一个中等太空国家可以运用"可随时作战的太空军事力量"的概念来争夺对另一个国家的指挥权并推进国家利益。通过避免与实力较强的太空国家的大规模交战,一个较弱的国家可以沿着太空通路或针对与太空有关的活动进行轻微的、非升级性的和骚扰性的行动,从而防止一个实力更强的国家获得全面或持久的制天权。一个中等强国也可能沿太空通路这样做,以帮助建立局部或临时制天权。此外,通过使用"可随时作战的太空军事力量",并在这一过程中使用低成本、可消耗的卫星,一个中等太空国家可以在紧张局势升级和太空系统被摧毁的情况下减轻不利影响。这种想法在海洋战略中被称为"失小得大"[70]。

航天战略家 M. V. Smith 在描述非致命方法在太空中的效用时提到了"可随时作战的太空军事力量"的概念。他指出:"……针对无人操作的卫星的太空武器构成了一种'可随时作战的太空军事力量'。使用这种武器来代替致命操作符合武装冲突法的精神和意图……"[71]因此,非致命手段,如可逆的非动能行动,可以实现现有部队的目标,以达到更大的影响力或政治目的。

中国关于航天战略的著作讨论了"可随时作战的太空军事力量"的作用以及力量存在的影响。中国人民解放军的一份文件指出,"太空力量和武器的展示"可能发生在和平时期或危机开始时[72]。这些展示的作用是警告对手不要使危机升级或采取会导致冲突的行动方案[73]。太空力量的展示包括利用媒体突出自己的太空能力,这些展示可以通过政治和外交姿态及行动进一步补充,例如邀请外国军事参赞参加武器试验和展示[74]。根据解放军的文件,如果武力和武器的展示不足以迫使对手改变其计划,可以在和平时期或危机升级时进行"太空军事演习",以进一步影响对手的决策[75]。

6.4 进攻性战略及行动

2016年《欧洲航天战略》描述了太空能力对中等太空国家的重要性,其中指出:"太空能力对民用、商业、安全和国防相关政策目标具有战略意义。欧洲需要确保其行动自由和自主权。欧洲需要进入太空,并需确保能够安全地使用它。"[76]该战略文件指出,"太空正在成为一个"更富争议和挑战的环境",以及"越来越多的威胁也出现在太空……"[77]。文件的语言中隐含着一层含义,即国家利益需要得到保护,任何威胁必须得到充分解决。

事实上,需要对抗一个势在必得的侵略者和保护重要的国家利益是有时可能被认为是适当的进攻性行动的两个原因。根据Julian Corbett的说法,军事实力较强的国家通常可以采用进攻性行动来获得积极的结果,同时也能获得发起攻击所带来的"力量和能量"[78]。

对于一个中等太空国家来说,这意味着进攻性战略可以获得积极的结果,此外还可以提高士气,给那些发起攻击的部队带来心理优势。此外,通过进攻性行动获得的主动权可能是大有裨益的,因为这有可能实现行动上的优势。在考虑军事力量在执行各种军事和非军事重点任务中的效用时,J. R. Hill的话使战略家们醍醐灌顶。他说:"……海军是用来战斗的,(战略家)必须考虑它们应该如何战斗。"[79]同样,虽然太空中的军事资产可以执行各种任务并实现各种功能,但战略家必须要在冲突期间得心应手地使用它们。

由于中等国家通常会寻求独立行动以保护国家利益,同时也可能会受到财政和物质资源短缺的限制,因此中等太空国家的军事部门必须尽可能提高工作效率。这种举措包括各军种间的良好配合或"联合"作战。通过使训练有素的陆上、海上、空中、太空和网络部队彼此间充分协作,一个中等国家的军事力量将更适合于执行独立行动,并维护其关键利益[80]。此外,航天战略必须被视为整体军事战略的一部分。航天战略不应被理解为取得胜利的唯一手段,因此基于太空或由太空支持的军事行动只是军事力量工具中的另一种手段。出于上述原因,一个中等国家的太空力量将需要其他军种(陆、海、空和网络)的配合,以实现共同的军事目标。其他军事领域也同样需要太空力量的支持,以尽可能地实现战略目的。

此外,中等国家需要一支战斗力强大的军事力量来实现有效的威慑。J. R. Hill 指出,强大的战斗力是为了:

> 让潜在的对手相信,对你采取军事行动对他来说是百害而无利的。因此,有必要证明你的军队有足够的战斗力为维护重要的国家利益而战斗。为此,有必要拥有随时到位的、有效的、有适当装备和训练的部队。[81]

在考量太空力量在威慑一个过度依赖其天基能力的国家的作用时,M. V. Smith 指出:

> 存在着一种可能,即威慑一个严重依赖太空系统但很少或根本没有采取预防措施来保护太空系统的强大的太空对手。在这种情况下,拥有一套可靠的进攻性太空武器可能使对手难以招架。[82]

因此,可得出的一个结论是,中等国家可以基于其军事能力和具体条件实现某种程度的威慑,即使是针对那些被认为具有较强军事能力的国家。

在中等国家与强国存在竞争的情况下,中等国家的首选进攻性战略通常是需要在敌方力量不存在的地区建立局部或临时控制权。临时控制权包括在特定时期获得全局或局部指挥权,以实现军事或非军事目标。局部指挥权包括在一个特定区域内建立临时或持久控制权。可以合理预期的是,当一个中等国家建立任何级别的太空控制权(制天权)时,在战争的战略、作战和战术层面的行动将得到极大的促进。

6.4.1 有限战争

Julian Corbett 的有限战争思想强调了使用较弱的力量对抗较强的力量可以实现战略优势[83]。Julian Corbett 认为,有限战争类似于防御方所享有的优势,"有时能使劣势力量在对抗优势力量时实现自身目的"[84]。历史经验表明了有限战争是如何让海军强国在战略和战术层面上取得主动权的。Julian Corbett 描述了在与拿破仑的战争中英国使用小规模的两栖部队入侵大陆或将敌军引向海岸,"……有限战争总是与所使用的内在力量或它所能带来的积极结果完全不相称……它的价值在于它有能力遏制比它自己更强大的力量"[85]。在反驳克劳塞维茨的观点,即击败敌人的抵抗能力总是进攻性行动的首要目标时,Julian Corbett 认为:

> 战争的有限力量具有这种超越无限形式的力量要素……。这一点是最重要的,因为它直接否定了目前的学说,即进攻性行动只能有一个合理的目标,那就是摧毁敌人的抵抗手段,而且首要目标必须永远是敌人的武装力量[86]。

根据 Julian Corbett 的有限战争思想,一个中等太空国家可以采取有限的进攻态势,以获得战略优势,而不使自己暴露于不可接受的风险中。

J. R. Hill 的观点类似,但侧重点不同,他强调了"中等国家的低强度行动的效用"。J. R. Hill 指出:

> 中等国家战略中定义的下一级冲突是低强度行动。这些行动可能不值得被定义为战争,其目的、范围和地区都是有限的,并受制于国际自卫法,往往包括双方的零星暴力行为,并且其目标主要是政治性的[87]。

J. R. Hill 指出,近几十年来,涉及民主国家的低强度行动可能是多国的,而非单一国家的行动,而且是在"超国家组织的名义支持下"进行的[88]。低强度行动可能不需要庞大的部队。一方面,如果行动是多国参与的,一个中等国家的作用可能很小;另一方面,如果是单一国家的行动,就需要进行一些审慎的武力评估,以应对局势和潜在的反对派。J. R. Hill 警告说:

> 面对不确定的威胁,如来自岸上的小股恐怖分子,或者是海上的骚扰性或准空袭性船只,兵力太多就会显得反应过度,太少就有可能在遭到突然袭击后出现难以接受的伤亡[89]。

因此,在确定所需行动时,必须权衡威胁、政治目的和可用的力量。

Thomas Schelling 也提到了有限战争的效果(无论是否有意为之)。发起或参与有限的冲突可以为继续进攻提供一种威慑[90]。这是因为一场有限战争有可能扩展为一场无限的或重大的战争[91]。Thomas Schelling 写道:"参与有限战争就是开始摇晃船,启动一个不完全由自己控制的过程。"[92] 由于有限战争有可能升级为更大冲突的风险,这种潜在的后果也可以成为有限战争的一个目的。Thomas Schelling 写道:

> 因此,故意提高全面战争的风险是一种可能符合有限战争目的的策略,特别是对于对战争进展最不满的一方。使用核武器无疑需要从这些方面进行评估[93]。

由于有限战争的一个主要后果是潜在地提高了更大规模战争的风险,中等太空国家可以利用这一基本点来实现威慑。

6.4.2 利用对手的"咽喉点"

中等太空国家可通过攻击对手的咽喉点来谋取军事优势。通过攻击敌人的咽喉点的太空通路,一个中等太空国家可能以最小的代价和最低的成本获得最大的效果。这种想法进一步体现在普遍使用天基系统进行军事指挥和控制,并在战争的战略、作战和战术层面协调各种行动上。通过阻却或限制对手在其轨道或地面咽喉点使用指挥和控制通信,可以严重限制对手及时下达命令的能力,从而影响其整体作战效率。利用这一举措,可以有效地干扰对手针对 OODA 环的决策周期。咽喉点的例子包括大量数据或通信路由的卫星或地面站。

除了 Alfred Thayer Mahan 的开创性著作,在法国海军军官 Raoul Castex 的著作中也可以找到利用咽喉要塞或其他战略位置谋取战略优势的想法。Raoul Castex 研究了中等国家的海军战略。在《战略理论》中,Raoul Castex 将海洋战略的经验应用于那些非海上强国[94]。Raoul Castex 广泛地论述了如何利用地理条件获得对敌方的战略优势,并指出:"……涉及通信的攻击性和防御性战争在最大程度上受制于地理条件。"[95]他认为,地理对海洋战略的影响无非是陆地对海洋的作用,他强调,有时地理可以提供防御优势[96]。此外,Raoul Castex 还讨论了随着现有技术的进步,地理的影响是如何随着时间的推移而改变的,这对任何交战国都是一样的[97]。在他看来,一个国家的相对实力主要取决于其物理配置或地理环境[98]。Raoul Castex 写道:

> 地理环境对通信总体状况的影响对舰队有反作用,因为他们为攻击敌人的通信和保卫自己的通信而不得不分出的部队数量会增加,以至于地理环境使他们处于不利地位[99]。

由于海洋理论框架有时有助于考虑航天战略,中等太空国家在制定航天战略时也可以考虑"地理"的影响。事实上,某些国家已经这样做了。地面发射地点的"地理"影响入轨所需的能量,发射纬度有助于确定哪些轨道倾角可以轻易实现。地理位置有助于定义反极咽喉点(该点是一个实际位置,每颗卫星在发射后必须经过约半圈的时间才能经过该点)[100]。

除了特定的地点(特定地点可能也是移动的),咽喉点可能还包括某些轨道。由于轨道类似于交通繁忙的航道或海道,一些最理想的轨道已经成为比其他地区更拥挤的卫星活动区域。低地球轨道和地球静止轨道区域是有广泛卫星活动的两个地点,因此可以认为它们是"咽喉点"。这两个轨道区域是今天大约90%的卫星运行的地方[101]。如果一个中等太空国家能够利用这些轨道区域中最拥挤的地方,同时确保自己对它们的使用,就可以实现军事优势。

6.4.3 分散与集中

由于其独立行动的愿望以及满足所有政治目标的资源有限,一个中等太空国家可能需要采用分散和集中的概念,以确保国家利益沿着太空通路得到保护。这样做将使军事力量集中在需要行动的地方和时期。这种分散和集中的理念反映了 Raoul Castex 对机动性的看法,即明智地移动或行动以创造有利局面的能力。Raoul Castex 主张以最具成本效益的方式使用海军部队,特别是当这些海军部队不能以纯粹的数量或能力来衡量时[102]。

作为一种普遍做法,分散还可以减少对手对自己大量集中的部队进行突袭的可能性,从而减少敌人通过一次决定性的胜利实现军事目的的机会。Charles E. Callwell 指出了在使用两栖部队对付岸上的对手时分散的优势和集中的威胁。当一支有威胁的两栖部队可以选择分兵攻击时,岸上的敌人必须分散其部队[103]。Charles E. Callwell 指出:

> 敌人的态势总是处于一种不确定的状态。敌对的军事力量必须在许多地方做好攻击的准备。这样做的结果是,一个国家的军队如果在敌对行动期间发现自己可以从海上受到攻击,就必须分散,而且在一定程度上必须分散在需要保卫的领土上[104]。

Charles E. Callwell 认为分散与集中是相辅相成的,因为面对准备从海上登陆的部队,造成敌人的分散会使准备上岸的部队变得脆弱和易受攻击。因此,制造行动上的模糊性可以使敌人产生不确定性,从而造成军事力量的分割。

如果一个中等太空国家在可行的最大范围内分散力量,其将因在多个区域建立力量存在而大受裨益。通过在某一区域内派遣和部署太空系统和部队,即使不使用实际武力,也可以获得影响力并保护其国家利益。当进攻行动的时间到来时,分散和集中的概念使一个中等太空国家能够迅速集中力量对付敌人的咽喉点,以最大化作战效果。采用分散和集中的战略确保了保护广阔的太空通路的灵活性,同时允许在必要时在对手的"中心地带"交战[105]。

尽管当今的火箭推进技术可能在分散和集中所需的物理移动方面有局限性,但随着技术的不断成熟和发展,在近地轨道、近月太空和其他地方的机动性将大大改善。此外,分散和集中也涉及非动能行动,包括通信干扰、激光干扰和针对太空相关基础设施和网络的网络行动。这种非动能效应通过历史经验很容易理解。非动能性质的分散和集中可能包括多个系统,也可能是在多个领域,但所有的行动目标都是一致的,即对敌方产生消极影响。

6.4.4 打击对手民商活动

从几个世纪的海上经验中,我们可以从商业拦截这一理念中汲取营养,其也被称为"航线战争"。法国海军在攻击英国航运和沿贸易路线拦截海上贸易时恰恰就采用了这种战略。由于许多国家利用太空通路进行商业、贸易和商务,这种海上方法可以适用于航天战略。中等太空国家可以通过影响这些太空通路对其他太空强国的经济利益产生负面影响。这种太空行动的另一个预期结果是扰乱对手的计划,同时不断增进中等太空国家的利益。由于一个国家的相对地位和外交效力部分来自其经济实力和商业贸易的广度,扰乱与太空有关的商业、商务和贸易可能影响彼此竞争国家之间的力量平衡[106]。在任何情况下,这类行动都是为了在牺牲对手的情况下实现战略效果。

当对手是一个较弱的太空国家时,采用这种方法可以更快地取得胜利。当对手是另一个中等太空国家,甚至是一个太空强国时,商业袭击可能大大削弱对手进行长期攻击的能力。攻击一个与自身类似的中等太空国家甚至太空强国的商业和贸易活动,将延长冲突期限,使时间这一战略要素为自己所用。这样做可能会使条件对自己有利,或至少推迟失败的到来时间。

虽然 Julian Corbett 笃信商业袭击在海洋领域的效用,但他告诫说,不要过度夸大商业袭击的战略效果。他警告说,单一地关注商业袭击:

> 往往被证明是致命的,而且经常作为一个新的战略发现而重生,即一场海战可以根据经济原则进行,一个大国可以通过掠夺其商业而使其屈服,而不首先获得对海洋的控制[107]。

同样,Charles E. Callwell 认为商业突袭可以带来好处,但他认为这取决于对手的情况。虽然大英帝国的繁荣取决于其海上航运的安全,但那些财富不依赖海洋的国家不可能因为一支占优势的海军对其海上商业实施封锁而受到同样的伤害。Charles E. Callwell 写道:

> 对敌国海上贸易的行动所能造成的损失大小,显然取决于该国贸易的数量。商船的价值和海外贸易的发展在不同国家有很大的不同,它们不一定与一个国家的重要性或整个国家的资源相称[108]。

这一教训也将适用于航天战略。袭击敌国在太空中的商业、商务和贸易可以达到战略效果。然而，在这样做的时候，它将取决于敌国对太空的依赖，以及一个中等国家所能建立的相当水平的控制和影响（或者说制天权）。归根结底，商业袭击本身不太可能决定交战方之间冲突的最终结果。

6.5 防御性战略及行动

防御性行动和准备工作是中等太空国家航天战略的基本要素。正如克劳塞维茨所建议的，防御是战争的内在形式[109]。因此，当中等太空国家的军事能力不如对手（如实力很强的太空强国）时，防御性战略是恰当的。中等太空国家可以使用防御性战略来捍卫其太空能力和进入太空的机会，或者使用这种战略来阻却敌方获得有价值的东西或实现其政治目标[110]。并且，在有能力的情况下，中等太空强国应该考虑何时可以放弃防御性行动，以推行进攻性战略[111]。

6.5.1 安保能力与复原能力

中等太空国家在太空有至关重要的利益。因此，中等太空国家需要开发和使用有助于其确保进入和使用太空的系统。这种系统名目繁多，包括警戒或应急系统[112]。中等太空国家可能会设计和采购警戒系统，这些系统价格低廉，数量众多，可沿最重要的太空通路分散。这些警戒系统的任务主要包括那些具有防御意图的任务，如巡逻太空通路，护送高价值资产，以及必要时的自卫行动。如果警戒系统能够完成其预定的任务目标，中等太空国家可能会更好地采取独立行动，以满足其安全需求。

尽管那些旨在保护或捍卫关键太空系统免遭敌人破坏的警戒系统是重要的，但确保在攻击发生后继续进入和使用太空也是重要的。因此，一些警戒系统应被专门设计为囊括任务保证或复原力（弹性）措施。通过将防御性准备纳入这一系统，即使在卫星被摧毁或基本太空通路被攻击之后，一个中等太空国家也能够更好地执行重要的太空活动。

目前，太空通路可能利用和穿越多个行动领域。这意味着警戒系统和任务保证措施必须包括陆地、海洋、空中、太空和网络空间的能力，以达到最佳效果。航天战略的主要目标是确保进入和使用太空，而警戒系统（或具有类似功能的系统，无论其名称如何）可直接支持这一目标，因此在进行太空战时具有重要意义。

6.5.2 使空间成为"薄弱"的屏障

中等太空国家可以使用防御性战略形成对敌方行动的屏障。这一说法与克劳塞维茨一致,他提及了有限防御性战争的作用并指出:"防御方的首要目的是保证其领土不受侵犯,并尽可能长时间地维持这一现状。这将为其赢得时间,而拖延时间是其实现该目标的唯一途径。"[113] 同样,中等太空国家可以使用防御性方法,限制或降低敌方对太空的进入和使用,以实现有限的目标。这样做可能有助于减轻对手在其他冲突领域内的太空影响,拖延时间,直到战略形势发生变化并有助于创造可以启动进攻性战略的条件。

此外,从对制天权和封锁概念的理解中可以得出结论:太空对那些具有制天权的国家来说是很容易进入的;然而,太空对那些不能进入的人来说就成了"障碍"。因此,在某些情况下,有可能使太空成为一个"徒有其表"的障碍,从而使一些有限的目标得以实现。这种做法可能有利于中等太空国家,因为它们不可能有资源来实现全域和持久制天权。中等太空国家可能有能力在一个区域内建立适当水平的制天权,从而在局部地区建立起对其他太空强国的影响。在这样做的过程中,中等太空国家能够保护和捍卫其利益免受攻击(至少在短期内如此)。

中等太空国家也可以适当地考虑近距离封锁所带来的裨益。借鉴海上战略,近距离封锁是指在上行链路、下行链路、星间链路、发射设施或任何活动中心附近阻挠或干扰太空通信。在中国的航天战略著作中,这种想法被称为"太空封锁"活动,包括封锁陆基太空设施,如发射场、跟踪、遥测和控制场以及任务控制中心[114]。近距离封锁战略在性质上更具有防御性,因为它主要是为了防止敌人沿着太空通路采取行动;因此,中等太空国家可能发现该战略是实现有限目标的法宝。当中等太空国家比它的对手实力弱时,可以采用近距离封锁战略,而选择的封锁地点应该是具有军事优势的地点。因此,当对手是另一个中等太空国家甚至是太空强国时,近距离封锁战略是中等太空国家的一个行之有效的选择。

6.6 小　　结

中等国家珍视自主权,渴望独立操纵国家权力工具以维护本国利益。因此,一个中等太空国家希望利用太空来加强其保护自身利益的能力[115]。可以理解的是,太空将在许多航天国家的国家战略中发挥作用,但中等太空国家将可能采用不同于新兴太空国家或太空强国的航天战略。这种鲜明对比的原因在于中等太空国家希望独立行动,同时可能受到物质和财政资源的限制。

一些中等太空国家已经确立了它们在两用太空技术(包括商业和军事用途)和能力方面的优势。随着这些中等太空国家持续发展其太空军事能力,它们的航天战略将可能发生演变,以保护国家利益和解决新出现的安全关切。就印度—太平洋地区的中等太空国家而言(如印度和日本),鉴于中国正在谋取全面的太空军事能力(包括改进的反卫星系统),这种演变可能尤为迫切。鉴于不断变化的全球动态局势和日益先进的太空技术,为中等太空国家制定切实可行的航天战略预计将有助于在未来几年内塑造安全的国际环境。

引文标注

1 Deganit Paikowsky,"The Space Club—Space Policies and Politics"(paper presented at the 60th International Astronautical Congress,Daejeon,Republic of Korea,October 2009). Also referenced by Scott Pace,"A Space Launch without a Space Program," *38 North*,April 11,2012,http://38north.org/2012/04/space041112

2 同上.

3 J. R. Hill,*Maritime Strategy for Medium Powers*(Annapolis,MD:Naval Institute Press,1986),20.

4 同上.,21. Italics are Hill's original emphasis.

5 J. R. Hill,"Medium Power Strategy Revisited," Working Paper No. 3(Commonwealth of Australia:Royal Australian Navy,Sea Power Centre,2000),3,www.navy.gov.au/sites/default/files/documents/Working_Paper_3.pdf

6 同上.

7 同上.

8 同上.,26.

9 同上.,35. The context of Hill's comment is maritime strategy.

10 Geoffrey Till,*Seapower:A Guide for the Twenty-First Century*,3rd ed. (Abingdon:Routledge,2013),151. Referenced in a quote attributed to Admiral Stansfield Turner.

11 同上.,148.

12 "Genesis," Indian Space Research Organization,accessed August 21,2018,www.isro.gov.in/about-isro/genesis

13 "ISRO Home," Indian Space Research Organization,accessed August 21,2018,www.isro.gov.in/

14　Narayan Prasad and Prateep Basu,"Renewing India's Space Vision:A Necessity or Luxury?" *The Space Review*,May 4,2015,www. thespacereview. com/article/2742/1

15　Amrita Shah,"Flashback 1963:The Beginnings of India's Dazzling Space Programme;An Excerpt from Amrita Shah's 'Vikram Sarabhai—A Life',About the Father of India's Space Initiatives," *Scroll. In*,February 15,2017,https://scroll. in/article/829466/flashback-1963-the-beginnings-of-indias-dazzling-space-programme;"ISRO's Timeline from 1960s to Today," Indian Space Research Organization,accessed August 21,2018,www. isro. gov. in/about-isro/isros-timeline-1960s-to-today# 1

16　"Satellites of India," Gunter's Space Page,accessed August 21,2018,https://space. skyrocket. de/directories/sat_c_india. htm;"ISRO's Timeline from 1960s to Today."

17　Michael Sheehan,*The International Politics of Space*(Abingdon:Routledge,2007),152.

18　Rajeswari Pillai Rajagopalan,"Need For An Indian Military Space Policy," in *Space India* 2.0:*Commerce,Policy,Security and Governance Perspectives*,ed. Rajeswari Pillai Rajagopalan and Narayan Prasad(Observer Research Foundation,2017),http://cf. orfonline. Org/wp-content/uploads/2017/02/ORF_Space-India-2. 0. pdf.

19　Joan Johnson-Freese,*Space Warfare in the 21st Century:Arming the Heavens*(Abingdon:Routledge,2017),47.

20　Dr. K. Kasturirangan,former head of the ISRO quoted in "Ex-ISRO chief calls China's ASAT a cause for worry," *Press Trust of India*,September 14,2009.

21　"ISRO Crosses 50 International Customer Satellite Launch Mark," Indian Space Research Organization,accessed August 21,2018,www. isro. gov. in/isro-crosses-50-international-customer-satellite-launch-mark

22　Rajeswari Pillai Rajagopalan,"What's Next for India's Space Program?" *The Diplomat*,January 20,2018,https://thediplomat. com/2018/01/whats-next-for-indias-space-program/

23　同上.

24　"Cartosat-2 Series Satellite," Indian Space Research Organization,last modified January 12,2018,www. isro. gov. in/Spacecraft/cartosat-2-series-satellite-2

25　"Space Science & Exploration," Indian Space Research Organization,accessed August 21,2018,www. isro. gov. in/spacecraft/space-science-exploration

26　"GSLV-F10/Chandrayaan-2 Mission," Indian Space Research Organization,accessed August 21,2018,www. isro. gov. in/gslv-f10-chandrayaan-2-mission;Michael Roston,"Rocket Launches and Trips to the Moon We're Looking Forward To in 2018," *New York Times*,January 1,2018,www. nytimes. com/2018/01/01/science/2018-spacex-moon. html

27　"Mars Orbiter Mission Spacecraft," Indian Space Research Organization,last modified November 5,2013,www. isro. gov. in/Spacecraft/mars-orbiter-mission-spacecraft;Johnson-Freese,

Space Warfare in the 21st Century, 37.

28　Johnson-Freese, Space Warfare in the 21st Century, 37.

29　同上., xvi.

30　同上.

31　Harsh Vasani, "India's Anti-Satellite Weapons: Does India Truly have the Ability to Target Enemy Satellites in War?" *The Diplomat*, June 14, 2016, http://thediplomat.com/2016/06/indias-anti-satellite-weapons/

32　Brian Harvey, Henk H. F. Smid, Theo Pirard, "Iran: Origins-the Road to Space," in *Emerging Space Powers: The New Space Programs of Asia, the Middle East, and South America* (Chichester, UK: Praxis Publishing, 2010), 256.

33　同上., 265.

34　同上.

35　Abolghasem Bayyenat, "Pride in the Future of Iran's Space Program," *Foreign Policy Journal*, July 7, 2011, www.foreignpolicyjoumal.com/2011/07/07/pride-in-the-fature-the-politics-of-irans-space-program/

36　Jassem Al Salami, "Iran Just Cancelled its Space Program," *War is Boring*, January 27, 2015, https://warisboring.com/iran-just-cancelled-its-space-program/

37　Brian Harvey, Henk H. F. Smid, Theo Pirard, "Iran: Development—Space Launch Systems and Satellites," in *Emerging Space Powers: The New Space Programs of Asia, the Middle East, and South America* (Chichester, UK: Praxis Publishing, 2010), 286.

38　同上.

39　Brian Weeden and Victoria Samson eds, "Global Counterspace Capabilities: An Open Source Assessment" (Secure World Foundation, April 2018), 4-3.

40　Bill Gertz, "Iran Conducts Space Launch," *Washington Free Beacon*, April 20, 2018, http://freebeacon.com/national-security/iran-conducts-space-launch/

41　"Iran Announces First Successful Simorgh Test Launch," *SpaceFlightl0l.com*, July 29, 2017, http://spaceflightl01.com/iranannounces-first-successful-simorgh-test-launch/

42　Farzin Nadimi, "Iran's Space Program Emerges from Dormancy," Policy watch 2839 (The Washington Institute, August 1, 2017), www.washingtoninstitute.org/policy-analysis/view/irans-space-program-emerges-from-dormancy

43　William J. Broad, "Iran Reports Lofting Monkey into Space, Calling it Prelude to Human Flight," *New York Times*, January 28, 2013, www.nytimes.com/2013/01/29/world/middleeast/iran-says-it-sent-monkey-into-space.html

44　"Ahmadinejad Wants To Be First Iran Astronaut," *Aljazeera*, February 4, 2013, www.aljazeera.com/news/middleeast/2013/02/201324154448873605.html

45　Rick Gladstone, "Iran Drops Plan to Send Human into Space, Citing Cost," *New York Times*,

May 31,2017,www. nytimes. com/2017/05/31/world/middleeast/iran-space. html
46 Harvey,Smid,Pirard,"Iran:Development-Space Launch Systems and Satellites," 298-299.
47 Weeden and Samson,"Global Counterspace Capabilities," 4 3.
48 同上.
49 Ahmad Majidyar,"Iran Plans to Launch Several Satellites into Space,Including 1st Sensor-Operational Satellite" (Middle East Institute, May 30, 2017), www. mei. edu/content/io/iran-plans-launch-several-satellites-space-including-lst-sensor-operational-satellite
50 Greg Jaffe and Thomas Erdbrink,"Iran Says It Downed U. S. Stealth Drone; Pentagon Acknowledges Aircraft Downing," Washington Post, December 4, 2011, www. washingtonpost. com/world/national-security/iran-says-it-downed-us-stealth-drone-pentagon-acknowledges-aircraft-do wning/2011/12/04/glQ Ayxa8T Ostory. html
51 Rick Gladstone,"Iran is Asked to Return U. S. Drone," New York Times, December 12, 2011,www. nytimes. com/2011/12/13/world/middleeast/obama-says-us-has-asked-iran-to-retum-drone. html
52 Scott Peterson and Pay am Faramarzi,"Exclusive:Iran Hijacked U. S. Drone,Says Iranian Engineer," *Christian Science Monitor*,December 15,2011,www. csmonitor. com/W orld/Middle-East/2011/1215/Exclusive-Iran-hij acked-US-drone-say s-Iranian-engineer/
53 Paul Sonne and Famaz Fassihi,"In Skies Over Iran,a Battle for Control of Satellite TV," *The Wall Street Journal*,December 27,2011,www. wsj. com/articles/SBl00014240529702035013045770883801997870 36
54 同上.
55 M. V. Smith,"Spacepower and the Strategist," in *Strategy:Context and Adaption from Archidamus to Airpower*,eds. Richard J. Bailey Jr. ,James W. Forsyth Jr. ,and Mark O. Yeisley(Annapolis,MD:Naval Institute Press,2016),166.
56 Thomas C. Schelling,Arms and Influence(New Haven,CT:Yale University Press,1966),1.
57 European Commission,*Space Strategy for Europe*,Communication from the Commission to the European Parliament,the Council,the European Economic and Social Committee and the Committee of the Regions(October 26,2016),11.
58 同上. ,13.
59 Rajeswari Rajagopalan,"Debate on Space Code of Conduct:An Indian Perspective," ORF Occasional Paper #26(Observer Research Foundation,October 2011),10,www. orfonline. org/research/debate-on-space-code-of-conduct-an-indian-perspective/
60 Hill,"Medium Power Strategy Revisited," 5.
61 同上.
62 "Collective Defence-Article 5," North Atlantic Treaty Organization,last modified June 12, 2018,www. nato. int/cps/ua/natohq/topics_110496. htm

63 "Collective Defence-Article 5."
64 P. W. Singer, *Corporate Warriors: The Rise of the Privatized Military Industry* (Ithaca, NY: Cornell University Press, 2003), 2-3.
65 Dani Haloutz, "Air and Space Strategy for Small Powers: Needs and Opportunities," in *Towards a Fusion of Air and Space: Surveying Developments and Assessing Choices for Small and Middle Powers*, eds. Dana J. Johnson and Ariel E. Levite (Santa Monica, CA: RAND Corporation, 2003), 148.
66 同上.
67 Hill, "Medium Power Strategy Revisited," 10-11.
68 同上., 19.
69 John J. Klein, *Space Warfare: Strategy, Principles and Policy* (Abingdon: Routledge, 2006), 122-123; Julian S. Corbett, *Some Principles of Maritime Strategy* (London: Longmans, Green and Co., 1911; reprint, Annapolis, MD: Naval Institute Press, 1988), 166. Corbett counters the "seek out and destroy" school of thought that was advocated by other strategists, such as Alfred Thayer Mahan.
70 Corbett, *Some Principles of Maritime Strategy*, 62.
71 Smith, "Spacepower and the Strategist," 168.
72 Dean Cheng, *Cyber Dragon: Inside China's Information Warfare and Cyber Operations* (Santa Barbara, CA: Praeger Security International, 2017), 166.
73 同上.
74 同上.
75 同上.
76 European Commission, *Space Strategy for Europe*, 8.
77 同上.
78 Corbett, *Some Principles of Maritime Strategy*, 34.
79 Hill, "Medium Power Strategy Revisited," 7.
80 Hill, *Maritime Strategy for Medium Powers*, 11, 20, 35.
81 Hill, "Medium Power Strategy Revisited," 8.
82 Smith, "Spacepower and the Strategist," 169.
83 Michael I. Handel, *Masters of War: Classical Strategic Thought*, 3rd ed. (London: Frank Cass, 2001), 293.
84 Corbett, *Some Principles of Maritime Strategy*, 74.
85 同上., 67.
86 同上., 74.
87 Hill, "Medium Power Strategy Revisited," 10.
88 同上.

89　同上.,11.

90　Schelling, *Arms and Influence*,105.

91　同上.

92　同上.,105-106.

93　同上.,107.

94　Raoul Castex, *Strategic Theories*, trans, and ed. Eugenia C. Kiesling(Annapolis, MD: Naval Institute Press,1994). As with many of his fellow naval officers, Castex wrote of the primacy of the battleship and described the sea as a great highway. Yet, unlike many naval strategists of his day, he wrote in depth on the role of geography on strategy.

95　同上.,280.

96　同上.,283.

97　同上.,280,283.

98　同上.,283.

99　同上.,281.

100　James E. Oberg, *Space Power Theory* (Colorado Springs, CO: U. S. Space Command, 2000),70.

101　Michael E. O'Hanlon, *Neither Star Wars nor Sanctuary: Constraining the Military Uses of Space*(Washington: Brookings Institute Press,2004),38.

102　Castex, *Strategic Theories*, xxxvi, xx.

103　Charles E. Callwell, *Military Operations and Maritime Preponderance: Their Relations and Interdependence*, with introduction by Colin S. Gray (London: William Blackwood and Sons, 1905; reprint, Annapolis, MD: Naval Institute Press,1996),267.

104　同上.,232.

105　Corbett, *Some Principles of Maritime Strategy*,133. "Central mass" is the phrase used by Corbett, who was paraphrasing Clausewitz.

106　同上.,60.

107　As quoted in Till, *Seapower*,214.

108　Callwell, *Military Operations*,176-177.

109　Carl von Clausewitz, *On War*, trans, and eds. Michael Howard and Peter Paret(Princeton, NJ: Princeton University Press,1989),358.

110　Corbett, *Some Principles of Maritime Strategy*,32.

111　同上.

112　Scott Pace, *Merchants and Guardians: Balancing U. S. Interests in Space Commerce* (Santa Monica, CA: RAND Corporation,1999), www. rand. org/pubs/reprints/RP787. html; Klein, Space Warfare,111-115.

113　Clausewitz, *On War*,614.

114 Dean Cheng,"Evolving Chinese Thinking About Deterrence: What the United States Must Understand About China and Space," Backgrounder No. 3298 (The Heritage Foundation, March 29,2018),4 5,http://report. heritage. org/bg3298

115 This is a paraphrase of Hill, *Maritime Strategy for Medium Powers*,48.

参考文献

[1] "Ahmadinejad Wants To Be First Iran Astronaut." *Aljazeera*. February 4,2013. www. aljazeera. com/news/middleeast/2013/02/201324154448873605. html

[2] Al Salami,Jassem. "Iran Just Cancelled its Space Program." *War is Boring*. January 27,2015. https://warisboring. com/iran-just-cancelled-its-space-program/

[3] Bayyenat,Abolghasem. "Pride in the Future of Iran's Space Program." *Foreign Policy Journal*. July 7,2011. www. foreignpolicyjoumal. com/2011/07/07/pride-in-the-future-the-politics-of-irans-space-program/

[4] Broad, William J. "Iran Reports Lofting Monkey into Space, Calling it Prelude to Human Flight." *New York Times*. January 28,2013. www. nytimes. com/2013/01/29/world/middleeast/iran-says-it-sent-monkey-into-space. html

[5] Callwell,Charles E. *Military Operations and Maritime Preponderance: Their Relations and Interdependence*. With introduction by Colin S. Gray. London: William Blackwood and Sons,1905; reprint, Annapolis, MD: Naval Institute Press,1996.

[6] "Cartosat-2 Series Satellite." Indian Space Research Organization. Last modified January 12, 2018, www. isro. gov. in/Spacecraft/cartosat-2-series-satellite-2

[7] Castex, Raoul. *Strategic Theories*. Translated and edited by Eugenia C. Kiesling. Annapolis, MD: Naval Institute Press,1994.

[8] Cheng,Dean. "Evolving Chinese Thinking About Deterrence: What the United States Must Understand about China and Space." Backgrounder No. 3298. The Heritage Foundation, March 29,2018. http://report. heritage. org/bg3298

[9] Cheng, Dean. *Cyber Dragon: Inside China s Information Warfare and Cyber Operations*. Santa Barbara, CA: Praeger Security International,2017.

[10] Clausewitz, Carl von. *On War*. Translated and edited by Michael Howard and Peter Paret. Princeton, NJ: Princeton University Press,1989.

[11] "Collective Defence-Article 5." North Atlantic Treaty Organization. Last modified June 12, 2018. www. nato. int/cps/ua/natohq/topics_110496. htm

[12] Corbett, Julian S. *Some Principles of Maritime Strategy*. London: Longmans, Green and Co., 1911; reprint, Annapolis, MD: Naval Institute Press,1988.

[13] European Commission. *Space Strategy for Europe*. Communication from the Commission to the European Parliament, the Council, the European Economic and Social Committee and the Committee of the Regions. October 26, 2016.

[14] "Ex-ISRO Chief Calls China's A-SAT a Cause For Worry." *Press Trust of India*. September 14, 2009.

[15] "Genesis." Indian Space Research Organization. Accessed August 21, 2018. www.isro.gov.in/about-isro/genesis

[16] Gertz, Bill. "Iran Conducts Space Launch." *Washington Free Beacon*. April 20, 2018. http://freebeacon.com/national-security/iran-conducts-space-launch/

[17] Gladstone, Rick. "Iran Drops Plan to Send Human into Space, Citing Cost." *New York Times*. May 31, 2017. www.nytimes.com/2017/05/31/world/middleeast/iran-space.html

[18] Gladstone, Rick. "Iran is Asked to Return U.S. Drone." *New York Times*. December 12, 2011. www.nytimes.com/2011/12/13/world/middleeast/obama-says-us-has-asked-iran-to-return-drone.html.

[19] "GSLV-F10/Chandrayaan-2 Mission." Indian Space Research Organization. Accessed August 21, 2018. www.isro.gov.in/gslv-H0-chandrayaan-2-mission

[20] Haloutz, Dani. "Air and Space Strategy for Small Powers: Needs and Opportunities." In *Towards a Fusion of Air and Space: Surveying Developments and Assessing Choices for Small and Middle Powers*, edited by Dana J. Johnson and Ariel E. Levite, 147-157. Santa Monica, CA: RAND Corporation, 2003.

[21] Handel, Michael I. *Masters of War: Classical Strategic Thought*. 3rd edition. London: Frank Cass, 2001.

[22] Harvey, Brian, HenkH. F. Smid, and Theo Pirard. "Iran: Development-Space Launch Systems and Satellites." In *Emerging Space Powers: The New Space Programs of Asia, the Middle East, and South America*, 285-350. Chichester, UK: Praxis Publishing, 2010.

[23] Harvey, Brian, 'Tran: Origins - the Road to Space." In *Emerging Space Powers: The New Space Programs of Asia, the Middle East, and South America*, 255-284. Chichester, UK: Praxis Publishing, 2010.

[24] Hill, J. R. "Medium Power Strategy Revisited." Working Paper No. 3. Commonwealth of Australia: Royal Australian Navy, Sea Power Centre, 2000. www.navy.gov.au/sites/default/files/documents/Working_Paper_3.pdf

[25] Hill, J. R. *Maritime Strategy for Medium Powers*. Annapolis, MD: Naval Institute Press, 1986.

[26] "Iran Announces First Successful Simorgh Test Launch." *SpaceFlight101.com*. July 29, 2017. http:Hspaceflight 101.com/iranannounces-first-successful-simorgh-test-launch/

[27] "ISRO Crosses 50 International Customer Satellite Launch Mark." Indian Space Research Organization. Accessed August 21, 2018. www.isro.gov.in/isro-crosses-50-international-

customer-satellite-launch-mark

[28] "ISRO Home." Indian Space Research Organization. Accessed August 21, 2018. www.isro.gov.in/

[29] "ISRO's Timeline from 1960s to Today." Indian Space Research Organization. Accessed August 21, 2018. www.isro.gov.in/about-isro/isros-timeline-1960s-to-today#l

[30] Jaffe, Greg and Thomas Erdbrink. "Iran Says It Downed U.S. Stealth Drone; Pentagon Acknowledges Aircraft Downing." *Washington Post*. December 4, 2011. www.washingtonpost.com/world/national-security/iran-says-it-downed-us-stealth-drone-pentagon-acknowledges-aircraft-downing/2011/12/04/gIQ Ayxa8TO_story.html.

[31] Johnson-Freese, Joan. *Space Warfare in the 21st Century: Arming the Heavens*. Abingdon: Routledge, 2017.

[32] Klein, John J. *Space Warfare: Strategy, Principles and Policy*. Abingdon: Routledge, 2006.

[33] Majidyar, Ahmad. "Iran Plans to Launch Several Satellites into Space, Including 1st Sensor-Operational Satellite." Middle East Institute, May 30, 2017. www.mei.edu/content/io/iran-plans-launch-several-satellites-space-including-1 st-sensor-operational-satellite

[34] "Mars Orbiter Mission Spacecraft." Indian Space Research Organization. Last modified November 5, 2013. www.isro.gov.in/Spacecraft/mars-orbiter-mission-spacecraft

[35] Nadimi, Farzin. "Iran's Space Program Emerges from Dormancy." Policywatch 2839. The Washington Institute, August 1, 2017. www.washingtoninstitute.org/policy-analysis/view/irans-space-program-emerges-from-dormancy

[36] Oberg, James E. *Space Power Theory*. Colorado Springs, CO: U.S. Space Command, 2000.

[37] O'Hanlon, Michael E. *Neither Star Wars nor Sanctuary: Constraining the Military Uses of Space*. Washington: Brookings Institute Press, 2004.

[38] Pace, Scott. "A Space Launch Without a Space Program." *38 North*. April 11, 2012. http://38north.org/2012/04/space041112

[39] Pace, Scott. *Merchants and Guardians: Balancing U.S. Interests in Space Commerce*. Santa Monica, CA: RAND Corporation, 1999. www.rand.org/pubs/reprints/RP787.html

[40] Paikowsky, Deganit. "The Space Club—Space Policies and Politics," Paper presented at the 60th International Astronautical Congress. Daejeon, Republic of Korea, October 2009).

[41] Peterson, Scott and Pay am Faramarzi. "Exclusive: Iran Hijacked U.S. Drone, Says Iranian Engineer." Christian Science Monitor. December 15, 2011. www.csmonitor.com/World/Middle-East/2011/1215/Exclusive-Iran-hij acked-U S-drone-say s-Iranian-engineer/

[42] Prasad, Narayan and PrateepBasu. "Renewing India's Space Vision: A Necessity or Luxury?" *The Space Review*. May 4, 2015. www.thespacereview.com/article/2742/1

[43] Rajagoplan, Rajeswari Pillai. "What's Next for India's Space Program?" *The Diplomat*. January 20, 2018. https ://thediplomat.com/2018/01 /whats-next-for-indias-space-pro-

gram/

[44] Rajagoplan, Rajeswari Pillai. "Need For An Indian Military Space Policy." In *Space India* 2.0: *Commerce, Policy, Security and Governance Perspectives*, edited by Rajeswari Pillai Rajagopalan and Narayan Prasad, 199-214. Observer Research Foundation, 2017. http://cf.orfonline.org/wp-content/uploads/2017/02/ORF_Space-India-2.0.pdf

[45] Rajagoplan, Rajeswari Pillai. "Debate on Space Code of Conduct: An Indian Perspective." ORF Occasional Paper #26. Observer Research Foundation, October 2011. www.orfonline.org/research/debate-on-space-code-of-conduct-an-indian-perspective/

[46] Roston, Michael. "Rocket Launches and Trips to the Moon We're Looking Forward To in 2018." *New York Times*. January 1, 2018. www.nytimes.eom/2018/01/01/science/2018-spacex-moon.html

[47] "Satellites of India." Gunter's Space Page. Accessed August 21, 2018. https://space.skyrocket.de/directories/satc i ndi a.htm

[48] Schelling, Thomas C. *Arms and Influence*. New Haven, CT: Yale University Press, 1966.

[49] Shah, Amrita. "Flashback 1963: The Beginnings of India's Dazzling Space Programme; An Excerpt from Amrita Shah's 'Vikram Sarabhai-A Life', About the Father of India's Space Initiatives." *Scroll. In*. February 15, 2017. https://scroll.in/article/829466/flashback-1963-the-beginnings-of-indias-dazzling-space-programme

[50] Sheehan, Michael. *The International Politics of Space*. Abingdon: Routledge, 2007.

[51] Singer, P. W. *Corporate Warriors: The Rise of the Privatized Military Industry*. Ithaca, NY: Cornell University Press, 2003.

[52] Smith, M. V. "Spacepower and the Strategist." In *Strategy: Context and Adaption from Archidamus to Airpower*, edited by Richard J. Bailey Jr., James W. Forsyth Jr., and Mark O. Yeisley, 157-185. Annapolis, MD: Naval Institute Press, 2016).

[53] Sonne, Paul and Famaz Fassihi. "In Skies Over Iran, a Battle for Control of Satellite TV." *The Wall Street Journal*. December 27, 2011. www.wsj.com/articles/SB 10001424052970203501304577088380199787036

[54] "Space Science & Exploration." Indian Space Research Organization. Accessed August 21, 2018. www.isro.gov.in/spacecraft/space-science-exploration

[55] Till, Geoffrey. *Seapower: A Guide for the Twenty-First Century*. 3rd edition. Abingdon: Routledge, 2013.

[56] Vasani, Harsh. "India's Anti-Satellite Weapons: Does India truly have the Ability to Target Enemy Satellites in War?" *The Diplomat*. June 14, 2016. http://thediplomat.com/2016/06/indias-anti-satellite-weapons/

[57] Weeden, Brian and Victoria Samson, editors. "Global Counterspace Capabilities: An Open Source Assessment." Secure World Foundation, April 2018.

第7章 新兴太空国家的航天战略

本章探讨新兴太空国家的战略考量,研究加拿大和沙特阿拉伯的太空计划以及非国家行为体的太空活动的历史经验;随后,讨论了外交举措、分散和集中、不对称行动和持久战等主题;此外,还讨论了与太空活动有关的潜在恐怖主义行动。

与中等太空国家一样,新兴太空国家与太空强国相比实力较弱。即使在手段有限的情况下,能力孱弱的太空国家仍然可能利用太空或与太空有关的活动来获得战略优势,以达到政治目的。在制定航天战略和考虑军事行动时,毛泽东的建议是亘古不变的真理,"军事行动的所有指导原则都是从一个基本原则中发展出来的:竭力保存自己的力量,消灭敌人的有生力量"[1]。因此,保护有限的力量和资产应始终是新兴太空国家考虑的首要问题。

根据先前对太空成员的定义,新兴太空国家包括众多可独立开发、维护和控制卫星但无法通过本国手段发射卫星的国家[2]。然而,为了更广泛地考虑航天战略,这一定义应该得到一定程度的扩展。虽然航天战略通常是在国家的背景下考量的,但非国家行为体(包括非政府组织、公司、叛乱和恐怖组织)也可能出于战略或政治目的寻求与太空有关的利益。因此,在描述那些能力较弱的太空国家的潜在行动时,也应将非国家行为体的行动纳入其中。

Dave Baiocchi 和 William Weiser 将国家和非国家行为体都参与太空活动的情况描述为"新太空竞赛"[3]。他们写道:"未来,许多规模较小、成本较低的太空任务将由跨国团队和私人利益集团资助,而评估一项特定任务的意图以及在发生事故时根据《外层空间条约》将任何相关责任分配给责任方将变得更加困难。"[4]新的太空参与者可能会觉得可以自由地独立于国家政策而运作。因此,非国家行为体可能追求战略或政治目的,破坏政府的国家层面目标。与这种新太空竞赛的想法类似,2017年美国国家安全战略将私营部门和其他"有动力的太空活动行为体"的作用增加视为太空的民主化[5]。太空的民主化意味着许多政府和非国家行为体可以相对较低的成本向太空发射卫星[6]。根据该战略文件,太空的民主化和利用来自图像、通信和地理定位服务的数据融合的能力可以对美国的军事行动和美国在冲突中获胜的能力产生不利影响[7]。

总的来说,与那些被认为是超级大国或强国的国家相比,新兴大国的战略似乎仍悬而未决。尽管存在这种情况,但我们仍有可能从关于叛乱(人民起义)战略的著作中汲取到有用的想法。克劳塞维茨在《战争论》一书里《民众武装》一章中提到的叛乱或人民起义的论述与新兴国家是相关的,因为叛乱可以被视为新兴国家的一个子类别。[8] 起义者通常被认为是一个寻求某种政治目标的团体,其中通常包括自主自治,并采用一种持久的战略。在考虑起义分子的行动时,游击战这一术语也被普遍使用[9]。

克劳塞维茨意识到关于起义主题的著作数量是有限的,他写道:"这种讨论与其说是客观分析,不如说是对真理的求索。"[10] 尽管起义没有得到很好地理解或广泛的论述,但他指出,这种类型的战争包括"战争的基本暴力",就像更传统的战争风格一样[11]。虽然克劳塞维茨关于起义战略的洞察也适用于一般的新兴国家的战略,但战争具有持久性。因此,我们可以从孙子、克劳塞维茨、毛泽东、B. H. Liddle Hart 和 J. C. Wylie 的著作中获取对能力较弱国家的一般战略考量。这五位战略家的论述涵盖了许多关于持久战的思想,这些思想在考虑新兴国家的战略(包括航天战略)时仍然具有启示意义。

在详述新兴太空国家的战略框架之前,提供几个例子是大有裨益的。归根结底,任何理论性的战略框架在其应用中都应该是能够发挥作用的。因此,将这些想法建立在实际理解的基础上是有益的。在讨论新兴太空国家的战略时,以下章节将首先描述加拿大和沙特阿拉伯的太空活动。选择这两个国家是因为前者有长期的太空活动历史,而后者是一个新崛起的新兴太空国家。其次,本章将讨论一些广泛的战略考量和新兴大国的潜在目标,以提供一个思考航天战略的框架。同时,本章将描述一系列潜在的非军事行动。此外,本章还探索一系列军事方法,并指出一个新兴太空国家的战略抉择可能会出于一系列原因而远远与那些被认为更有实力的国家不同。最后,鉴于恐怖分子是新兴国家的一支不可忽视的政治力量且其为谋求政治利益而采用的方法有鲜明的特征,本章还将讨论恐怖组织的潜在行动。

7.1 加拿大的航天战略

尽管根据定义,加拿大被认为是一个新兴太空国家。然而,加拿大的太空活动历史可以追溯到很长时间以前[12]。1962年加拿大的第一颗卫星"云雀"一号发射升空,使加拿大成为继苏联、美国和英国之后第四个在轨道上运行卫星的国家[13]。"云雀"一号是一颗科学卫星,由美国的"雷神"号阿金纳型运载火箭发射,这也反映了加拿大和美国在太空探索中的密切关系。"云雀"一号的开发是美国通过1958年新成立的国家航空航天局(NASA)发出的国际合作邀请的结晶。在"云雀"一号成功之后,加拿大和美国签署了一项协议,在一个名为"国际电离层卫星研究"的新计划下发射更多卫星[14]。如今,加拿大在太空方面的重点是支持科学进步和太空探索,鼓励私营部门继续投资于关键能力,并激发加拿大人的荣誉感。

尽管加拿大已经开发了"黑雁"号探空火箭(其是同类火箭中最受欢迎的火箭之一),但加拿大没有本土的太空发射能力[15]。然而,与NASA和ESA的密切关系使加拿大能够使用其他国家的发射系统,并将其太空方面的重点集中在其他地方[16]。加拿大开发的颇为先进的机械臂技术就是一个典范。鉴于加拿大的许多技术尤为先进,其被用在美国航天飞机上,并为航天飞机的远程操纵系统保驾护航。总的来说,这些技术是大多数航天飞机不可或缺的[17]。"黑雁"2号是一个更大且更先进的系统。另外,加拿大自2001年以来一直广泛参与国际太空站的组装[18]。

加拿大航天局(CSA)成立于1990年,这一组织在NASA的许多其他标志性任务中也发挥了重要作用。NASA的"好奇"号火星车目前正在探索火星,以确定这颗红色星球是否曾经具备孵化生命的条件。值得一提的是,"好奇"号携带了一台加拿大制造的阿尔法粒子X射线光谱仪。该仪器使"好奇"号能够读取火星土壤和岩石的化学成分[19]。加拿大航天局还为詹姆斯·韦伯太空望远镜提供了一系列组件,该望远镜是美国国家航空航天局、欧洲航天局和加拿大航天局之间的一项国际合作项目[20]。

共有9名加拿大人进入太空,David Saint Jacques预定将于2018年12月成为国际太空站(ISS)第58/59次远征的第十位加拿大人[21]。1984年,第一位加拿大宇航员马克·加莫在"挑战者"号STS-41-G任务中作为有效载荷专家进入太空。经过进一步培训,他在"奋进"号STS-77和STS-97任务中担任任务专家[22]。加拿大最著名的航天员是Chris Hadfield。他曾在美国航空航天局的STS-74和STS-100任务中担任任务专家,在2013年的第35次远征中成为第一个指挥国际太空站的加拿大人。他在社交媒体上的知名度提高了太空探索在大众中的普及率,特别是对太空感兴趣的新一代加拿大人[23]。

尽管加拿大在太空探索方面有很长的历史,但它直到2013年2月才发射第一颗专门的军事卫星,这离"云雀"一号升空已超过50年。加拿大武装部队的卫星被命名为"蓝宝石",由印度太空研究组织在印度斯里哈里科塔发射[24]。主要承包商麦克唐纳迪特维利联合有限公司开发并制造了这颗卫星,其任务是利用一个电子光学传感器对地球上空4000~6000千米的轨道物体进行观测。"蓝宝石"号是加拿大太空监视系统的一个重要组成部分,也是美国太空监视网络的一分子[25]。

7.2 沙特阿拉伯的航天战略

包括沙特阿拉伯在内的中东地区国家已经开始寻求进入和使用太空。虽然沙特阿拉伯在该地区是一个地位突出且有较大影响力的国家,但其太空能力水平使其仍处于新兴太空国家的范畴。迄今为止,沙特阿拉伯对太空的使用相对较少,但其周边地区的地缘政治态势已促使该国重新考虑在轨道上布置卫星。

沙特阿拉伯的航天活动历史是以合作企业的形式开端的。阿拉伯卫星通信组织(ArabSat)是一个政府间组织,总部设在利雅得,于1976年由阿拉伯联盟的成员国成立,目的是向数百万的阿拉伯语观众提供电信服务[26]。沙特阿拉伯是阿拉伯卫星通信组织的最大资助者,其资助的资金是第二大资助国的2倍以上[27]。

沙特阿拉伯在运营卫星方面的经验较为有限。ArabSat 1A号由Aerospatiale和Messerschmitt·Bolkow·Blohm公司承包,于1985年用"阿丽亚娜"火箭发射,发射后随即出现了太阳能板故障[28]。在这一挫折之后,同年晚些时候发射了ArabSat 1B号。该卫星在美国"发现"号航天飞机上发射。ArabSat 1B号由航天飞机机组人员成功部署,其中包括作为有效载荷专家的Sultan bin Salman Al Saud(沙特国王Salman的第二个儿子)[29]。Sultan王子成为第一个进入太空的沙特阿拉伯人、阿拉伯人、穆斯林和皇室成员。他成为一个国家的标志,是整个地区的年轻阿拉伯人对太空探索的热情的来源[30]。自1985年以来,ArabSat已经运营或租赁了超过6个系列的ArabSat卫星通信服务,其中包括超过15颗卫星。ArabSat 6A将于2019年发射,预计将成为第一颗搭乘Space X的"猎鹰"重型运载火箭发射的商业卫星[31]。

除了与ArabSat的接触和合作,沙特阿拉伯还孜孜不倦地谋求本土卫星制造能力。沙特阿拉伯的大部分太空工作都在阿卜杜勒·阿齐兹国王科技城（KACST）内进行。沙特的卫星计划始于 1998 年，在 KACST 建立了太空研究所。为了培养太空活动所需的人力资本和基础设施，KACST 制造了沙特阿拉伯的第一和第二颗卫星，即两颗微型卫星 Saudisat 1A 号和 1B 号，它们在俄罗斯"第聂伯"火箭上发射[32]。KACST 随后开发了用于地球观测任务的 Saudisat 2 号和 3 号卫星。在 2000—2008 年，KACST 制造了 7 颗 SaudComsat 微型通信卫星[33]。在最后一个系列 SaudiComsats 发射 7 年后，Saudisat 4 号于 2014 年由俄罗斯运载火箭发射[34]。Saudisat 5B 号于 2018 年在中国酒泉卫星发射中心用"长征"二号火箭发射。除了开发卫星外，KACST 正在建设最先进的卫星测试设施，并计划开发一个先进的地面站，用于遥测、跟踪和指挥其卫星群[35]。

作为一个新兴太空国家，沙特阿拉伯不断与更多成熟的航天国家和私营公司建立伙伴关系和合作。KACST 正在寻求与法国国家太空研究中心建立伙伴关系，以促进卫星遥感、太空科学、小型卫星开发和太空法规方面的数据和人员交流[36]。此外，沙特阿拉伯还与中国合作，并将沙特阿拉伯的有效载荷相机纳入中国的"龙江"二号月球微型卫星中（该卫星是中国"嫦娥"四号月球任务的准备性工作）[37]。

沙特政府还谋求与商业公司的合作。例如，KACST、Taqnia Space（一家由沙特阿拉伯公共投资基金拥有的公司）和 DigitalGlobe 成立了一家合资企业。在合资框架下，KACST 将建造 6 颗分辨率低于 1 米的地球观测卫星，以补充 DigitalGlobe 的卫星群[38]。作为合资协议的一部分，KACST 将拥有这些卫星在沙特阿拉伯和周边地区的 50% 的容量，而 DigitalGlobe 将保留其余的容量。此外，Taqnia Space 与洛克希德·马丁公司签署了一项协议，在沙特本土建立一个卫星组装厂[39]。沙特阿拉伯在商业发射领域的投资包括对维珍集团的亚轨道和轨道太空运载工具的 10 亿美元投资[40]。

沙特太空部门最近的许多进步及其对太空力量的日益渴求似乎源于穆罕默德·本·萨勒曼王子（萨勒曼国王的儿子和沙特阿拉伯的王储）。穆罕默德王子业已制定了一个雄心勃勃的、被称为"2030 年愿景"的经济和社会改革计划[41]。随着沙特政府试图使其依赖石油的经济结构多样化，并保持其在该地区的突出地位，太空日益成为一个合适的部门，以促进沙特阿拉伯的经济发展，并开发和培训包括科学家、工程师和技术人员在内的熟练的专业劳动力，同时也鼓励年轻的沙特阿拉伯人在科学、技术、工程和数学领域不断求索[42]。

7.3 非国家组织的航天战略

在描述太空利益时,利益攸关方不只是主权国家,还包括非国家行为体。在意识到这一点后,2018 年的《美国国防战略》提供了关于非国家行为体的介绍[43]。

主权国家是国家舞台上的主要玩家,但非国家行为体也以日益复杂的能力威胁着安全环境。恐怖分子、跨国犯罪组织、网络黑客和其他恶意的非国家行为体已经凭借越来越强的大规模破坏能力改变和塑造了全球事务[44]。

在考虑一个健全的航天战略时,非国家行为体应被囊括,因为他们的举措可能触及政治或战略目的,且实现这些目的的任何相关手段也都特色鲜明。

为简洁起见,本章不考虑所有的非国家行为体。无论如何,需要认识到的是,公司和政府间财团可能有需要推进的利益。商业太空公司和相关主题将在第 8 章中涉及,但一般来说,公司的战略目标可能包括增加市场份额、促进营收和开展创新活动。在某些情况下,正如 Jeff Bezos 和 Elon Musk 的理想目标一样,公司的战略目标可能是建立太空旅游业或火星殖民[45]。

同样,一个国际财团可能有高级别的目标,相关实例包括 Intelsat 和国际海事卫星组织(Inmarsat)。Intelsat 公司最初是作为国际通信卫星组织成立的。1964 年到 2001 年,它作为一个政府间财团运作,拥有并管理一个提供国际广播服务的通信卫星群[46]。国际海事卫星组织公司成立于 1979 年,是一个非营利性的政府间组织,但后来被私有化。该公司利用地球静止通信卫星群,通过便携式或移动式终端向全球用户提供电话和数据服务[47]。国际财团的目标可能包括建立行业间的标准、使用频谱或在轨运行的行为规范、通过使用卫星衍生的数据和信息促进公共安全,以及提高科学认识和技术能力。

7.4 积累战略与非直接方法

在辨别新兴国家的潜在战略时,有两个具体概念极具启发性:J. C. Wylie 所描述的累积战略和 B. H. Liddell Hart 所描述的间接方法。尽管累积战略和间接方法的概念也适用于强国和中等国家,但其被认为与新兴国家特别相关。另外,虽然关于常规战争的著作并不排斥这些概念,但很少强调这些想法。正如历史经验和起义战争战略的制定所证明的那样,间接方法和累积战略将可能成为一个新兴国家的航天战略的核心内容。

在谈到非军事和军事活动的各种行动方式时，J. C. Wylie 认为心理战、经济战、海上封锁和游击战是典型的采用累积战略的行动和活动[48]。根据 J. C. Wylie 的说法，累积战略利用"小项目的细微累积"，直到大量累积带来的质变成为决定胜负的关键[49]。例如，在海上封锁中，虽然对手的几艘船可能会顺利通过，但封锁的整体效果可能不会受到影响；在游击战中，个别连排级的起义分子可能被发现并被击败，但只要其他游击队还在，其他战士将继续战斗，整个起义事业也不会受到影响。

J. C. Wylie 认为，累积战略的缺点是，它很少能直接打败敌人，并达到决定性地结束冲突的必要控制水平。他举了一个例子来说明这种非决定性的能力，即法国人在海上发起的战争（或者说商业袭击）[50]。对对手的商业和海上贸易产生负面影响可能有助于最终的成功，但单纯的商业袭击很难成为决定胜负的唯一因素。然而，当连续的、累积的战略结合起来成为一种牢不可摧的钢铁长城时，就可以对敌人施加极大压力，从而建立对敌方的控制[51]。J. C. Wylie 认为，历史经验表明，在许多情况下，累积战略所带来的力量确实在一定程度上决定了胜负[52]。

J. C. Wylie 坚信毛泽东的游击战（或者说民族解放战争）战略是正确的[53]。J. C. Wylie 开门见山地指出游击战有着悠久的历史，并指出这种类型的战争事实上并没有什么新意[54]。更重要的是，他认为毛泽东的冲突理论体现了他关于累积战略的许多想法。J. C. Wylie 写道："在此必须指出的是，虽然克劳塞维茨理论的正常战略是一种顺序性战略，但毛泽东理论的一个主要特点是其理论基于一种累积性而非顺序性的概念。"[55]在评论毛泽东和其他人的理论在民族解放战争方面的重要性时，J. C. Wylie 认为，实践表明毛泽东的战略是成功的。因此，关于这个问题的书籍和理论对当今西方社会的每个战略家（无论是军人还是平民）都应该具有不可估量的重要性。他写道："这些著作不仅仅是纸上谈兵的理论，它们也描绘了战争的艰难现实。"[56]毛泽东的战争理论是以现实为前提的；因此，游击战理论必须被纳入一般的战争理论中[57]。

值得注意的是，J. C. Wylie 提到了 B. H. Liddell Hart 的著作在游击战中的适用性。评论说："B. H. Liddell Hart 的间接方法的思想……比克劳塞维茨的概念更容易被接受。"[58]这种差异是因为 B. H. Liddell Hart 的间接方法包含了这样的思想：战略应该随着战争形势的发展而调整。B. H. Liddell Hart 其著作中反驳了他所认为的对克劳塞维茨理论的不正确解释，他解释说，战略不应仅仅寻求摧毁对手的抵抗力量,而应利用运动和出其不意的要素,在发起潜在的打击之前使敌人失去平衡,从而取得作战优势[59]。

事实上,毛泽东的著作确实包含了累积战略和间接方法的思想(尽管他不一定以这些术语提及它们)。关于累积战略的想法和由小而大不断累积直至成功的问题,毛泽东写道:

> 如果我们每个月打得一个较大的胜利,如像平型关和台儿庄一类的,就能大大地沮丧敌人的精神,振起我军的士气,号召世界的声援。因此,我们在战略上的持久战思想在战场上会转化为速战速决的战斗。相反,敌人的战略速决战在多次战役和战斗中被打败后,必然会转变为持久战[60]。

相反,关于间接方法和需要适应现实的情况,毛泽东写道:

> 在分散、集中和转移阵地方面的灵活性是游击战中主动性的具体体现,而僵化和惰性则不可避免地导致被动,并造成不必要的损失。但是,一个指挥官要证明自己的智慧,不仅要认识到灵活运用部队的重要性,还要有根据具体情况适时分散、集中或转移部队的技巧[61]。

由于战争的形势不断变化,战争计划的执行也必须不断演变。这种演变在毛泽东的论述中得到了体现,"战争是力量的较量,但力量的原始模式在战争过程中会发生变化"[62]。这种演变的灵活性需要我方避开敌人的有生力量,打击其弱点,而这与间接方法是一致的。通过深思熟虑的合理战略,创造出具有明显优势的战争态势,军队就有可能实现作战优势。

7.5 潜在的战略目的

如果使用处理国际事务的理性行为者模式,一个新兴的太空国家可能权衡任何航天战略的潜在风险和回报。从这些考量中,会达成三种可能的理想行动:决定变得更强大、维持现状或变得更孱弱[63]。最后的决定和对战略的选择可能是基于什么行动方案符合其最重要的利益而做出的。

在国际事务和比较战略的背景下,第一种选择也许最容易被理解。当那些实力和影响力较小的国家寻求改善他们的处境和促进他们的利益时,这种选择是合适的。这种改善可以通过军事或非军事方法实现。

当维持现状符合一个新兴国家的利益时,它们便会采用这种战略。尽管我们假定每个新兴国家应该总是想要改善其在太空中的地位并增加其相关的太空能力,但历史经验表明,事实并非总是如此。出现这种情形的一个可能的原因是,作为一个新兴太空国家可能有一系列优势,这些优势可能在一个新兴太空国家与另一个能够行使全域和持久制天权的大国建立合作关系或相互防御协议时产生。由于这个新兴太空国家在这种合作关系中获得的好处,对它来说最好的选择是保持作为一个新兴太空国家的地位。一个新兴太空国家可以利用一个友好的且更有实力的太空强国促进其在发射系统或卫星方面的技术发展,而不需要自己承担大量的研究和开发费用。此外,一个新兴太空国家可以保持最低限度的与太空有关的培训和教育基础设施,同时仍然有相当大的机会通过"搭便车"进入太空。在这种合作关系中节省的资金可以用于那些被认为更重要的非太空活动。因此,这种合作关系使一个实力相对较弱的新兴太空国家能够获得与一个更有实力的太空强国或国家集团相同的许多好处,而不需要承担同样的风险或花费同样多的资源。

当一个新兴太空国家希望减少其在太空中的影响和能力时,便会采用第三种战略。尽管这种情况可能看起来很鲜见,但确实存在。这种情况可能发生在新兴太空国家国内或世界经济条件要求削减太空相关活动和研究的成本时。当预期会出现暂时的经济衰退,并且存在更紧迫的国家安全问题时,一国便可能需要缩减太空活动的规模。这种短期的缩减是可行的,一旦经济条件改善,它便会增加太空活动。此外,另一种可能是,当新兴太空国家希望将相关风险或对天基威胁的暴露降至最低时,就有理由减少在太空的活动。

例如,如果一个国家行为体在历史上一直依赖基于太空的卫星通信来传输新闻、数据和信息,那么其很可能决定增加光纤电缆或基于地面的蜂窝电话系统,而非大规模使用卫星通信。在这种情况下,对天基通信的依赖减少了,而非天基通信的按比例增加则抵消了这种差异。用美国航天界的说法,这种行动可能被认为是太空任务保证和复原力(弹性)的一部分,因为它通过使其他操作领域的能力多样化而获取了其他替代方法[64]。像这样一种有意减少参与太空活动的行动,可能被视为降低面对未来天基攻击时己方的脆弱性的适当方法。

尽管有三种可能的行动方案,但本章的其余部分将只讨论与第一种方案有关的战略,即获得更大的影响力、变得更强大并与其他太空力量争夺制天权。这一讨论并不是在贬低其他两种战略抉择,但另外两个主题更适合在另一部著作中进行更彻底的阐述。

7.6 非军事行动

新兴太空国家可能有非军事的权力杠杆来推进国家利益。根据定义,一个实力较弱的太空国家在影响那些实力较强的国家方面将面临更大的挑战;然而,非军事行动可以用来实现一些战略目标。事实上,对于那些被认为实力最弱的国家来说,非军事方法可能是推进国家或战略目标的最恰当方法,因为对它们来说,出现对自身有利的军事对抗态势的可能性很低。本节将讨论与外交行动相关的好处,如何促进民族自豪感,以及来自技术更先进的国家的好处。

7.6.1 外交倡议

与太空强国和中等太空国家一样,新兴太空国家可能利用外交举措来影响另一个国家。长期的外交举措和活动与 J. C. Wylie 所描述的累积战略是相称的[65]。原因在于,一项成功通常并不取决于前一项成功,而是源于几项成功的累积,即使是零星的成功,也可以相互建立起一个累积的优势。

新兴太空国家推进本国或集体利益的一个平台是和平利用外层空间委员会(COPUOS,简称外空委)。联合国大会在 1959 年设立了这个常设委员会,从那时起到现在,成员的数量已经从 24 个增加到 84 个[66]。根据之前的太空强国和中等太空国家的定义,有超过 50 个国家可以被认为在太空利用方面有影响力,即使它们本身没有与太空有关的重要能力[67]。这组国家可以寻求通过外空委塑造太空观念(特别是考虑到委员会的职责是审查和平利用外层空间的国际合作)、研究可由联合国开展的与太空有关的活动、鼓励太空研究计划以及研究和探索与外层空间相关的法律问题[68]。

加拿大官员认为外空委的作用是太空治理的一个基本要素,可以增加太空的社会经济效益[69]。因此,加拿大利用其在外空委的地位,推动它认为符合其利益的事项。这些事项包括与维护安全、可预测和可持续的外层太空环境有关的问题、在外层太空活动中实施透明度和建立信任措施、应对太空碎片、太空天气和新出现的太空活动造成的挑战、促进太空活动的多样性和男女平等以及强调太空活动如何能够改善全球健康[70]。

沙特阿拉伯一直在利用外交渠道推进其利益,包括寻求与俄罗斯进行更深入的合作,以对太空进行合作探索。2017 年 10 月,沙特阿拉伯国王萨勒曼与俄罗斯总统弗拉基米尔·普京签署了一项协议,承诺两国开展太空探索合作。沙特阿拉伯和俄罗斯的这种合作延伸到多个部门,包括太空探索、能源和国防。沙特的这一举动被解读为希望说服俄罗斯通过发挥伊朗不可能拥有的经济和安全能力来平衡伊朗对其施加的影响[71]。

7.6.2 灌输民族自豪感

对于新兴太空国家而言,制定一个雄心勃勃的太空计划可能与其实力不相称,但它们可以利用与太空有关的活动来增强民众的民族自豪感。加拿大的情况正是如此。二代 Canadarm 和 Dextre(用于建造和维护国际空间站的机械臂和操纵器)都出现在了加拿大的五元纸币上,这象征着加拿大对国际太空计划的持续贡献[72]。已退休的加拿大宇航员克里斯·哈德菲尔德在担任国际太空站的指挥官时展示了这张钞票。他指出,太空工程和太空探索的意义并不局限于科技层面,并说"它可以成为文化上的象征,象征着一国可以取得的成就,以及国民认定的在本国文明中令其感到自豪的部分"[73]。

此外,当加入另一国在太空中的雄心勃勃的计划时,一个新兴太空国家可以从积极参与中产生一种获益感。这种好处包括让自己的国民在另一个国家的航天器上飞行,以向其灌输民族自豪感。例如,国际太空站计划框架下存在着一个国际太空机构之间的伙伴关系,机构主要成员包括美国、俄罗斯、欧洲航天局的成员国、日本和加拿大[74]。国际空间站表明了拥有不同程度的太空实力的国家都能从先进的天基科学和研究中受益。其他增强国家自豪感的方式包括利用第三方或商业发射服务将第一颗国家卫星送入轨道的活动。这一活动可以使一个国家通过能够声称它现在是一个"太空玩家"来向国民灌输自豪感。像这样的低成本、低风险的举措是为了提高民众的乐观情绪,并可能增强国内民众对执政政府领导人的支持。

在太空中取得的适度成就可以通过媒体渠道进行传播(无论是通过传统的新闻渠道,还是社交媒体)。通过开展持续的宣传活动,一个新兴太空国家可能可以随着时间的推移和使用累积战略改变他人的看法或既定观念。根据所需的战略,通过公共事务和战略沟通方法的长期宣传可以促进新兴太空国家的自豪感并提高其在国际太空界的地位。

7.6.3 培养航天高技术劳动力

在当今的经济全球化浪潮中,拥有并保持一支有竞争力的劳动力队伍被认为是促进本国经济发展的一个关键因素。出于这种观点,一些政府试图增加在科学、技术、工程和数学职业领域接受教育和培训的人口比例。这种教育和培训是一个不断增长的和强劲的国内经济所必需的,特别是它能够抵御全球经济的衰退态势。

新兴太空国家可以从20世纪60年代和70年代的美国太空计划中汲取经验。在这一时期,美国领导人期望在将航天员送上月球的过程中尽可能多地雇用和培训人员[75]。NASA在全国各地建立了运营和支持中心,并雇用了一支训练有素的技术团队来支持国家议程。这种航空航天工业能力的扩展、相关基础设施的建设以及受过科学、技术、工程和数学教育的劳动力都带来了一个显而易见的好处,即商业航空航天工业在这个时间段得到了充分扩展。

新兴太空国家也可能使用这种战略并开发一支受过高等教育的、拥有先进技术的劳动力队伍,从而使太空工业蓬勃发展。不言而喻,一支受教育程度更高的劳动力将带来更多的好处,包括进入新的市场、涉足新的高科技产业、促进经济增长并创造更多以技术为重点的就业机会[76]。这势必将增强一个国家的经济实力,并可能使得外交举措和基础研究与发展更加游刃有余。

澳大利亚太空政策最近的演变体现了这一观点。2018年5月,作为其年度预算程序的一部分,澳大利亚政府宣布建立澳大利亚航天局,并在未来四年内持续提供2600万美元的资金[77]。新机构的既定目标是促进澳大利亚航天工业的发展,使其能够在全球太空领域与别国竞争[78]。创建该太空机构是希望发展该国的太空产业,同时也为其正式参与更大规模的国际太空科学任务打开大门。澳大利亚政府的一份媒体公告称,新设立的航天局将帮助澳大利亚企业在数十亿美元的全球太空市场中赢得更大的份额、建立一个新的太空产业并有可能创造2万个新的就业机会[79]。在堪培拉的澳大利亚国立大学任职的天文学家安娜·摩尔表示,设立该航天局的另一个好处被认为是"激励全国人民,特别是年轻一代"[80]。

7.7 攻防之间的流转变化

夫兵形象水,水之形,避高而趋下,兵之形,避实而击虚。水因地而制流,兵因敌而制胜。故兵无常势,水无常形。能因敌变化而取胜者,谓之神[81]。

——孙子

与在第5章和第6章中关于太空强国和中等太空国家的论述不同(尽管二

者相互依存,但进攻和防御战略被分开讨论),本节认为最好将新兴太空国家的潜在军事行动描述为进攻和防御战略之间的持续性的紧张关系,而这种紧张关系是有必要的。一个新兴国家不可能对一个优势大国赢得决定性的军事胜利,但实力较弱的新兴国家如果不采取足够的防御措施,就会在一次交战中被彻底击败。克劳塞维茨对此提出了警告,"因此,这种战争……决不能一锤定音"[82]。因而,虽然新兴国家需要采取进攻性行动来推进政治目的、取得积极的成果,并对敌方军队产生消极影响,但必须紧密结合防御性措施,以防止一败千里,并确保实力较弱的新兴国家的事业或目标的长期可行性。

毛泽东指出了进攻性行动在击败敌人方面的重要性,以及进攻和防御策略在整体战略中的相互依存关系。这反映在本章开头关于努力保存自己的力量同时消灭敌人的有生力量的引文中[83]。此外,毛泽东还指出:

> 部队使用的灵活性是围绕着采取攻势的努力进行的,同样的规划也是必要的,主要是为了确保攻势行动的成功。如果战术防御的措施脱离了其为进攻提供直接或间接支持的作用,那么这些措施就毫无意义。快速决策指的是进攻的节奏,而外线指的是进攻的范围。进攻是消灭敌人的唯一手段,也是自我保护的主要手段,而纯粹的防御和撤退在自我保护方面只能起到暂时和部分的作用,对于消灭敌人是相当无用的[84]。

毛泽东的这一论述并不是说防御措施不重要,而是防御性行动必须直接支持进攻性行动,以实现政治目的和最终胜利。

由于与实力强大的太空强国相比,新兴太空国家军事资源有限,采取防御性战略或措施可能是保护与太空有关的利益的最高效的手段。防御性措施旨在阻止对手完成某事或试图保护己方已经拥有的东西。根据克劳塞维茨的一般理论,与进攻性行动相比,防御措施通常需要较少的武力或资源。值得再次强调的是,采取真正的防御性姿态包括根据对手预期的进攻行动的可能手段和时间进行必要的准备。因此,不做充分的准备便意味着没有一个健全的防御战略,并导致(不管是有意,还是无意的)防御措施的孱弱不堪。

毛泽东也强调了准备工作的必要性,他指出:

> 没有事先的计划,就不可能取得游击战的胜利。任何认为游击战可以胡乱进行的想法都表明了一种轻率的态度或对游击战的无知。在整个游击区的行动,或一个游击队或编队的行动之前,必须尽可能地进行周密的计划,对每一个行动进行事先准备,掌握情况、制定任务、部署部队、进行军事和政治训练、保证供应、整理装备、适当利用人

民的帮助等。所有这些都是游击队指挥官工作的一部分,他们必须仔细考虑,认真执行和检查[85]。

在举例说明军事交战必须提前进行规划时,毛泽东的上述举措清单意味着需要提前了解情况,知晓自己的部队和资产的优势和脆弱性,以及应该采取哪些措施来提高成功的概率。这一建议同样也适用于航天战略。

Thomas Schelling 的威慑性防御思想在衡量一个新兴太空国家的进攻和防御性战略时也是适用的。Thomas Schelling 认为,战争既可以有威慑的意图,也可以有胁迫的意图,正如它可以有防御和进攻的目的一样[86]。他写道,如果目标是迫使对手不采取某种行动,那么可以使敌人的侵扰变得痛苦或代价高昂[87]。Thomas Schelling 在谈到那些军事能力较弱的国家时指出:"如果没有能力阻止敌方的总体推进,但能使敌人的推进代价高昂,那么在其他方面的似乎是徒劳的抵抗也是值得的。"[88]他把这称为"动态"威慑,在这种威慑中,威胁是通过逐步实现的方式来传达的[89]。这种威慑有可能通过防御手段阻止对手的重复行动(即使它不可能击退敌人的行动)。这种使敌方任何侵略的成本变得过高的行动也应被视为一种"成功"[90]。这些衡量与威慑和军事行动的"成本与效益"计算相一致。

根据毛泽东和 Thomas Schelling 的著作,新兴国家的小规模行动本身不可能决定战争或冲突的结果(至少在被视为孤立的事件时是这样)。尽管如此,这些行动仍然可以取得适度的效果。小规模行动可以阻止优势大国强化其制天权,并使其花费更多的资源和人员来对抗小规模行动的威胁。如果小规模攻击是成功的,那么一个新兴国家的国内士气可能会提高。

接下来的章节将论述与进攻和防御性行动有关的其他相关主题,而这些主题基于与战争有关的一般理论的著作。虽然本章的背景是新兴太空国家的航天战略,但所描述的方法可以是中国的战略中描述的多领域战争或"全面统筹"行动的一部分[91]。此外,本章所描述的方法还可能是寻求消极影响另一方太空活动的地面行动的一部分。

7.7.1 分散与集中

故兵以诈立,以利动,以分和为变者也[92]。

——孙子

毛泽东关于分散和集中兵力的文章是他关于游击战的许多想法的基础。

他写道:"虽然根据情况灵活地分散或集中部队是游击战的主要方法,但我们也必须知道如何灵活地转移我们的部队。"[93]然而,孙子的前一句话也许对分散和集中的问题说得更清楚。显然,战争中分散和集中之间的不断转换是两位著名战略家著作中的一个基本要素。与进攻和防御性行动之间的流畅切换一样,分散和集中战略的运用将是一个新兴太空国家军事战略的必要核心。进攻性行动应集中力量对付对手,以达到最大效果,而在不进行进攻行性动时,部队和资产应分散开来,以避免被敌人发现而一锅端,从而导致决定性的失败。

在写到人民起义和分散的必要性时,克劳塞维茨指出,它"应该是模糊的和难以捉摸的,它的抵抗永远不应该通过一个具体的机构来实现,否则敌人可以把足够的力量指向核心并粉碎它"[94]。关于起义分子应该如何行动和分散,他接着说:"……最好是分散开来,通过突然袭击的方式继续抵抗,而不是挤在一个狭窄的堡垒里,或者被锁死在一个固定的防御位置而无法逃脱。"[95]

在考虑航天战略时,分散力量的主要原因之一是拥有制天权的太空强国不能够在一次交战中决定性地击败能力较弱的国家。分散可以通过陆地、海洋、空中、太空和网络领域实现,这可能会促进太空任务保证和复原力(弹性)的有效性。

这一战略的另一个部分是集中。集中原则使新兴太空国家能够将资源转移到使预期的进攻行动或潜在的攻击威胁可以对敌人造成最大伤害的地方。在开展进攻行动以实现积极目标时,需要集中力量或效果。通过在特定时期将有限的力量或效果集中在一个区域内,一个新兴太空国家可能实现对敌方的相对优势。这一想法符合第2章所讨论的局部和临时制天权的原则。

7.7.2 蚕食其边缘

起义行动可以在外部交通线周围进行,并应试图用克劳塞维茨的表述来"蚕食敌人管辖区的边缘地带"[96]。根据这位普鲁士战略家的说法,这些行动旨在于对手力量所在的地方之外发动,以完全阻却敌方控制这些地区[97]。他指出,起义行动的目的是获得越来越多的民众支持,以至于"星星之火不断蔓延,直到到达敌人赖以生存的地区,威胁到他的交通线和他的生存"[98]。在航天战略方面,通过沿着太空通路的外围或在对手力量羸弱的地区进行攻击,可以实现外交、经济、信息或军事目的。一支能力较弱的太空部队可以攻击对手偏僻的太空通路,从而避免在敌人拥有优势兵力的地区直接与敌人交战[99]。

从孙子、克劳塞维茨和毛泽东的论述来看,可以预计的是,一个新兴太空国家的战略包括沿外部太空通路的小规模行动,其目标是这些线路上容易到达的地点。由于太空行动所需技术的复杂性,这种类型的行动可能比针对地面目标的行动更难实施和完成,至少在近期是这样。纳入"蚕食"想法的适当的战略可能需要:

(1) 针对用于上行链路的地面设施或作为天基信息的中央分发中心的行动;

(2) 打击对手的太空机构总部、制造设施和发射设施,因为它们处于与太空有关的供应链的尾端;

(3) 通过信号干扰和激光,在针对敌方在地球静止轨道上的通信和光电卫星的行动外围进行非动能行动。

7.7.3 不对称攻击与网络攻击

孙子认为,需要根据准备允分、经验丰富的对手的行动调整自己的行动,正如他所说的:"出其不意攻其不备"[100]。这一想法目前已被纳入所谓的不对称行动中,它试图通过使用不同的战略、战术和能力来规避对手的优势并利用其弱点[101]。

新兴太空力量确实可能将不对称战争的要素纳入其战略中。这种纳入是因为需要利用有限的军事手段实现政治目标或对敌人产生消极影响。在考虑新兴太空国家的不对称行动时,很容易联想到一种行动:利用自己在某一个行动领域的优势对敌方较弱的行动领域产生负面影响,例如在敌方发射有效载荷进入轨道之前,对敌方的发射设施进行地面打击。

此外,当考虑到不对称行动和潜在的行动优势时,网络行动可能是实现预期效果的首选方法。由于网络领域包含了涉及全球和多领域网络的广泛通信线路(如服务器、各种网络硬件和终端),网络攻击可能被视为那些实力较弱的人进行不对称行动的一种简单方法。根据目前有关网络攻击的广泛经验,这种观点似乎是正确的。因为领导网络攻击的个人或团体(假设攻击不是由计算机软件自主进行的)可以身处距离受影响的地区数千英里之外的地方,任何对网络攻击的不利后果的担忧都会被最小化。

此外,通常很难通过取证和其他情报和执法方法来明确辨别谁应该对诸多网络入侵和攻击负责。如果没有这样的取证数据和其他确凿的信息,一个能够从来源不明的网络攻击中采取报复行动的归因决定似乎确实值得怀疑。出于这些原因,网络攻击或其他利用互联网的行动似乎是一个实力较弱的国家避免失败和保护有限军事资源同时谋求利用对手的弱点的可行手段。这类无法归因的和非公开的方法可能会在长期条件下和使用累积战略的情况下削弱优势对手的影响力。

7.7.4 影响对手的战略要害

凡先处战地而待敌者佚,后处战地而趋战者劳[102]。

——孙子

就国家机器下的军事资产的使用而言,新兴太空国家的战略应考虑到影响战略成败的战略要地。战略要地可能包括高价值的太空资产或那些被认为具有特殊重要性的资产。控制战略要地是与孙子的上述引文相称的[103]。在他的著作中,孙子反复强调利用战略要地来获得战略优势,他的建议进一步说明了这一点:"故善战者,立于不败之地,而不失敌之败也。[104]"通过利用战略要地的优势,有可能以最小的风险获得最大的回报。而且,摧毁对手的高价值太空资产可能会对地方产生不利经济后果,因为它的替代成本代价过于高昂;因此,在失去高价值资产后对方可能会遭受心理上的打击。克劳塞维茨指出了起义战争造成心理影响的能力,他在谈到游击战的效用时说:"……心理因素,只有通过这种类型的打击才会产生。"[105]具体而言,一个新兴太空国家可以用以下方法来控制战略要地:

(1) 不可逆行动,即通过动能或非动能手段干扰提供专门服务的卫星;

(2) 对有大量卫星通信通过的地面站开展打击行动;

(3) 对制造商用于生产高价值卫星的设施进行攻击;

(4) 对对手的陆基发射场开展陆上、海上、空中、太空或网络行动,这样做有可能限制对手重建在冲突中受损的太空系统的能力;

(5) 干扰作为科学、商业、后勤或军事企业中心的太空站,这样做可以阻却敌方的特定活动并造成严重的政治影响;

(6) 对月球或其他天体上的永久站产生消极影响(因为它们可能会提供独特的服务或能力)。

7.7.5 利用持久战

夫兵久而国利者,未之有也[106]。

——孙子

孙子的上述说法旨在强调一个强大的中央集权国家可因旷日持久的战争

而分崩离析。然而,就实力较弱的国家向实力较强的国家发动战争而言,这种战争方式可能是有利的。虽然新兴势力(包括起义军)的实力和国家暴力机器相比宛若云泥,但新兴势力可以通过持久战并利用时间因素来拖垮国家机器。

由于交战方之间的实力差距,游击战经常要求游击队对敌人进行突袭,然后在强大的敌人进行任何实质性反击之前撤退。克劳塞维茨在谈到陆战中的人民起义时认为,由于起义军通常在其领土的内部活动,游击战战略"要求通过及时放弃难以立足的土地来避免更大的失败"[107]。克劳塞维茨在其著作中将起义比作缓慢燃烧的火焰:

像燃烧的余烬一样,它消耗了敌军的基本基础。由于它需要时间才能发挥作用,在这两个因素相互作用的同时会形成一种紧张状态。这种紧张状态要么逐渐放松(如果起义在一些地方被压制,而在其他地方则慢慢地自生自灭),要么就会积累成危机(一场全面的大火逼近敌人,而敌人所能做的就是在己方彻底崩溃之前将其赶出国境)[108]。

延长冲突的目的是保护己方的利益,防止敌人实现其目标,直到局势发生有利于自己的变化。因此,通过持久战争取时间包含了防御性战略的要素。此外,小规模行动可以拖延时间,直到盟友或其他力量可以加入对抗优势力量的战斗中。

就延长战争时间,直到局势对自己有利这一概念而言,其包括对对手采取非军事或军事行动。可能有助于延长战争时间的措施包括:

(1) 符合累积战略和间接方法的军事行动;
(2) 与其他国家和太空行为体采取集体行动,对敌方实施经济禁运,从而对敌方依赖太空的商业活动进行限制;
(3) 将冲突诉诸国内或国际法院,以潜在地降低对手达成其直接目标的能力(也称为"法律战");
(4) 发布关于敌方太空活动的嘲笑性媒体报道,其目的是迫使对手在恢复有争议的行动之前做出回应。

7.7.6 利用恐怖分子行动

叛乱战争的一个重要分支是恐怖主义。Ken Pollack 曾说:"当然,恐怖主义是叛乱战争的一种形式。虽然不是所有的叛乱都采用恐怖主义,但历史上大多数叛乱都是这样做的。"[109] 根据定义,每个恐怖组织都在采用一种叛乱战争的形式。与叛乱分子一样,恐怖分子的目标可能是政治性的。然而,一些恐怖分子可能没有纯粹的政治目标。相反,恐怖分子可能想要的是无政府状态、混乱或国家的解体。恐怖组织可以使用任何适用于新兴国家的一般战略。然而,与大多数新兴国家不同的是,恐怖分子的目标不仅是争夺另一个国家的指挥权,而且可能包括造成恐惧和大规模伤亡。出于这些目的,恐怖分子可能更倾向于攻击容易接近的地点,以引起普通民众的最轰动的反应。

J. C. Wylie 和 Thomas Schelling 都阐述了与恐怖分子有关的战略。J. C. Wylie 在他的一般控制理论下考量了恐怖主义的一般战略,并写道:

> 恐怖分子的目的是为了他们自己的目的而在某种程度上控制社会变革的进程。恐怖分子试图通过控制他们对社会的战争模式来实现这一目标。恐怖分子通过创建和操纵一个重心(一个人或一个装置,以确保公众关注)来实现这一点,他们选择了一个对战略家有利、对恐怖分子想要控制的有组织社会不利的重心[110]。

考虑到恐怖分子的行动,Thomas Schelling 认为恐怖主义是旨在胁迫敌人而不是在军事上削弱敌人[111]。在讨论恐怖分子需要考虑使用暴力的潜在政治价值,而不是他们可能带来的单纯破坏性行动的任何价值时,Thomas Schelling 写道:

> 如果他们能得到裂变材料,聪明的恐怖分子(会组装核爆炸装置的人必然是极度聪明的)应该能够理解这种武器所能带来的影响,而不会简单地破坏这些材料[112]。

总的来说,J. C. Wylie 和 Thomas Schelling 都有类似的想法。对 J. C. Wylie 来说,恐怖分子的目的是控制冲突的模式;对 Thomas Schelling 来说,恐怖分子的目的是胁迫敌人。因此,两人都认为恐怖分子试图影响他人的行动和思维。

恐怖分子可能考虑的针对与太空有关的潜在目标的行动包括:

(1) 控制用于太空系统开发或使用的公司总部;

(2) 打击天基商业和贸易的地基中继站(因为它们数量众多,而且可能没有得到很好的保护);

(3) 破坏准备发射的载人航天器(因为破坏会引起轰动反应从而引发媒体关注);

(4) 摧毁高价值的商业太空系统,如那些提供独一无二的服务或具有高品牌知名度的系统;

(5) 对载人太空站造成灾难性的破坏(诚然,目前攻击轨道或近月太空的载人太空站对恐怖分子来说可能是最有吸引力的选择,但在技术上具有挑战性)。

7.8 小　　结

即使新兴国家的战略比强国的战略更不易理解,但这些战略也是重要的,应该深入研究。由于新兴太空国家比太空强国或中等太空国家数量更多,所以这些国家的具体航天战略也相当重要。此外,实力较弱的太空国家的战略也是航天战略家的一个考量重点。

根据孙子、克劳塞维茨、毛泽东、B. H. Liddell Hart 和 J. C. Wylie 的著作,累积战略和间接方法的概念往往最适用于新兴太空国家。与起义军的战略一样,并与克劳塞维茨和毛泽东的教诲相一致,新兴太空国家希望避免任何可能导致己方发生决定性失败的情况。为了避免这种情况,可能需要沿着对手的太空通路外围采取行动。一个健全的战略需要同时包含充分的准备和防御措施,以保护己方部队和资产,直至时机成熟并可以采取适当的进攻性行动。此外,进攻性行动对于实现积极的战略目标和胜利非常重要,但这些行动必须与防御性战略相结合。

引文标注

1 Mao Tse-tung, *Selected Military Writings of Mao Tse-tung* (Seattle, WA: Praetorian-press.com, 2011) Kindle edition, location 3570.

2 Deganit Paikowsky, "The Space Club—Space Policies and Politics" (paper presented at the 60th International Astronautical Congress, Daejeon, Republic of Korea, October 2009). Also referenced by Scott Pace, "A Space Launch without a Space Program," 38 *North*, April 11, 2012, http://38north.org/2012/04/space041112.

3 Dave Baiocchi and William Weiser IV, "The Democratization of Space: New Actors Need New Rules," *Foreign Affairs* (May/June 2015), www.foreignaffairs.com/articles/space/2015-04—20/democratization-space.

4 同上.

5 The White House, *The National Security Strategy of the United States of America* (December 2017), 31, www.whitehouse.gov/wp-content/uploads/2017/12/NSS-Final-12-I8-2017-0905.pdf.

6 Sandra Erwin, "Space Industry takes Prominent Role in Trump's National Security Strategy," *Spacenews*, December 18, 2017, http://spacenews.com/space-industry-takes-prominent-role

-in-trumps-national-security-strategy/.

7　The White House, *The National Security Strategy of the United States of America* (December 2017), 31.

8　Carl von Clausewitz, *On War*, trans, and eds. Michael Howard and Peter Paret (Princeton, NJ: Princeton University Press, 1989), 479-483.

9　同上.

10　同上., 483.

11　同上., 479.

12　John Palimaka, "The 30th Anniversary of Alouette I," *IEEE Canadian Review* (Fall 1992), www. ieee. ca/millennium/alouette/alouette_impact. html.

13　Palimaka, "The 30th Anniversary of Alouette I."

14　"Alouette I and II," Canadian Space Agency, last modified March 5, 2012, www. asc-csa. gc. ca/eng/satellites/alouette. asp.

15　"Black Brant Sounding Rocket," Royal Aviation Museum of Western Canada, accessed August 27, 2018, www. royalaviationmuseum. com/759/blackbrant/.

16　Lydia Dotto, *Canada and The European Space Agency Three Decades of Cooperation*, European Space Agency (2002), www. esa. int/esapub/hsr/HSR_25. pdf.

17　"Canadarm and Canadarm2 - A comparative table," Canadian Space Agency, last modified March 22, 2018, www. asc-csa. gc. ca/eng/iss/canadarm2/canadarm-canadarm2-comparative-table. asp.

18　同上.

19　"Curiosity and the Mars Science Laboratory Mission," Canadian Space Agency, last modified May 5, 2017, www. asc-csa. gc. ca/eng/astronomy/mars/curiosity. asp.

20　"James Webb Telescope Overview," National Aeronautics and Space Administration, accessed August 27, 2018, www. nasa. gov/mission_pages/webb/about/index. html.

21　"Space Missions," Canadian Space Agency, last modified April 27, 2018, www. asc-csa. gc. ca/eng/missions/default, asp.

22　"Biography of Marc Gameau," Canadian Space Agency, last modified August 2006, www. asc-csa. gc. ca/eng/astronauts/canadian/former/bio-marc-gameau. asp.

23　Allan Woods, "Chris Hadfield: The Superstar Astronaut taking Social Media by Storm," *Guardian*, February 22, 2013, www. theguardian. com/science/2013/feb/22/chris-hadfield-canada-superstar-astronaut.

24　"Space Situational Awareness and the Sapphire Satellite," National Defence and the Canadian Armed Forces, last modified January 30, 2014, www. forces. gc. ca/en/news/article. page? doc = space-situational-awareness-and-the-sapphire-satellite/hr0e3oag.

25　同上.

26　William E. Burrows, *This New Ocean：The Story of the First Space Age*（New York：Random House Inc,1998）,621.

27　"About," Arabsat,accessed July 28,2018,www. arabsat. com/english/about.

28　"Arabsat 1A,IB,IC/Insat 2DT," Gunter's Space Page,accessed July 28,2018,http：// space. skyrocket,de/docsdat/arabsat-1 a. htm.

29　Burrows,*This New Ocean*,553.

30　Rym Ghazal,"The First Arab in Space," *The National*,April 9,2015,www. thenational. ae/ arts-culture/the-first-arab-in-space-1. 32633.

31　Caleb Henry, "Arabsat Falcon Heavy Mission Slated for December-January Time-frame," *Spacenews*,June 1,2018,https：//spacenews. com/arabsat-falcon-heavy-mission-slated-for-december-january-timeframe/.

32　"Saudi Arabia and Earth Observation Systems," GlobalSecurity. org,accessed July 28,2018, www. globalsecurity. org/space/world/saudi/intro. htm.

33　"SaudiComsat 1,2,3,4,5,6,7," Gunter's Space Page,accessed July 28,2018,http：// space. skyrocket. de/doc_sdat/saudicomsat-l. htm; "SaudiSat 3," Gunter's Space Page,accessed July 28,2018,http：//space. skyrocket. de/doc_sdat/saudisat-3. htm.

34　"SaudiSat 4," Gunter's Space Page,accessed July 28,2018,http：//space. skyrocket. de/doc _sdat/saudisat-4. htm.

35　"Space and Aeronautics," King Abdulaziz City for Science and Technology,accessed July 28, 2018,www. kacst. edu. sa/eng/rd/pages/content. aspx? dID=97.

36　"France-Saudi Arabia Space Cooperation,CNES and KACST Sign Executive Program Agreement," CNES,press release,April 10,2018,https：//presse. cnes. fr/en/france-saudi-arabia-space-cooperation-cnes-and-kacst-sign-executive-programme-agreement; John Sheldon, "Saudi Arabia and Russia Deepen Space Cooperation,Agree on Joint Space Exploration Projects," *Spacewatch. Global*,October 9,2017,https：//spacewatchme. com/2017/10/saudi-arabia-russia-deepen-space-cooperation-agree-joint-space-exploration-projects/.

37　Andrew Jones,"Chang'e-4：Far Side of the Moon Lander and Rover Mission to Launch in December," *gbtimes*,June 18,2018,https：//gbtimes. com/change-4-far-side-of-the-moon-lander-and-rover-mission-to-launch-in-december.

38　MacDonald Dettwiler and Associates acquired DigitalGlobe in October 2017. Andrea Shalal, "DigitalGlobe Forms Satellite Joint Venture with Saudi Firms," *Reuters*,February 21,2016, www. reuters. com/article/us-digitalglobe-saudi-venture/digitalglobe-forms-satellite-joint-venture-with-saudi-firms-idUSKCNO VU11F.

39　Peter B. de Selding,"DigitalGlobe and Saudi Government Sign Joint Venture on Satellite Imaging Constellation," *Spacenews*,February 22,2016,https：//spacenews. com/digitalglobe-and-saudi-government-sign-joint-venture-on-satel lite-imagingconstellation/.

40 Jeff Foust,"Virgin Signs Agreement with Saudi Arabia for Billion-Dollar Investment," *Spacenews*, October 26, 2017, https://spacenews.com/virgin-signs-agreement-with-saudi-arabia-for-billion-dollar-investment/; John Sheldon, "Saudi Arabia Rumored to be Funding Ukrainian Hypersonic Spaceplane," *Spacewatch, global*, March 28, 2018, https://spacewatch.global/2018/03/saudi-arabia-rumoured-funding-ukrainian-hypersonic-spaceplane/.

41 "Saudi Arabia's Vision 2030 Plan Is Too Big to Fail-Or Succeed," *Stratfor*, July 27, 2018, https://worldview.Stratfor,com/article/saudi-arabias-vision-2030-plan-too-big-fail-or-succeed.

42 John B. Sheldon, "Saudi Arabia's Vision 2030: A Golden Opportunity for Space?" ThorWatch Analysis (ThorGroup GmbH, May 1, 2016), 4.

43 Department of Defense, 2018 *National Defense Strategy of the United States of America: Sharpening the American Military's Competitive Edge* (2018), 3, www.defense.gOv/Portals/l/Documents/pubs/2018-National-Defense-Strategy-Summary.pdf.

44 Department of Defense, 2018 *National Defense Strategy of the United States of America*, 3. Emphasis original.

45 Alan Boyle, "Interview: Jeff Bezos Lays Out Blue Origin's Space Vision, from Tourism to Off-planet Heavy Industry," *Geek Wire*, April 13, 2016, www.geekwire.com/2016/interview-jeff-bezos/; Dave Mosher, "Elon Musk Has Published a New Study About His Ambitious Plans to Colonize Mars with SpaceX," Business Insider, March 27, 2018, www.businessinsider.com/elon-musk-mars-colony-details-new-space-study-2018-3.

46 "About us," Intelsat, accessed August 27, 2018, www.intelsat.eom/about-us./.

47 "About us," Inmarsat, accessed August 27, 2018, www.inmarsat.com/about-us/.

48 J.C. Wylie, *Military Strategy*: A General Theory of Power Control, with introduction by John B. Hattendorf (New Brunswick, NJ: Rutgers University Press, 1967; reprint, Annapolis, MD: Naval Institute Press, 1989), 22-27.

49 同上., 24.

50 同上., 25.

51 同上., 22-27.

52 同上., 25.

53 同上., 48-49.

54 同上.

55 同上., 54.

56 同上., 48-19.

57 同上., 55.

58 同上., 60.

59 B.H. Liddell Hart, *Strategy*: The Indirect Approach, 2nd ed. (London: Faber and Faber,

1967),337.

60 Mao Tse-tung, *Selected Military Writings*, location 5155.

61 同上., location 3727.

62 同上., location 5184.

63 The three possible choices are germane to medium space powers as well.

64 Office of the Assistant Secretary of Defense for Homeland Defense and Global Security, *Space Domain Mission Assurance: A Resilience Taxonomy* (September 2015), 6-7, http://policy. defense. gov/Portals/! l/Space% 20Policy/ResilienceTaxonomyWhitePaperFinal. pdf? ver = 2016-12-27-131828-623

65 Wylie, *Military Strategy*, 22-27.

66 "Members of the Committee on the Peaceful Uses of Outer Space," United Nations Office for Outer Space Activities, accessed August 27, 2018, www. unoosa. org/oosa/en/members/index. html

67 The European Space Agency (ESA) has 22 Member States. See "What is ESA?" European Space Agency, accessed August 27, 2018, www. esa. int/About _ Us/WelcometoESA/WhatisES A

68 "Committee on the Peaceful Uses of Outer Space," United Nations Office for Outer Space Activities, accessed August 27, 2018, www. unoosa. org/oosa/en/ourwork/copuos/index. html

69 Sylvain Laporte, President of the Canadian Space Agency, Statement to the Com-mittee on the Peaceful Uses of Outer Space, UNISPACE+50 High-Level Segment, Vienna, Austria, June 20-21, 2018, 5, www. unoosa. org/documents/pdf/copuos/2018/hlsZ04_05EF. pdf

70 Laporte, President Canadian Space Agency, Statement to the Committee on the Peaceful Uses of Outer Space, 6.

71 Sheldon, "Saudi Arabia and Russia Deepen Space Cooperation."

72 Robert Z. Pearlman, "Canada Launches New Space Robot-Themed $5 Bill into Circulation," Space, November 7, 2013, www. space. com/23511-canada-launches-space-five-dollar-bill. html

73 Pearlman, "Canada Launches New Space Robot-Themed $5 Bill into Circulation."

74 "International Cooperation," National Aeronautics and Space Administration, accessed August 27, 2018, www. nasa. gov/mission_pages/station/cooperation/index. html

75 Joan Johnson-Freese, "China's Manned Space Program," *Naval War College Review vol.* 56 no. 3(2003), 54.

76 The White House, *National Space Transportation Policy* (November 21, 2013), 1, https://obamawhitehouse. archives. gov/sites/default/files/microsites/ostp/national_space_transportation_policy_l 1212013. pdf

77 "Australian Space Agency," Australian Government Department of Industry, Innovation and

Science, accessed August 27, 2018, https://industry. gov. au/INDUSTRY/IndustrySectors/SPACE/Pages/default. aspx

78 同上.

79 "Turnbull Government Launches Australia's First Space Agency," Australian Government Department of Industry, Innovation and Science, press release, May 14, 2018, www. minister. industry. gov. au/ministers/cash/media – releases/tumbull – govemment – launches – australias – first–space–agency

80 Dennis Normile, "Updated: Australia Creates Nation's First Space Agency," *Science*, May 8, 2018, www. sciencemag. org/news/2018/05/updated – australia – creates – nation – s – first – space–agency

81 Sun Tzu, *The Art of War* (c. 400–320bc) ,4. 20.

82 Clausewitz, *On War*, 480.

83 Mao Tse-tung, *Selected Military Writings*, location 3570.

84 同上. , location 3749.

85 同上. , location 3734.

86 Thomas C. Schelling, *Arms and Influence* (New Haven, CT: Yale University Press, 1966) ,80.

87 同上. ,78–79.

88 同上. ,79.

89 同上.

90 同上.

91 Dean Cheng, *Cyber Dragon: Inside China's Information Warfare and Cyber Operations* (Santa Barbara, CA: Praeger Security International, 2017) ,162.

92 Sun Tzu, *The Art of War* (c. 400–320 bc) ,7. 12.

93 Mao Tse-tung, *Selected Military Writings*, location 3718.

94 Clausewitz, *On War*, 481.

95 同上. ,482.

96 同上. ,480–481.

97 同上.

98 同上. ,481.

99 This is in keeping with Clausewitz's idea to "nibble at the shell and around the edges." Clausewitz, "The People in Arms," in *On War*, 479–483.

100 Sun Tzu, *The Art of War*, trans. Samuel B. Griffith (Oxford: Oxford University Press, 1963) ,69.

101 Joint Chiefs of Staff, *Department of Defense Dictionary of Military and Associated Terms*, Joint Publication 1–02 (November 8, 2010, amended through February 15, 2016) ,17, https://fas. org/irp/doddir/dod/jpl_02. pdf

102　Sun Tzu, *The Art of War* (c. 400-320bc), 6. 3.

103　Sun Tzu, *The Art of War*, 96. Attributed to Tu Yu. Passage goes on to say, "When a cat is at the rat hole, ten thousand rats dare not come out; when a tiger guards the ford, ten thousand deer cannot cross."

104　同上. , 87.

105　Clausewitz, *On War*, 479.

106　Sun Tzu, *The Art of War* (c. 400-320bc), 2. 7.

107　Clausewitz, *On War*, 469.

108　同上. , 480.

109　Kenneth Pollack, *A Path out of the Desert:A Grand Strategy for America and the Middle East* (New York:Random House, 2009), 188.

110　Wylie, *Military Strategy*, 105-106.

111　Schelling, *Arms and Influence*, 17.

112　同上. , ix.

参考文献

[1]　"About." Arabsat. Accessed July 28, 2018. www. arabsat. com/english/about

[2]　"About us." Inmarsat. Accessed August 27, 2018. www. inmarsat. com/about-us/

[3]　"About us." Intelsat. Accessed August 27, 2018. www. intelsat. eom/about-us. /

[4]　"Alouette I and II." Canadian Space Agency. Last modified March 5, 2012. www. asc-csa. gc. ca/eng/satellites/alouette. asp

[5]　"Arabsat 1A, IB, IC/Insat 2DT." Gunter's Space Page. Accessed July 28, 2018. http://space. skyrocket. de/doc_sdat/arabsat-1 a. htm

[6]　"Australian SpaceAgency" Australian Government Department of Industry, Innovation and Science. Accessed August 27, 2018. https://industry. gov. au/INDUSTRY/Industry Sectors/SPACE/Pages/default. aspx

[7]　Baiocchi, Dave and William Weiser IV. "The Democratization of Space:New Actors Need New Rules." *Foreign Affairs*(May/June 2015). www. foreignaffairs. com/articles/space/2015-04-20/democratization-space

[8]　"Biography of Marc Gameau." Canadian Space Agency. Last modified August 18, 2006. www. asc-csa. gc. ca/eng/astronauts/canadian/former/bio-marc-gameau. asp

[9]　"Black Brant Sounding Rocket." Royal Aviation Museum of Western Canada. Accessed August 27, 2018. www. royalaviationmuseum. com/759/blackbrant/

[10]　Boyle, Alan. "Interview:Jeff Bezos Lays Out Blue Origin's Space Vision, from Tourism to Off-

planet Heavy Industry." *Geek Wire.* April 13, 2016. www. geekwire. com/2016/intervie w-j eff-bezos/

[11] Burrows, William E. *This New Ocean: The Story of the First Space Age.* New York: Random House Inc. , 1998.

[12] "Canadarm and Canadarm2-A comparative table." Canadian Space Agency. Last modified March 22, 2018. www. asc-csa. gc. ca/eng/iss/canadarm2/canadarm-canadarm2-comparative-table. asp

[13] Cheng, Dean. *Cyber Dragon: Inside China's Information Warfare and Cyber Operations.* Santa Barbara, CA: Praeger Security International, 2017.

[14] Clausewitz, Carl von. *On War.* Translated and edited by Michael Howard and Peter Paret. Princeton, NJ: Princeton University Press, 1989.

[15] "Committee on the Peaceful Uses of Outer Space." United Nations Office for Outer Space Activities. Accessed August 27, 2018. www. unoosa. org/oosa/en/ourwork/copuos/index. html

[16] "Curiosity and the Mars Science Laboratory Mission." Canadian Space Agency. Last modified May 5, 2017. www. asc-csa. gc. ca/eng/astronomy/mars/curiosity. asp

[17] Department of Defense. 2018 *National Defense Strategy of the United States of America: Sharpening the American Military's Competitive Edge.* 2018. www. defense. gov/Portals/1/Documents/pubs/2018-National-Defense-Strategy-Summary. pdf

[18] Dotto, Lydia. *Canada and the European Space Agency Three Decades of Cooperation.* European Space Agency. 2002. www. esa. int/esapub/hsr/HSR_25. pdf

[19] Erwin, Sandra. "Space Industry takes Prominent Rolein Trump's National Security Strategy." *Spacenews.* December 18, 2017. http://spacenews. com/space-industry-takes-prominent-role-in-trumps-national-security-strategy/

[20] Foust, Jeff. "Virgin Signs Agreement with Saudi Arabia for Billion-Dollar Investment." *Spacenews.* October 26, 2017. https://spacenews. com/virgin-signs-agreement-with-saudi-arabia-for-billion-dollar-investment/

[21] "France-Saudi Arabia Space Cooperation, CNES and KACST Sign Executive ProgramAgreement." CNES. Press release, April 10, 2018. https://presse. cnes. fr/en/france-saudi-arabia-space-cooperation-cnes-and-kacst-sign-executive-programme-agreement

[22] Ghazal, Rym. "The First Arab in Space." *The National.* April 9, 2015. www. thenational. ae/arts-culture/the-first-arab-in-space-1. 32633

[23] Henry, Caleb. "Arabsat Falcon Heavy Mission Slated for December-January Timeframe." *Spacenews.* June 1, 2018. https://spacenews. com/arabsat-falcon-heavy-mission-slated-for-december-j anuaiy-timeframe/

[24] "International Cooperation." National Aeronautics and Space Administration. Accessed August 27, 2018. www. nasa. gov/mission_pages/station/cooperation/index. html

[25] "James Webb Telescope Overview." National Aeronautics and Space Administration. Accessed August 27,2018. www. nasa. gov/mission_pages/webb/about/index. html

[26] Johnson-Freese,Joan. "China's Manned Space Program." *Naval War College Review* vol. 56 no. 3(2003):50-71.

[27] Joint Chiefs of Staff. *Department of Defense Dictionary of Military and Associated Terms.* Joint Publication 1-02. November 8,2010,amended through February 15,2016. https://fas. org/irp/doddir/dod/jp 1 02. pdf

[28] Jones, Andrew. "Chang'e-4: Far Side of the Moon Lander and Rover Mission to Launch in December." *gbtimes*. June 18,2018. https://gbtimes. com/change-4-far-side-of-the-moon-lander-and-rover-mission-to-launch-in-december

[29] Laporte,Sylvain. President of the Canadian Space Agency. Statement to the Committee on the Peaceful Uses of Outer Space,UNISPACE+50 High-Level Segment. Vienna,Austria. June 20-21,2018. www. unoosa. org/documents/pdf/copuos/2018/hls/04_05EF. pdf

[30] Liddell Hart, B. H. *Strategy: The Indirect Approach.* 2nd edition. London: Faber and Faber,1967.

[31] Mao Tse-tung. *Selected Military Writings of Mao Tse-tung.* Seattle, WA: Praetorian-press. com,2011. Kindle edition.

[32] "Members of the Committee on the Peaceful Uses of Outer Space." United Nations Office for Outer Space Activities. Accessed August 27, 2018. www. unoosa. org/oosa/en/members/index. html.

[33] Mosher,Dave. "Elon Musk Has Published a New Study About His Ambitious Plans to Colonize Mars with SpaceX." *Business Insider.* March 27,2018. www. businessinsider. com/elon-musk-mars-colony-details-new-space-study-2018-3

[34] Normile, Dennis. "Updated: Australia Creates Nation's First Space Agency." *Science.* May 8,2018. www. sciencemag. org/news/2018/05/updated-australia-creates-nation-s-first-space-agency

[35] Office of the Assistant Secretary of Defense for Homeland Defense and Global Security. *Space Domain Mission Assurance: A Resilience Taxonomy.* September 2015. http://policy. defense. gov/Portals/ll/Space%20Policy/ResilienceTaxonomyWhitePaperFinal. pdf? ver=2016-12-27-131828-623

[36] Pace,Scott. "A Space Launch without a Space Program." 38 *North.* April 11,2012. http://38north. org/2012/04/space041112

[37] Paikowsky, Deganit. "TheSpace Club—Space Policies and Politics." Paper presented at the 60th International Astronautical Congress. Daejeon,Republic of Korea,October 2009.

[38] Palimaka,John. "The 30th Anniversary of Alouette I." *IEEE Canadian Review* (Fall 1992). www. ieee. ca/millennium/alouette/alouette_impact. html

[39] Pearlman, Robert Z. "Canada Launches New Space Robot-Themed $5 Bill into Circulation." *Space*. November 7, 2013. www.space.com/23511-canada-launches-space-live-dollar-bill.html

[40] Pollack, Kenneth. *A Path out of the Desert: A Grand Strategy for America and the Middle East*. New York: Random House, 2008.

[41] "Saudi Arabia and Earth Observation Systems." GlobalSecurity.org. Accessed July 28, 2018. www.globalsecurity.org/space/world/saudi/intro.htm

[42] "Saudi Arabia's Vision 2030 Plan Is Too Big to Fail-Or Succeed." *Stratfor*. July 27, 2018. https://worldview.stratfor.com/article/saudi-arabias-vision-2030-plan-too-big-fail-or-succeed

[43] "SaudiComsat 1, 2, 3, 4, 5, 6, 7." Gunter's Space Page. Accessed July 28, 2018. http://space.skyrocket.de/doc_sdat/saudicomsat-1.htm

[44] "SaudiSat 3." Gunter's Space Page. Accessed July 28, 2018, http://space.skyrocket.de/doesdat/saudisat-3.htm

[45] "SaudiSat 4." Gunter's Space Page. Accessed July 28, 2018. http://space.skyrocket.de/doesdat/saudisat-4.htm

[46] Schelling, Thomas C. *Arms and Influence*. New Haven, CT: Yale University Press, 1966. de Selding, Peter B. "DigitalGlobe and Saudi Government Sign Joint Venture on Satellite

[47] Imaging Constellation." *Spacenews*. February 22, 2016. https://spacenews.com/digitalglobe-and-saudi-government-sign-joint-venture-on-satellite-imaging-constellation/

[48] Shalal, Andrea. "DigitalGlobe Forms Satellite Joint Venture with Saudi Firms." *Reuters*. February 2F 2016. www.reuters.com/article/us-digitalglobe-saudi-venture/digitalglobe-forms-satellite-joint-venture-with-saudi-firms-idUSKCN0VU1IF

[49] Sheldon, John. "Saudi Arabia Rumored to be Funding Ukrainian Hypersonic Spaceplane." *Spacewatch.globaL* March 28, 2018. https://spacewatch.global/2018/03/saudi-arabia-rumoured-funding-ukrainian-hypersonic-spaceplane/

[50] Sheldon, John. "Saudi Arabia and Russia Deepen Space Cooperation, Agree on Joint Space Exploration Projects." *Spacewatch. Global*. October 9, 2017. https://space-watchme.com/2017/10/saudi-arabia-russia-deepen-space-cooperation-agree-joint-space-exploration-projects/

[51] Sheldon, John. "Saudi Arabia's Vision 2030: A Golden Opportunity for Space?" Thor-Watch Analysis. ThorGroup GmbH, May 1, 2016.

[52] "Space and Aeronautics." King Abdulaziz City for Science and Technology. Accessed July 28, 2018. www.kacst.edu.sa/eng/rd/pages/content.aspx?dID=97

[53] "Space Missions." Canadian Space Agency. Last modified April 27, 2018. www.asc-csa.gc.ca/eng/missions/defaultasp

[54] "Space Situational Awareness and the Sapphire Satellite." National Defence and the Canadian Armed Forces. Last modified January 30, 2014. www. forces. gc. ca/en/news/article. page? doc = space-situational-awareness-and-the-sapphire-satellite/hr0e3oag

[55] Sun Tzu. *The Art of War*. Translated by Samuel B. Griffith. Oxford: Oxford University Press, 1963.

[56] Sun Tzu. *The Art of War*. c. 400-320bc

[57] The White House. *National Security Strategy of the United States of America*. December 2017. www. whitehouse. gov/wp-content/uploads/2017/12/NSS-Final-12-18-2017-0905. pdf

[58] The White House. *National Space Transportation Policy*. November 21, 2013. https://obamawhitehouse. archives. gov/sites/default/files/microsites/ostp/national_space_trans portation_policy_1 1212013. pdf

[59] "Turnbull Government Launches Australia's First Space Agency." Australian Government Department of Industry, Innovation and Science. Press release, May 14, 2018. www. minister. industry. gov. au/ministers/cash/media-releases/turnbull-government-launches-australias-first-space-agency

[60] "What is ESA?" European Space Agency. Accessed August 27, 2018. www. esa. int/About_Us/Welcome_to_ESA/What_is_ESA

[61] Woods, Allan. "Chris Hadfield: The Superstar Astronaut taking Social Media by Storm." *Guardian*. February 22, 2013. www. theguardian. com/science/2013/feb/22/chris-hadfield-canada-superstar-astronaut

[62] Wylie, J. C. *Military Strategy: A General Theory of Power Control*. With introduction by John B. Hattendorf. New Brunswick, NJ: Rutgers University Press, 1967; reprint, Annapolis, MD: Naval Institute Press, 1989.

第 8 章　太空是一个商业领域

战争与其说是武器的问题,不如说是金钱的问题[1]。

——修昔底德

正如修昔底德的上述箴言所示,几千年来,商业、贸易与战略有着密不可分的联系。这种联系是因为作为国家权力分支的经济手段会影响到冲突中可用的手段,同时也可能影响到政客所追求的政治目的。经济储备可为战争和武器提供资金,而对更强的经济实力的渴望可以被视为需要被保护和推进的国家利益。

商业部门,特别是其促成的技术和创新,对战争至关重要。正如 2018 年《美国国防战略》所说明的那样,"新的商业技术将改变社会,并最终改变战争的特征"[2]。商业太空部门在很大程度上受到新兴技术和能力的影响。在这方面,商业能力和服务将影响冲突中使用的手段和方法。因此,商业部门将影响不断变化的战争特征。虽然本章中提到的技术和公司会不断发生变化,但预计商业太空部门的基本作用将持续存在。

根据历史经验,可以预计的是,在太空中或与太空有关的经济和商业活动将持续增长,这将使基于太空的商业、商务和贸易成为一种国家性和全球性利益,并应受到保护。考虑到这一点,2017 年《美国国家安全战略》指出:"随着美国政府与美国商业太空部门合作以提高我们太空架构的弹性,我们也将考虑根据需要将国家安全保护扩展到我们的私营部门合作伙伴。"[3]航天战略将需要纳入并解决这一事实。此外,一些商业太空服务的不断扩大将使许多功能几乎无处不在,从而改变战争的特点和我们对航天战略中的威慑阻却的理解。

航天战略家必须充分考虑并整合那些涉及商业、贸易和商务的太空活动。不整合商业太空产业将导致不健全的航天战略。目前,很少有学者探究的两个领域是商业公司在航天战略中的目的和它们在影响太空威慑方面发挥的关键作用。本章将深入讨论这两个领域,同时探讨商业太空投资者的作用及新兴能力和服务。

8.1 促进和平与稳定

商业太空公司促进了国际社会的稳定。商业太空公司往往会寻求自由和开放的太空准入和使用(尽管它们同时在其市场内寻求竞争优势)。商业卫星公司和服务提供商通过在国际法律制度内运作,消除国家和商业公司之间的频谱使用冲突,通过共享卫星的交会分析数据来加强碰撞安全,并经常倡导通过改进设计和脱轨计划来尽量减少轨道碎片。一般来说,私营太空公司旨在谋求一个稳定的、可预测的太空制度,即一个没有冲突、干扰或不会损害轨道环境的制度。原因显而易见,当国家采取军事、动能和不可逆行动,拒绝或阻却商业服务提供商履行其公司职能的能力时,这些公司便可能面临营收锐减、市场份额减少和股票价格下降的窘境。

在战争延伸到太空的情况下,商业太空部门也有可能通过旨在促进和平与稳定的行动促使冲突迅速平息到战前状态。这些行动可以包括谴责"坏"行为者(无论是国家还是商业公司)不负责任地行事或从事不安全作业的行为,例如制造太空碎片、干扰卫星通信或降低基于太空的服务等。商业公司(包括那些参与共享太空态势感知信息的公司)可以通过公布在太空发生的任何不负责任的行为来增加在轨活动的透明度。这些行动可能包括提供关于通信干扰源的定位信息,或公布在另一颗卫星附近进行不受欢迎或不安全的机动的卫星的实时操作。此外,太空公司可以对影响太空通信和操作的有害行为进行数字与网络取证,从而将威胁到所有人自由且开放地使用太空的不负责任的行为公之于众。

由于大型商业太空公司自身的国际化性质,且许多公司提供的服务是跨国的,商业公司可能对一个国家的领导人施加影响。许多卫星通信公司与个别国家有许可协议或"落地权",可在其主权领土内提供通信服务。因此,商业航天公司可能经常与一个国家的高级官员互动,并在这些高官当前和未来的决策方面具有影响力。如果发生敌对或不负责任的国家级太空行动(包括干扰商业卫星通信),公司的首席执行官或法律顾问很可能会向高官传达他们的不满,并希望以有利的条件解决这种情况。

8.2 确保访问空间与确保利用空间

利用太空创造战略优势(包括确保获得太空支持的能力和服务)已经有了

一段较长的历史。1963年,美国向轨道发射了5亿根须状细铜线以在地球上空创造一个人工电离层[4]。这一举措被称为"西福特计划"。该计划试图建立人类历史上最大的无线电天线,从而确保在发生核战争时的高频通信。在1961年的首次测试失败后,1963年5月8日,第二次发射成功实现了预定目标。随着时间的推移,该铜线带对其预期的目的的实现变得不那么奏效。到1966年初,大多数铜线都按计划重新进入大气层[5]。尽管按照今天的标准,这一计划造成了大量且危险的太空碎片,但"西福特计划"印证了一国希望保护其太空能力和服务的历史传统。

与"西福特计划"的意图一样,商业太空供应商的活动也有助于确保获得和使用太空功能和服务,而这正是航天战略的基础。将商业太空部门纳入总体国家政策和战略在某些情况下可能使政府放弃设计、获取、发射和运行自己的卫星。虽然尝试将不同的商业太空活动"归类"到"获取太空功能和服务"或"使用太空功能和服务"中是有用的,但这两个领域之间经常有很大的重叠。无论如何,在制定和实施整合商业太空系统和服务的实际战略时,单独考虑这两个领域确实是大有裨益的。

商业太空公司将影响各个国家的航天战略,然而这些公司也可以有自己的公司战略。跨国公司也可能在如何开展活动和开展什么活动方面有自己独到的见解和特殊利益,因此这些公司可能希望制定一项属于自身的航天战略。基于太空或依赖太空的公司可能不需要明确考虑军事层面的因素(如进攻性战略),但它们势必需要考虑一种战略以保护它们在和平和冲突时期对太空的进入和利用。军事冲突可能潜在地影响到商业太空运营商如何、何时以及在何处开展业务或提供服务,特别是在冲突环境中提高服务水平或履行许可协议。

8.2.1 确保访问空间

目前,存在着一系列与确保进入太空有关的商业太空活动,包括协调频谱的使用,以及开发、制造、测试和向外层太空发射卫星、人类或其他系统。促进运载火箭共享或促进发展寄宿式托管载荷也被视为有助于确保进入太空。

此外,基于或依赖太空的公司可能希望确保他们获得最理想的频谱,从而提供最高效的太空通信。因此,这些公司可能与国际电信联盟和各国政府合作,以获得使用频谱和相关落地权的批准。这种情况对他们的卫星通信链接来说是最理想的。如果没有所需的频率带宽,他们就可以游说改变频率分配,或者接受不太理想的频谱。此外,这些公司可以根据需要租赁分配给其他国家或公司的频谱。

美国的政策指出,可以将国内的商业太空发射活动作为该国进入太空的基础[6]。2013年11月21日,奥巴马总统发布了最新的《国家空间运输政策》,为各部门和机构使用商业和政府部门的太空运输系统提供指导[7]:

(1) 促进和保持一个充满活力、健康和高效的国内空间运输工业基地;

(2) 鼓励美国商业空间运输行业提高成本效益,促进创新,从而促进美国经济发展;

(3) 开展和促进技术研究和开发活动,以提高美国空间运输能力的可负担性、可靠性、性能、安全性和响应性;

(4) 大力支持进入和超越低地球轨道的载人航天运输活动;

(5) 促进美国商业太空能力的发展,为新兴的非政府载人航天市场服务[8]。

根据这项政策,NASA与美国私营部门建立了伙伴关系,以开发和发展安全、可靠且具有成本效益的商业航天能力,从而将乘员和货物运送到国际太空站和低地球轨道[9]。该政策指出,那些证明有能力安全且可靠地发射有效载荷的美国商业太空运输公司将被置于一个公平的竞争环境中按照既定的新准入者认证标准来竞争美国政府的外包任务。各部门和机构应使用美国的商业太空运输服务,并在实际可行的最大范围内为提供一系列运载火箭的多个美国商业太空运输服务提供商提供便利。同时,该政策还指出,除非国家安全或公共安全需要,否则美国政府应避免开展"排除和阻碍竞争"的商业太空运输活动[10]。

由于许多国家的民用太空行业和国家安全预算预计在短期内不会有明显的增长,一些分析家认为更多地利用公共—私营伙伴关系可极大提高效率、减少寿命周期成本,并激发更多的创新活动[11]。公私合营可以通过最大限度地减少间接费用或任务能力的重复和冗余来实现预算的最大化。欧洲国家在利用政府资助的太空项目和商业项目之间的密切合作所带来的益处方面经验丰富。同样,NASA已经调整了其采购战略,以便更有效地与商业公司合作,特别是在波音公司、诺斯罗普·格鲁曼公司、内华达山脉公司和Space X公司正在开发的商业载人航天和货物运输系统方面[12]。然而,一些分析家可能对商业市场对太空系统和探索的适用性秉持怀疑态度。例如,一些批评者认为,由于紧凑的商业周期的要求(如季度成果报告),长期的科学和探索项目并不是私营企业的理想商业模式[13]。

8.2.2 确保利用空间

除了确保自由进入太空,商业太空部门还致力于促进太空的持续利用。商业太空公司提供的能力和服务涵盖了大多数太空任务领域和功能,但专门的军事领域和职能则是一个例外。由于任务的敏感性和关键性,其独特的要求排除了使用商业公司的可能性。尽管如此,由于商业太空部门提供的产品和服务范围(诸多卫星、相关的地面终端以及数据和信息网络)颇为广泛,军事规划人员应将商业能力纳入本国航天战略并加以整合。

商业太空公司既有在良性和受监管的太空领域运作的经验,也有在不受监管的环境中运作的经验。在不受监管的环境中,故意降低或拒绝商业产品和服务的情况是存在的。在卫星通信的中(包括电视、音乐和互联网服务),相关技术可被用来优化广播信号(包括射束成形或多波束传输)以瞄准特定的地面区域。这些技术可以帮助减轻有意或无意的信号干扰的影响,而当信号干扰发生时,商业公司通常可以确定干扰的来源地。

另一个值得一提的是通过网络对商业太空公司进行的攻击,这种挑战对商业运营来说并不新鲜。商业太空公司每天都会遭受网络攻击,而国家和非国家资助的黑客也试图窃取知识产权或降低卫星或地面站的性能。由于商业公司提供的产品或服务是其安身立命的根本,即使在持续的网络攻击下,许多大型商业太空公司的网络保护效果仍能做到与大多数政府部门一样好,甚至更好。

政府在使用和整合商业产品和服务方面存在一些挑战。总的来说,这些挑战包括对商业数据的独立核查和验证;对数据质量、可靠性、可用性和数量的权衡;对数据共享政策的考量;以及在冲突时期依靠商业运营商提供关键任务数据的风险。

8.3 确保太空威慑

目前的商业太空能力和新兴技术使恶意行为者更难进入或利用太空。尽管在国防界中没有得到应有的承认,但商业太空部门确实能够实现更有效的威慑。一般来说,这种威慑包括"通过拒止或阻却施加的威慑"和"通过惩罚施加的威慑"(见第4章关于二者的讨论)。

商业太空活动可以帮助通过阻却来提高威慑力。正如第4章所讨论的,通过阻却施加的威慑是通过行动使对手确信威慑方有可靠的能力来阻止该方达成潜在的目标而实现的[14]。通过阻却施加威慑的方法旨在向对手传达一种观念,即贵方所开展的所有敌对行为都是徒劳无功的,从而使潜在对手的领导层首先不谋求军事对抗。商业太空部门通过提供比单一国家所能实现的更强大的太空能力和服务为这一威慑做出了贡献。这些商业能力和服务包括将有效载荷送入轨道的各种火箭、执行关键任务的大量卫星群以及用于太空通信的多种网络路径。商业发射供应商可以通过快速响应的发射能力、载荷共享以及在现有或计划中的卫星上使用托管有效载荷为改善对太空的利用做出贡献。如果一颗商业遥感卫星在冲突中被损坏,类似的卫星或同一星座的卫星可以提供同样的服务。商业服务提供商可以通过他们自己的网络重新安排卫星通信,或者在必要时使用另一家公司的带宽和网络。此外,商业能力和服务还包括多领域的解决方案,而这些解决方案是多样化的和分解的(太空专业人员的说法)。因此,商业能力和服务能够增强太空任务保证和复原力(弹性)[15]。

就通过惩罚施加的威慑而言,商业太空部门也可以发挥作用(尽管是间接的作用)。商业太空部门可以通过增强太空态势感知和完善太空取证(包括数字签名和多光谱图像)来做到这一点,而这些行为可以支持在太空的任何敌对或非法行为之后的归因过程。商业太空部门目前业已拥有了网络专业知识来支持数字取证工作,并通过地面望远镜和其他地面跟踪系统拥有了太空态势感知能力。如果知晓某国的商业伙伴会参与一个可信且透明的归因过程,那么潜在的对手会意识到自己对该国的太空设施所开展的侵略性和非法行为势必会被发现。因此,在这种情况下,潜在的对手可能会放弃采取行动。虽然商业太空部门不应直接参与敌对行动后的武力活动,但商业伙伴可以帮助提供用于确定罪魁祸首的信息。这样做可以帮助加强在敌对袭击后进行合法报复性反应的感知能力,即通过惩罚施加和强化威慑力。

可以预计的是,随着商业卫星数量的增加,可用的通信网络的增加,以及更多的多领域地球成像来源的出现,阻却敌方服务或降低敌方任务效果将变得更具挑战性。因此,在未来,通过阻却施加的威慑可能将比通过惩罚施加的威慑发挥更重要的作用。这可能是一个有利的趋势,因为在这种情况下,政府不必将时间和资源全部集中在冲突时期与军事有关的项目上,而可以集中在实际的商业服务和能力上。显然,这是一个双赢的活动。

8.4 中国的商业航天

中国2016年建立了一个商业太空部门,该部门目前发展迅速。这一推进商业太空活动的举措与2016年《中国航天活动白皮书》的内容一致,其中特别提到了"私营投资者"[16]。这一政策转变使私营投资得以进入以前大门紧闭的中国官方太空部门。白皮书涉及一系列任务领域,包括卫星发射、气象观测、导航和定位、遥测、跟踪和指挥(TT&C)、地球观测以及卫星通信,这些都有助于"将中国建设成为一个全方位的太空强国……"[17]。白皮书在"完善多样化的资金体系"一节中指出:

> 市场准入和退出机制已经得到改善。为加强这方面的管理,已经出台了航天产业投资项目清单。鼓励非政府资本和其他社会部门参与与太空有关的活动,包括科学研究和生产、太空基础设施、太空信息产品和服务以及使用卫星,以提高太空产业的商业化水平[18]。

中国目前正在逐步开展商业太空活动,因为其领导层和许多其他国家的领导层一样,认为对私营太空公司能够提供的服务和能力的需求在增加。此外,白皮书指出,中国成功地为土耳其的Gokturk-2号地球观测卫星提供了商业发射服务,并正在探索开发一个商业跟踪和指挥计划[19]。

中国在其新兴的卫星发射市场上取得了显著成就,该市场目前主要以小型运载火箭发射卫星为主。中国的私营卫星发射公司包括翎客航天、零壹空间、星际荣耀、蓝箭航天和航天科工(航天科工主要由中国航天科工集团公司提供政府资金,因此只被视为名义上的私营)[20]。在注意到中国私营航天发射公司不断攻城略地时,布莱恩·维登评论说:"我的感觉是,这些中国航天发射公司正在与所有美国航天发射公司在所有竞争领域分庭抗礼。"[21]

卫星发射公司零壹空间近年来成就斐然。零壹空间是一家位于北京的初创公司,成立于2015年,是中国第一家将自己的火箭成功发射到太空的中国私营公司。2018年5月,其30英尺(1英尺=30.48厘米)的单级固体燃料OS-X火箭从中国西北部的一个基地发射[22]。据报道,该飞行器飞到了约25英里的高度,飞行时长约4分钟,飞行速度达到了马赫数5,并在落入地球前飞行了170英里[23]。

零壹空间经常被比作Elon Musk的Space X。零壹空间的首席执行官舒畅曾说:"许多人把我们与Space X相提并论,但实话实说,我们和Space X的差距不止一点点。"[24]尽管他也指出,零壹空间目前的情况很像SpaceX早年的状态,但目前两家公司的技术差异还是很大的。零壹空间的重点(至少在初期)是低成本地将小型有效载荷送入太空。

诚然,上述企业被认为是私营公司,但人们对中国政府和人民解放军的潜在控制或影响存在着一些挥之不去的担忧。尽管零壹空间强调它是私营的,但该公司确实与中国官员有一些联系。在美国国会关于潜在的中国政府附属实体通过私募股权投资进入美国公司的证词中指出,零壹空间的创立得到了中国国防科工局的直接支持[25]。另外,据说该公司与中国的军事机构在研发和技术服务方面进行了深入合作。零壹空间还在中国西南城市重庆拥有一家制造工厂,该工厂部分由当地政府持股[26]。

由于中国和西方对私营公司与政府组织和官员关系的看法存在历史、社会和文化差异,显然,中国商业航天公司与政府部门的关系和交流看起来与许多其他国际商业航天公司迥然不同。无论如何,这些预期的差异不太可能阻碍这些中国公司的长期增长,因为它们可以利用全球客户对商业太空产品和服务的需求来增长。

8.5 航天创新企业与商业航天投资者

19世纪40年代初,第三任罗斯伯爵在爱尔兰中部的比尔城堡设计并建造了世界上最大的望远镜,绰号"利维坦"。这个反射式望远镜在70多年里一直是世界上最大的,天文学家用它发现了一些星系的螺旋性质[27]。虽然情况并不总是如此,但利维坦望远镜可以作为一个鲜明的实例,说明拥有经济实力和对太空感兴趣的个人如何在与太空有关的技术和发现中发挥领导作用。如今,像Elon Musk、Jeff Bezos和Richard Branson这样的亿万富翁正在用自己的财富来追求类似的技术进步和科学发现。这些亿万富翁愿意承担巨大的财务风险以实现他们的愿景。许多太空分析家推测,这种类型的投资者和高瞻远瞩的个人有可能改变太空探索的性质,并在未来促进民用—商用伙伴关系。

21世纪10年代中期,一种新的太空初创公司应运而生[28]。这些初创公司对现有的太空市场进行了重新审视,同时吸收了从航天工业中获得的经验教训。这些经验丰富、业绩突出的创业者制定了商业计划,并从投资公司和天使投资者那里募集风投。这些新太空公司目前在太空技术发展中发挥着主导作用,它们制造的部件、材料和火箭正在将新一代手机大小的卫星部署到太空。在描述新太空公司时,Joan Johnson Freese说:"被称为新太空行为体的公司主要是由一些个人用自己的钱资助的,因此这类公司愿意并能够承担风险。"[29]她还观察到,新太空公司往往自筹资金较少或基本由风投公司资助[30]。此外,人们注意到,许多类似公司(包括Space X、蓝色起源和维珍轨道)对优秀年轻人才有很大的吸引力,而这正在影响传统航空航天公司的人员招聘[31]。稳定、丰厚的福利和稳定的退休计划不再被视为招聘年轻专业人士的竞争优势,提供发挥灵感的环境取而代之。

许多太空初创公司选择的技术是立方体卫星,它体积只有10厘米^3,重约2磅,建造成本通常不到10万美元[32]。现在约有60家公司出售这种卫星,政府和公司可以以相对较低的成本将卫星送入轨道,从而用于农业监测、石油泄漏或边境监测[33]。一些企业家设想,在未来十年可能会有数千颗卫星成为超级星座的一部分。据观察,一个契合立方体卫星市场的发射市场已然应运而生[34]。

通过对2000—2016年的太空初创企业市场的分析可以看出,数百名天使投资人、利他主义者、风投公司、私募股权公司、企业、银行和公共市场向140多家初创太空公司提供了超过166亿美元的资金[35]。未来的投资(无论是在总额还是交易数量方面)预计将逐年增加。布莱斯太空和技术公司的一份报告指出,"未来几年我们将见证初创太空公司生态系统的转变"[36]。如果这种转变为太空市场带来更多能力、创新技术和应用,那么它将影响到实施航天战略的手段。因此,初创太空公司和太空投资者将协助改变战争的特征,同时影响太空威慑、阻却、任务保证和复原力(弹性)。

8.5.1 天使投资

自2000年以来,超过140名天使投资人投资了新成立的太空公司[37]。通常,天使投资人是积累了大量财富的个人或家庭,他们通过在企业的初始阶段进行投资来谋取高回报。天使投资人对初创太空企业的投资通常是以公司的直接股权形式进行的,投资额通常为5万~100万美元[38]。天使投资人可以通过在太空公司的初创阶段进行投资获得颇具吸引力的投资回报。天使投资人通常都会实现他们的预期财务回报,并在最初投资的5~7年内退出。天使投资人可能会在公司中获得高达30%~40%的股权以作为他们投资的回报[39]。在退出时,天使投资人可能会获得至少5~10倍于其初始投资的回报[40]。

此外,在商业太空领域有一类备受瞩目的天使投资人。这些天使投资人由亿万富翁和其他超高净值人士组成,他们对初创太空公司有个人利益和兴趣。相比之下,亿万富翁的投资水平远远超过大多数天使投资人。这些亿万富翁通过其他成功的企业运营或投资积累了财富,他们或者亲自创立太空公司,或者将自己的钱投资于某些太空公司。Jeff Bezos、Richard Branson和Elon Musk都是这些亿万富翁的代表。在《福布斯》2016年世界亿万富翁排行榜的1940人中有40多人与太空企业有关联,约占总人数的2%[41]。

8.5.2 风险投资

风投公司是投资于具有高营收潜力的处于初创期、早期阶段和成长期公司的投资者群体。在投资时,风投公司承担了很大的风险。虽然有潜在的投资回报,但失败率也很高。由哈佛商学院的一位教师进行的一项分析表明,在四家由风投公司投资的初创企业中,三家最终都失败了。在这种情况下,投资者的回报也无从谈起[42]。

以太空为导向的风投基金正在从这一投资者群体中涌现。Starburst Accelerator 首席执行官 Francois Chopard 在描述初创太空公司的投资环境时指出:"就初创企业蓬勃发展的潜力而言,如今的太空技术就像15年前的生物技术一样。"[43] 根据布莱斯太空和技术公司的分析,2016年,Starburst Accelerator 的关联机构 Starburst 风投公司募集了2亿美元的资金,并在随后的三年里投资了35家初创太空企业。萨拉菲姆资本还在2016年推出了一个太空技术基金,即萨拉菲姆太空基金,总部设在伦敦,主要投资标的为英国公司。该基金是一个9500万美元的太空重点技术基金,其投资者包括英国萨里卫星技术公司、意大利空间通信公司、美国泰莱达因公司、印度罗尔塔公司、英国 First Derivatives 公司、英国商业银行、欧洲航天局和英国的卫星应用公司[44]。该风险基金象征了投资界对未来太空投资的兴趣。此外,贝西默风投公司在2015年宣布了一个16亿美元的基金,即 BVP IX,以投资于初创公司和太空部门,如太空公司 Terra Bella、Rocket Lab 和 Spire[45]。

8.5.3 私募股权

私募股权公司或集团由投资者组成,直接投资于公司。私募股权公司通常投资于成熟的公司而非新成立的公司,且通常通过各种手段收购整个公司或相关公司集团。许多类型的机构投资者在这些公司中都有一席之地(如大型养老基金和高净值个人的联合体)。规模较大的私募股权公司的投资额可能高达1亿~10亿美元,通常以股权形式投资[46]。他们有时以后期资本的形式(比天使和风投投资人投资得晚)或通过直接购买标的公司的形式进行投资。较大的私募股权投资公司通常拥有数十亿美元的投资基金,它们在过去15年间对太空企业的投资兴趣逐步增强。黑石集团、哥伦比亚资本、璞米资本、安佰深集团和凯雷集团等历来对投资于太空公司兴致盎然,且通常是在电信业或政府承包领域投资[47]。

8.6 新兴的航天能力与未来趋势

各类投资实体对太空公司的投资可能会导致军民两用技术蓬勃发展。此外,还将导致商业性地进入和利用太空的活动发生重大变化。有时,商业太空服务的创新性可能导致其与政府在监管控制和许可要求方面的规定出现争议。在轨卫星服务和小行星采矿是这一现象的两个典型领域,其可能会对政府和国际法规保护国家或全球利益的有效性提出质疑。虽然并非一份详尽无遗的清单,但本章接下来在很大程度上阐述了正在不断涌现或备受各国关注的商业太空活动。这些活动的清单是在航天战略的背景下提供的。这些商业太空活动影响了未来的政治目的,而这些政治目的则决定了冲突的目的,总的来说,这些商业太空活动可推动国家目标的实现以及实际航天战略的实施。

8.6.1 新型运载火箭

商业发射部门的创新正在扩展进入太空的机会。商业部门目前正在开发多种新的运载工具,且涉及一系列有效载荷等级(小型到重型运载)。这种发展是国际性的,涉及已建立的和新的发射供应商。这个发射市场是由政府和商业需求所驱动的,目的是将卫星送入轨道。许多商业发射供应商正在投资于创新技术和工艺,以降低发射成本,提高竞争力。一些创新工艺包括火箭级和助推器的可重复使用(如 Space X 的"猎鹰"重型火箭)以及使用成本较低的推进剂(如蓝色起源的"新格伦"飞行器中使用的液化天然气)。虽然技术创新和新工艺有望改变发射市场,但这一市场仍面临持续的挑战,包括竞争激烈的商业发射市场、低利润率、导弹技术扩散问题以及技术和知识产权的出口控制风险。

近年来,像蓝色起源和 Space X 这样的商业航天公司一直在反复研究运载火箭的可重复使用。然而,人们注意到,只有在这种活动进行了几年之后才有可能确定可重复使用是否带来了重大的成本节约[48]。未来十年,公司可能会与政府机构合作继续开发可重复使用的运载火箭技术。在这种背景下,可重复使用的运载火箭的使用会越来越多,发射率也会越来越高。此外,一些商业发射供应商正在开发新的推进系统,以使美国摆脱目前对俄罗斯 RD-180 发动机的依赖。2016 年,美国空军授予四家公司开发新的一级火箭发动机的合同,其中包括洛克达因公司的ARI煤油燃料发动机以及联合发射联盟和蓝色起源公司的团队开发的BE-4甲烷燃料发动机。此外，Space X公司的可重复使用的"猛禽"发动机也使用了甲烷燃料。Orbital ATK公司也开发了多个支持新运载火箭设计的原型发动机[49]。

大型可重复使用的运载火箭有望降低进入太空的成本。尽管这种想法已经存在了很长一段时间，但目前发射成本的大幅下降还没有实现[50]。美国空军大学的一篇论文以"快速太空发射"的术语描述了这一方法，并认为如果美国政府推动这一努力，那么商业可重复使用的运载火箭可以颠覆卫星发射行业并拓展进入太空的机会。该文章指出：

> 政府投资和承诺的注入可以启动一个商业创新循环，从而催生更高的任务率、降低成本、减少市场准入障碍、进一步增加需求，从而进一步降低成本。为了通过降低成本的方式使"快速太空发射"成为现实，美国政府将需要启动这一良性循环[51]。

然而，太空发射部门的利润率历来很低，通常为1%~3%。因此，时间将见证创新的发射技术是否会在事实上推动成本下降并改善对太空的进一步利用[52]。

商业发射市场的许多进展将影响航天战略的实施。如果关键任务卫星在敌对行动中被损坏或摧毁，商业发射可能有利于冲突时期的卫星重建工作。虽然重建工作有利于太空任务保证，但国家安全界一直在辩论，是在和平时期拥有额外的在轨能力好，还是在太空战争开始后重建卫星好。不过，这两种方法的结合将可能为战争期间的持续性太空行动提供最多的选项。

8.6.2 搭载发射与托管有效载荷

搭乘服务通常允许多颗卫星在同一运载火箭上部署。例如，发射整合公司Spaceflight Industries试图在所有具有商业竞争力的运载工具上实现相应能力并提供搭乘服务。这些运载工具包括Space X"猎鹰"9号、俄罗斯"联盟"号、阿丽亚娜航天公司"维加"号、维珍轨道发射器一号、火箭实验室"电子"号、印度PSLV等[53]。该公司旨在使用各种运载工具来发射各种卫星（从立方体卫星到大型电信卫星不等），并且该公司还协助有效载荷与运载工具的整合[54]。该公司通过在为主要有效载荷服务的运载火箭上结合多个次要有效载荷，使其与发射单一的主要有效载荷相比成本大大降低。

根据2013年的美国《国家空间运输政策》，美国政府部门和机构目前被禁止向商业供应商提供搭乘服务。这是因为政府部门和机构被禁止与商业部门进行竞争。该政策规定,在授权范围内,"除非国家安全或公共安全需要,否则美国政府应避免开展'排除和阻碍竞争'的商业太空运输活动"[55]。由于这种观点认为美国政府不应直接参与商业市场竞争,因此提供搭乘服务在美国境内完全是一种商业活动。

托管有效载荷概念使得政府将有效载荷作为现有的、计划中的商业卫星的附加物或附件来搭载,而非作为一个需要专门的发射服务和地面控制的自由飞行的航天器。托管有效载荷一词被定义为"利用商业卫星上的可用动力、质量和空间来容纳额外的转发器、仪器或其他太空物品"[56]。卫星的托管部分独立于主航天器运行,但共享卫星的电源、转发器,在某些情况下还共享地面系统。通过提供托管有效载荷的机会,政府或其他组织可以实现可靠的且低成本的太空活动[57]。当客户是政府时,提供托管有效载荷服务的公司可以通过公共—私营伙伴关系与政府建立信任关系[58]。根据托管有效载荷联盟的说法,托管有效载荷的一些优势包括:

(1) 由于不需要开发整个卫星系统,所以进入太空的时间更短;

(2) 由于在商业卫星上放置一个托管有效载荷的成本只是建造、发射和运行一个专用卫星的一小部分,所以成本较低;

(3) 通过将资产分布在多个平台和地点可以形成更有弹性的架构;

(4) 由于每年的商业发射数量为进入各种轨道位置提供了多种机会,所以托管有效载荷增加了进入太空的机会[59]。

搭乘服务和托管有效载荷的商业模式都拓展了进入太空的机会,从而提高了整体太空任务保证。随着商业运载火箭规模和能力的增加以及卫星托管能力的成熟,这些市场将继续发展。然而,持续性的挑战仍然存在,包括制定整个行业的运载火箭和有效载荷接口标准,以及政府及时制造有效载荷以满足固定商业发射时间表的能力。

8.6.3 更小更强大的卫星

要求过高,反难成功。[60]

——伏尔泰

初创太空公司和其他太空公司往往试图利用目前的微处理器能力,因此,人们不断希望将最新的技术放入小型卫星。这些公司的商业计划的一部分可能涉及每 12~18 个月对在轨小卫星进行一次技术更新。这些小型卫星的设计和建造是为了纳入最新的技术,而不一定要纳入政府规范所定义的"太空合格"系统、子系统或组件。这些卫星不需要在轨道上运行 5 年或更长时间,因为它们可能在那之前就已经脱离轨道并被替换了。小型卫星的重量比传统的卫星要轻,制造成本也要低得多。使用现成技术的低成本卫星已经掀起了从学生到企业家到政府都广泛参与太空活动的"太空民主化"浪潮[61]。目前,数百个甚至是数千个小卫星有可能被部署在一个运载火箭上。此外,这些小卫星不需要执行与昂贵且功能强大的卫星相同的功能或任务。这些使用最新的广泛可用的商业技术的小卫星已经"足够好"了,这也符合伏尔泰上述引文所表达的想法。

通常情况下,卫星的大小、成本和能力取决于其预期功能。有些卫星可以握在手里,而其他卫星,如哈勃太空望远镜,则有校车那么大。NASA 将小型卫星定义为质量小于 180 千克的航天器,大小与厨房的大冰箱差不多[62]。小型卫星还根据大小和质量定义进一步划分为不同的子类别:小卫星,100~180 千克;微卫星,10~100 千克;纳型卫星,1~10 千克;皮型卫星,0.01~1 千克;飞卫星(芯片卫星),0.001~0.01 千克。

此外,立方体卫星是一类使用标准化尺寸和形式的纳型卫星。标准的立方体卫星大小单位为"一个单元"或"1U",尺寸则为 10 厘米×10 厘米×10 厘米,并可以以模块化的方式扩展到更大的尺寸,如 1.5U、2U、3U、6U 甚至 12U。立方体卫星最初于 1999 年由位于圣路易斯奥比斯波的加州州立理工大学和斯坦福大学联合开发,旨在为教育和太空探索提供一个共享平台,现在已经发展成为一个产业,同时政府、行业和学术界都在合作提高立方体卫星的在轨能力[63]。立方体卫星被认为是一个具有成本效益的平台,可用于科学研究、技术示范和大型系统卫星群的构建。

8.6.4 巨型星座的崛起

小型卫星使用的增加促进了大型轨道系统星座的发展,预计这些星座将极大地影响使用太空相关产品和服务的能力。虽然巨型星座的许多服务目前还只是纸上的提议,但这些低地球轨道上的巨型星座可以提供全球无线互联网连接、蜂窝电话服务、全球运输跟踪收集信号、地球成像和数据分析信息。在许多这样的任务中,使用巨型星座的一个优势是可以缩短在地球上空的快速重访时间。

OneWeb 公司倡导建立一个由 900 多颗卫星组成的星座,以提供全球互联网宽带服务,其最早可能在2019年为首批客户提供服务[64]。OneWeb公司的卫星将更接近地球,与从地球静止轨道提供宽带的卫星(如DirectTV)相比可以获得更好的网络性能[65]。OneWeb公司非常清楚运营一个星座所面临的技术挑战,并强调希望防止产生碎片,并尽量减少与现有轨道碎片的碰撞。OneWeb公司的卫星计划配备星载推进器,以实现机动性,防止多个卫星之间的距离过近。当卫星需要报废处理时,卫星将自动脱离轨道,从而有助于维护轨道环境[66]。

Space X公司正在计划开发自己的巨型星座以提供全球宽带互联网服务。该星座可能有超过4000颗卫星,每颗卫星只有一个迷你冰箱那么大。该星座在美国联邦文件中被称为星链计划,需要通过Space X公司运载火箭发射数千颗卫星放置在低地球轨道上提供地面互联网连接,从而可能绕过对地面网络基础设施的需求[67]。该公司在2018年2月发射了两颗实验性卫星,以为星链计划的实施奠定基础[68]。2018年3月,美国联邦通信委员会(FCC)接受了Space X公司用其星链网络为美国客户提供服务的申请,但美国联邦通信委员会以实现更新更先进的脱轨计划作为批准的条件,因为该星座所设想的大量卫星超出了美国当前监管准则所认为的可管理范围[69]。

对作为巨型星座一部分的小型卫星和立方体卫星的监管和操作方面的挑战包括轨道安全、自动交会分析和避免碰撞、星载推进和脱轨能力、碎片减缓、技术更新率、专用运载火箭以及无线电频谱的冲突和干扰。

8.6.5 地球成像与遥感

与卫星数据有关的地球成像和相关信息的市场越来越大。由于计算和技术能力的进步,预计数据和图像处理也会相应增加,从而为决策者提供更有用和更迅捷的信息。地球成像可能是多光谱的,用于监测、跟踪和辨别物体、地形和天气的变化。这类信息可以为商业情报、商业和贸易中使用的预测分析和预报模型做出巨大贡献。地球成像可以包括来自气象卫星的多光谱图像,从而用于预测或跟踪天气现象。这些信息对直接受天气变化影响的运输和农业行业大有裨益。

数位全球公司成立于20世纪90年代初,旨在提供与地理空间定位信息相关的地球图像。数位全球公司拥有并运营着一个高分辨率的地球观测卫星群,每年能够收集超过10亿千米^{2}的高质量图像[70]。由于对地球成像、地理空间信息、变化检测以及数据和预测分析的需求不断增加,其他商业公司也正在杀入这一市场。

该领域新的佼佼者之一是Planet公司,它由三名前NASA工程师于2010年创立[71]。2017年2月14日,该公司将88颗Dove卫星送入轨道,这是有史以来在轨道上放置的最大的卫星群。Dove星座是该公司发展历史进程中第一个里程碑,每天可对地球上所有的陆地上的位置进行成像[72]。目前,该公司正在运行200多颗地球观测卫星,这也是目前全球最大的卫星星座。Planet公司打算将这些图像数据用于"世界搜索引擎"[73]。

在美国,地球成像受美国商业遥感政策、国家安全总统指令-27的管制,该指令由小布什政府于2003年4月发布[74]。在其他议题中,白宫关于该政策的概况介绍表明美国政府将最大限度地依靠美国商业遥感能力来满足军事、情报、外交政策、国土安全和民用用户的成像和地理空间需求;在政府和美国商业空间遥感产业之间发展一种长期的、可持续的关系;为商业遥感系统的运营和出口提供一个及时和反应迅速的监管环境;以及使美国行业界能够作为外国政府和外国商业用户的空间遥感服务提供商积极地参与竞争,同时确保实施适当的措施来保护国家安全和推行外交政策[75]。

该政策指示政府帮助美国公司作为外国政府和商业用户的空间遥感服务提供商积极参与国际竞争[76]。

关于上述最后一项,美国商业遥感政策强调,由于其产品对对手的潜在价值,美国商业空间遥感系统的运作需要采取适当措施,以解决美国国家安全和外交政策方面的关切。在这种情况下,该政策规定,美国政府可以限制商业系统的运作,对某些数据和产品的收集和/或传播设置条件(如最佳图像分辨率应最及时地交付给美国政府及其批准的接收者)[77]。在个案的基础上,美国政府可能要求对美国商业空间遥感系统采取额外的控制和保障措施,如需获得美国政府许可和满足使用这些能力的条件。这些控制和保障措施包括但不限于与美国政府使用商业空间遥感系统有关的独特条件,包括卫星、地面站和通信连接。广义上讲,这些潜在的控制被称为"快门控制"(或者美国政府限制或停止商业成像服务的措施)[78]。然而,迄今为止没有报道过美国援引快门控制的案例,但美国偶尔会在某些时段购买某些地区(如阿富汗)的所有商业图像,这也被称为"支票簿快门控制"[79]。

自2003年签署该政策以来,美国国内和国际局势发生了翻天覆地的变化。在高分辨率图像提供这一世界级市场上,美国的商业部门并非踽踽独行。随着非美国供应商迅速参与这一市场,美国机构失去了在这一领域的绝对垄断能力。正如 James Vedda 所观察到的,如果只适用于美国的商业遥感系统,那么美国商业遥感政策可以使用快门控制[80]。但在未来面对全球市场,国内政策在国际环境下是没有效力的。在轨多光谱技术、每 12~18 个月的技术更新率以及卫星图像处理技术可以使非美国的商业能力服务提供商缩小与最高端美国商业公司的差距。

出于这些原因,美国的商业遥感政策将需要随着能力和技术的进步而改变,即使没有明确的条文规定,至少在实际行动上也要符合这一趋势。James Vedda 建议,修订后的美国总统指令将有助于为美国政府处理卫星图像以及向商业和外国实体销售的相关硬件、软件和服务提供急需的指导[81]。空间分辨率和光谱分辨率、重访频率、交付的及时性以及客户直接从卫星上下载图像的能力可能是美国商业遥感服务提供商所提供的服务在全球市场上的关键卖点。任何新政策的起草者在寻求限制美国商业遥感服务提供商之前,应考虑全球竞争对手的做法。潜在的外国客户向非美国公司寻求获得图像、数据分析和其他服务并不符合美国的长期利益。

8.6.6 数据分析

在地球观测和地理空间位置信息的基础上,数据分析和其他计算得出的产品是一个越来越大的市场。观察数据分析部门所带来的益处是政府机构、商业行业和金融市场可以主要关注由此产生的信息、数据和图像。这些团体不需要开发、建造和发射自己的卫星,但政府或非政府组织愿意为卫星数据分析服务付费。数据分析中使用的源数据包括多光谱图像或射频信号收集。通过卫星采集(无论是几年还是几十年的尺度)可以收集到关于陆地、海洋、空中和太空的相对变化的信息。

数据分析服务不断增长的部分原因是数据存储技术的进步(包括处理过的和未处理过的)和新的类似人工智能的算法,它们可基于不同的数据集和数据来源进行预测分析。Carissa Christensen 曾评论说,太空时代俨然成为数据时代。他还指出:"如果存在一个新的太空时代,那么这个太空时代必然是由财务考量而非技术考量驱动的。"[82]卫星公司正在寻求在同一时段拥有关于整个地球上发生的一切事情的图像和信息。Carissa Christensen 还提到:"从数据的角度来看,这很不寻常。创造这种数据集……挖掘它,解释它,并出售从中获得的知识,这就是不同之处。"[83]

Planet 公司在这一领域正逐步取得进展。该公司计划使用由全球每日地球图像提供的分析方法和机器学习来对物体进行检测和分类、识别地理特征并监测这些特征随时间而发生的变化[84]。其目的是为政府、非政府和商业客户提供基于最新图像的信息和可靠情报。该公司认为,其分析产品可用于以下多个领域:

(1) 确定新的建筑和道路以更新地图和图表,为城市发展编目,并识别自然灾害前后的变化;

(2) 识别飞机并监测其在广泛区域范围内的移动,从而了解经济活动;

(3) 观察海上船只,以确定海上生活模式,以及为执法而追踪特定船只;

(4) 监测森林砍伐和土地利用[85]。

8.6.7 增材制造

增材制造技术使商业航天公司能够为发射系统、卫星和其他有效载荷开发新的部件,降低开发和生产成本,减轻部件重量(从而节省发射成本),并加快生产进度。增材制造通常使用计算机辅助设计软件或三维物体扫描仪来指导硬件在精确的形状上一层一层地沉积材料[86]。相比之下,当用传统的制造手段创造一个物体时,往往需要通过铣削、加工、雕刻或塑形等步骤。增材制造预计将影响到生产复杂部件的供应链的较低层级。增材制造是一个重要的供应链趋势,有可能大幅降低卫星发射和相关行业的成本。尽管3D打印和快速成型这两个术语经常被用来讨论增材制造,但这些工艺中的任何一个都被视为增材制造的一个子集。

快速成型技术目前已经在国家安全相关的太空界中得到了普及。其被视为一种快速生产硬件的方法,以便在组装级别进行评估和测试[87]。就流程而言,这种技术是使用工程软件起草和改进设计,然后将设计结果发送到专门的打印机,最终生产出工作版本的原型硬件的。由于在最初的设计中使用了软件,所以任何所需的设计变更都可以迅速地被整合。这种方法通常比向机械厂提供规格和要求的传统方法要快得多,成本也低得多,因为在机械厂通常要制造原型。

例如,在新西兰开展业务的美国航空航天公司"火箭实验室"已经开发并测试了轨道级的卢瑟福火箭发动机。值得注意的是,卢瑟福发动机包括一个3D打印的电动涡轮泵。卢瑟福发动机不仅性能优异,而且可以快速制造。火箭实验室公司推进部副总裁Lachlan Matchett说:"我们可以在短短24小时内打印出整个发动机。这使我们能够以前所未有的频率建造和发射卫星,使进入太空的机会民主化,使关键的轨道基础设施得以建立。"[88]火箭实验室旨在通过快速生产低成本的先进火箭系统和技术来拓展进入太空的机会[89]。

太空制造公司正在国际太空站上使用一台3D打印机作为概念验证和原型制作系统。这一增材制造设备为NASA和美国国家实验室提供机上硬件制造服务[90]。其他几家公司也正在寻求在太空中进行3D打印,以修复其他卫星或建造在轨结构。例如,NASA宣布了一项基于公私合作的项目提案,包括太空制造公司、诺斯罗普·格鲁曼公司和海洋空间系统公司,以开发必要的技术和子系统,从而在不需要航天员舱外活动的情况下实现大型复杂系统的增材制造、聚合和组装[91]。

尽管在减少整体成本、重量和生产时间方面有着巨大的前景,但航空航天领域的大部分增材制造技术仍处于起步阶段,不确定因素依然存在。由于太阳辐射、微型陨石和轨道碎片的存在,太空是一个极其恶劣的作业环境。增材制造的挑战包括所涉技术的双重用途(军民两用)性质、支持这一技术的可行的商业市场、质量控制和满足高端政府系统标准的不确定性。

8.6.8 商业载人航天与空间旅游

目前,多家公司正在开发亚轨道和轨道发射以及重返系统,从而能够实现商业载人航天。其中的许多飞行器用于运送人类进出国际太空站,进行点对点的地球运输,或向游客、研究人员和其他客户提供微重力体验。波音公司、诺斯罗普·格鲁曼公司、内华达山脉公司和Space X公司等正在开发商业载人航天和货物运载火箭服务。

此外,蓝色起源公司正在开发商业太空旅游服务,利用其"新谢泼德"飞行器将乘客送入亚轨道太空[92]。与Space X公司的"猎鹰"系列火箭一样,"新谢泼德"可重复使用。该公司希望在2018年底或2019年初启动载人航天服务,首先是自己的员工,然后是付费客户。蓝色起源公司尚未公布太空旅游的价格,尽管有报道称一张太空门票的价格可能在20万~30万美元[93]。此外,蓝色起源公司还暗示了它探索月球的野心,如能在月球表面放置数吨货物的蓝月登陆器。Jeff Bezos提议与NASA以公私合营的方式开发"蓝月"登陆器。在注意到合作关系具有双方各行其是所没有的成本和开发优势时,Jeff Bezos说:"通过合作,我们可以做得更好更快"[94]。

其他公司,如毕格罗航天公司正在开发商业太空居住舱,从而实现太空居住和作业。毕格罗公司的太空站计划基于软体模块,这些模块以压缩的配置发射,然而一旦到达太空就会大大膨胀。与传统的铝制模块相比,充气式结构扩展了单一发射质量所承载的可居住容积并实现了更好的辐射屏蔽。自 2016 年 4 月以来,毕格罗公司的可扩展活动模块已被连接到国际太空站上。作为一个存储模块,其预计将至少在 2020 年之前一直停靠在国际太空站上[95]。

除了安全发射和回收乘员的纯粹技术挑战,其他商业载人航天的挑战包括公认的安全和政府监管监督、在轨商业栖息地或未来太空站的认证要求、1967 年《外层空间条约》对未来月球基地的管制以及昂贵价格所导致的小众且脆弱的商业市场。

8.6.9 清除和减缓空间碎片

轨道碎片是航天战略的一个重要关切,因为碎片直接影响到进入和利用太空的能力。由于对太空作业安全和保护轨道环境的关注日益增加,许多公司正在研究主动清除碎片的方案,特别是在低地球轨道。在目前围绕地球运行的 1400 多颗功能卫星周围约有 50 万块人类活动产生的太空碎片[96]。虽然国际社会一直倡导采取措施减少碎片的产生,但可追踪和不可追踪的碎片物体的数量不断增加。因此,防止未来的碎片产生和清除现有碎片正成为研究的热点。

萨里卫星技术有限公司提出了主动和被动清除碎片的潜在方法[97]。虽然这些方法在技术上似乎是可行的,但是否真的有市场来维持商业或政府资助的碎片清除活动仍未可知。加速碎片脱轨或将其移至其他地点的潜在解决方案包括:

(1) 在碎片上安装一个像电磁弹射器的质量驱动器;
(2) 在碎片上安装一个卫星牵引器;
(3) 抓取碎片并将其移至其他地点;
(4) 通过激光产生一种力以加速碎片脱离轨道;
(5) 在碎片上附加一个增加大气阻力的系绳;
(6) 用网捕捉碎片;
(7) 使用抓取器或机械臂清除或重新定位碎片;
(8) 使用推进式排气装置加速较小的碎片脱离轨道;
(9) 使用"弹射器"来弹射碎片以加速脱轨;
(10) 附加一个脱轨帆,以增加低地球轨道的大气阻力[98]。

Astroscale 是一家成立于 2013 年的私营公司,总部设在新加坡,旨在通过开发太空碎片清除服务来实现长期的太空飞行安全[99]。该公司的两项主要措施包括利用 IDEA OSG-1(质量 25 千克的微型卫星)进行轨道碎片监测,该卫星将对低地球轨道上的小型碎片进行编目和定性;以及寿命终止服务(ELSA)计划,重点是为卫星运营商提供航天器回收和离轨服务[100]。

在近期,预计政府机构将需要发挥领导作用,以激励商业公司开发碎片清除方法并由商业太空实体积极实施具体的碎片清除活动。这种领导是必要的,因为目前没有纯粹的商业市场来维持碎片清除。政府机构在清除碎片方面需大有作为,以确保太空作业的安全并避免其对轨道环境的不利影响。此外,政府可以通过为开发主动和被动清除碎片系统的商业公司提供税收减免优惠来予以激励。虽然不确定能衍生出一个商业市场来维持商业性的碎片清除活动,但重新利用较大的碎片(尽管目前存在对轨道碎片的所有权问题)或将材料转化为 3D 打印机的原料用于在轨制造可以帮助抵消开支。最终,一个稳定的太空碎片清除市场有望实现,这些公司可以通过回收或重新利用轨道碎片来抵消自己的运营支出。

8.6.10 太空态势感知

近年来,商业太空态势感知能力一直在增长。这种增长是显著的,因为太空态势感知是确保进入和利用太空的所有其他活动的基础。商业太空态势感知能力是由基于地球的系统促成的,包括基于地面的望远镜和雷达。

ExoAnalytic Solutions 公司寻求通过持久的、自动化的和实时的太空态势感知解决方案,将太空作为一种安全的自然资源加以保护[101]。该公司将太空态势感知定义为监测、了解和预测地球周围轨道上的天然和人造物体的能力[102]。该公司采用了一个全球商业太空态势感知望远镜网络,拥有超过 25 个观测站和 200 个望远镜,在多个轨道系统(包括地球同步轨道、大椭圆轨道和中地球轨道)中追踪人造太空物体[103]。

AGI 公司利用在全球收集的太空态势感知信息,使用软件对太空中的物体进行建模、分析和可视化[104]。它的产品用于太空物体编目维护和观测处理、机动处理、传感器任务分配、交会评估和基于网络的可视化[105]。太空数据协会使用该公司生成的太空态势感知信息来提供卫星所有者/经营者的信息,以促进安全的太空作业。

LeoLabs 公司使用一个全球性的地面相控阵雷达网络以提供低地球轨道上物体的高分辨率数据[106]。LeoLabs 是一家由风投公司投资的公司,位于加利福尼亚州门洛帕克,旨在为商业卫星运营商、政府监管机构和太空机构以及卫星管理服务公司提供服务[107]。由于计划中的小型卫星和立方体卫星的增加,该公司为其产品和服务确定了一个新的市场,以减少拥挤程度增加所带来的碰撞风险[108]。该公司提供测绘数据和服务,以减轻太空碰撞的风险。服务范围包括快速确定轨道、早期操作支持以及持续的轨道态势感知[109]。

8.6.11 在轨服务和接近操作

商业公司正在谋求各种涉及卫星服务的新商业机会。实现卫星服务的一项重要活动是交会和接近操作(RPO)。美国航空航天局和国防高级研究计划局已经进行了交会和接近操作示范,在未来其可能会变得愈加频繁。这种操作是相对复杂的,目前只有少数公司或机构能够进行[110]。如果交会和接近操作活动包括对接和脱钩操作,难度和相关要求便会更高。如果这些举措获得成功,相关的卫星服务便可以延长许多高端卫星的运行寿命,从而实现扩展寿命周期并改善投资回报。经验丰富的航天公司正计划提供在轨服务,如诺斯罗普·格鲁曼公司、麦克唐纳公司、德特维勒公司和空中客车公司[111]。另外,拟开发新的承保业务的太空保险公司也对这些基于接近操作的太空业务表现出浓厚的兴趣。

斯图尔特·埃弗斯提出了几个潜在的在轨卫星服务的商业领域[112]。这些任务包括:延长卫星的服务寿命或技术升级,重新放置卫星,降低卫星倾角,改变卫星的赤经,在轨加油,机器人维护或修理,监测发射伙伴的部署,测试太空态势感知能力,将故障、无效或失效的有效载荷移入"墓地"轨道,处理危险的轨道碎片,占用轨道槽,对现有卫星进行安全监测,以及远地点发动机故障补偿[113]。

在轨服务和相关接近操作的操作和监管挑战包括:轨道安全,动态许可和监管制度,可行和可持续的商业市场,对太空责任和产权的共同理解,所涉技术的双重用途性质,以及目前政府在该领域监督的缺位。

8.6.12 太空采矿

几十年来,商业太空公司和国际组织一直讨论在月球和小行星上开采贵金属和其他重要资源的计划。开采的一些贵金属将被带回地球使用,而其他材料将被用于制造太空中的大型结构和部件。

行星资源开发公司试图从近地小行星中识别、提取和提炼资源[114]。此外,该公司正专注于寻找和提取人类在太空生活所需的水源[115]。根据规划,该公司首先将确定含有最佳水源的小行星,然后建立一个小行星采矿设施,以采集维持人类生活的水源并将其作为航天器的推进剂。该公司估计,近地小行星上约有2万亿吨的冷冻水。

2015年,美国通过了《美国商业航天发射竞争力法案》,其中规定了允许私营公司开采太空资源的条款[116]。该法案的既定目的是"通过鼓励私营部门投资和创造更稳定和可预测的监管条件为发展中的商业航天业营造一个有利于增长的环境"[117]。2016年,卢森堡制定了类似的法律,为私人运营商授予了开采太空资源的权利[118]。根据《美国商业太空发射竞争力法案》,美国商业公司可以出于商业目的采集天体上的材料。此外,该法案的太空资源的商业探索和利用部分规定:

> 根据适用法律和美国的国际义务,基于本章从事小行星资源开采或太空资源商业回收的美国公民应有权获得任何小行星资源或太空资源,包括占有、拥有、运输、使用和出售所获得的小行星资源或太空资源的权利[119]。

在提到2015年通过的这一法案时,行星资源开发公司的联合创始人埃里克·安德森说:"这是历史上对产权的最大认可。"[120]

值得注意的是,虽然《外层空间条约》解释说主权国家不能对天体提出主权要求,但根据《美国商业太空发射竞争力法案》,美国公民或商业实体可以利用太空资源获取经济利益。为了解决这个可能的争论点,该法解释道:"国会的意思是,通过颁布本法,美国并不因此对任何天体主张主权或专属权利或管辖权,或对任何天体的所有权。"[121]从美国国内立法者的角度来看,该法案仍然符合《外层空间条约》框架下的法律制度。

在太空中提取或开采资源的挑战包括缺乏明确的政府监督和对该活动是否真正符合《外层空间条约》的共识。

8.6.13 天基太阳能发电

天基太阳能是一个新概念,旨在利用轨道上的大型太阳能电池阵列,通过微波或激光将能量传输到地面接收站。自20世纪60年代以来,人们一直在讨论天基太阳能发电的潜力。物理学家John Mankins的设计将薄膜反射镜排列成钟形,可以将几乎任何角度的阳光重新照射到一个较小的光伏阵列上[122]。从理论上讲,这种设计可把这些电力从轨道上带到地面电网上。彼得·加里森长期以来一直倡导这种技术,认为它是一种"完全可再生、不产生温室气体、没有间歇性、24小时可用、可以在美国制造并且可以满足六倍以上的全球需求的能源"[123]。蓝色起源创始人Jeff Bezos也对天基太阳能表达了类似的看法。

尽管有理论上的可能性，但一个明显负担得起的且有利可图的设计仍未出现。发射是一个显著的成本，包括将一个多吨重的系统送入地球同步轨道。另外，微波和激光能量从轨道到地面接收站的能量传输损耗也很高。2009年，一家名为Solaren的初创公司签订了一份备受关注的合同，即从2016年开始向加利福尼亚州最大的公用事业公司提供200兆瓦的太空电力[124]。另一家初创公司太空能源公司也为太空太阳能发电带来了很多兴奋点。然而，这两家公司都未能实现其雄心勃勃的计划[125]。这一领域的现实窘境不禁让人怀疑商业概念是否合理，或者其他太阳能电池或替代能源解决方案是否会更有利可图。也就是说，如果大型太阳能电池阵可以在太空中使用地外材料制造大部分质量，这可能会改善所需大型太阳能电池阵的相关发射和制造成本。

8.7 商业部门是否能在需要的时候能否出现

商业太空部门将在航天战略的制定和发展中发挥重要作用。这一现实的原因在于与太空有关的技术所促成的商业被认为是需要得到保护的重要国家利益，或者是因为商业太空部门将提供帮助实现战略目标所需的手段。目前，后者的情况似乎更多。对许多国家来说，基于太空的技术、能力和服务已经与他们的军队训练和作战的方式交织在一起。卫星通信、遥感和全球定位服务在常规的军事行动中被广泛地使用。虽然说一些军队"完全依赖"天基服务可能是夸张的（因为这些军队经常在没有天基能力的情况下进行训练），但他们确实越来越依赖天基服务。

由于商业太空活动提供的许多产品和服务具有双重用途（军民两用）性质，因此有时很难区分纯粹的军事活动和商业服务及相关系统。二者可能有一些共享的架构，其中与军事有关的通信由商业卫星来实现。虽然战略家必须考虑这些影响，但军事和商业活动的糅合并不新鲜。陆地、海洋和空中行动都不得不考虑军事和商业部门的这种糅合。太空战以及网络战需要考虑将特定的商业活动设为目标并对其进行打击。换句话说，这些商业活动可能与军事行动混合在一起，以达到预期的战略效果。

商业公司会在战争时期大力支持政府吗？当寻求将商业太空部门完全纳入总体航天战略时，这是许多军事战略人员心中的一个挥之不去的疑问。对这个问题的简短回答是肯定的。这个问题和答案并非太空领域所独有。航空航天、汽车和造船业有在冲突时期提供军事产品和服务的历史。除非出现不可抗力,否则商业公司将提供服务并履行服务协议的条款,因为背信弃义将导致公司失去市场份额和未来的营收。简而言之,不遵守承诺是不好的商业行为。因此,必须强调的是,如果适用的协议在战争爆发前就已经存在,那么商业公司会在冲突时期大力支持国家。

为了确保商业部门能够在冲突时期提供最大的协助,军方和商业伙伴有必要在和平时期建立信任。只有通过建立信任关系和分享关于商业产品、服务和能力的信息,才能有效和切实地实施航天战略。

以下情况下,政府或军事人员可能假定商业伙伴及其服务在冲突期间将无法使用,并认为商业太空部门的能力无法运作或无法在某些不受本国控制的太空领域进行活动。这种想法是没有根据的。许多商业太空服务提供商每天都在非许可的环境中运作。商业航天公司经常受到网络攻击。许多商业太空能力比政策制定者和作战人员普遍理解的更加强大且有韧性。商业卫星运营商变得更有弹性,因为他们每天都在处理各种威胁,如卫星通信的干扰或网络攻击。此外,许多大中型商业航天公司进行深入研究和开发,以改善他们在干扰或网络攻击条件下的运作方式,因此,政府可以通过汲取商业伙伴的经验教训而大获裨益。

为了更好地纳入创新性的商业太空能力,公司和政府组织应该在冲突发生之前彻底了解某些主题,具体领域包括:

(1)商业公司和政府许可机构的关系;

(2)当商业资产被用于支持军事活动时所带来的影响;

(3)各国政府需要考虑采取必要的方式和方法以保护用于支持军事行动的商业太空资产;

(4)由于在敌对行动期间向政府提供服务,公司及其股东需要考虑商业太空资产在战争时期成为动能或非动能攻击目标的影响;

(5)商业遥感公司(如那些受美国政策和许可条例监管的公司)对在战争行动期间政府可能施加的控制水平(包括快门控制)的理解;

(6)在政府和商业伙伴之间建立最有效的通信结构或架构,以便在和平和冲突期间实现数据信息的无障碍流动;

(7)确保商业伙伴能够获得所有必要的数据和信息(无论是否是机密信息),以确保他们能够在战时提供商定的产品和服务。

引文标注

1 Thucydides, *History of the Peloponnesian War* (432 bc), 1.83.2.
2 Department of Defense, 2018 *National Defense Strategy of the United States of America: Sharpening the American Military's Competitive Edge* (2018), 3.
3 The White House, *National Security Strategy of the United States of America* (December 2017), 31, www. whitehouse. gov/wp-content/uploads/2017/12/NSS-Final-12-18-2017-0905. pdf
4 William W. Ward and Franklin W. Floyd, "Thirty Years of Space Communications Research and Development at Lincoln Laboratory," in *Beyond the Ionosphere: Fifty Years of Satellite Communication*, ed. Andrew J. Butrica (Washington: National Aeronautics and Space Administration, 1997), 79-81.
5 同上.
6 The White House, *National Space Transportation Policy* (November 21, 2013), 1, https://obamawhitehouse. archives. gov/sites/default/files/microsites/ostp/national_space_transportation_policy_l 1212013. pdf
7 同上.
8 同上., 2.
9 同上., 3.
10 同上., 4.
11 "Government Objectives: Benefits and Risks of PPPs," Public-Private Partnership Legal Resource Center, World Bank Group, last modified October 31, 2016, accessed November 19, 2017, https://ppp. worldbank. org/public-private-partnership/overvie w/ppp-obj ectives
12 Greg Autry, "America's Future in Space is both Commercial and Traditional," *Spacenews*, August 3, 2017, https://spacenews. com/op-ed-americas-future-in-space-is-both-commercial-and-traditional/
13 Ian Ferguson, "Space Exploration Is Best in Hands of NASA, Not Private Sector," *Mic*, October 26, 2015, accessed November 19, 2017, https://mic. com/articles/2267/space-exploration-is-best-in-hands-of-nasa-not-private-sector#. bYNbTMCBV
14 Paul K. Davis, "Toward Theory for Dissuasion (or Deterrence) by Denial: Using Simple Cognitive Models of the Adversary to Inform Strategy," RAND NSRD WR-1027 (RAND Corporation, January 2014) 2, www. rand. org/content/dam/rand/pubs/working_papers/WRl 000/WR1027/RANDWR1027. pdf
15 Office of the Assistant Secretary of Defense for Homeland Defense and Global Security, *Space Domain Mission Assurance: A Resilience Taxonomy* (September 2015), http://policy. defense.

gov/Portals/ll/Space%20Policy/ResilienceTaxonomy WhitePaperFinaI. pdf? ver = 2016 – 12 – 27 – 131828 – 623

16　The State Council Information Office of the People's Republic of China,"Status Report From: China National Space Administration"(December 2016),referenced in "White Paper on China's Space Activities in 2016," *SpaceRef* December 27, 2016, www. spaceref. com/news/viewsr. html? pid = 49722

17　同上.

18　同上.

19　同上.

20　Blaine Curcio and Tianyi Lan,"The Rise of China's Private Space Industry," *Spacenews*, May 25, 2018, https://spacenews. com/analysis-the-rise-of-chinas-private-space-industry/

21　Andrew Jones,"Chinese Commercial Launch Sector Nears Takeoff with Suborbital Rocket Test," Spacenews, May 15, 2018, https://spacenews. com/chinese-commercial-launch-sector-nears-takeoff-with-suborbital-rocket-test/

22　Curcio and Lan,"The Rise of China's Private Space Industry."

23　Russ Niles,"Chinese Commercial Space Companies Emerge," *AVweb*, May 20, 2018, www. avweb. com/avwebflash/news/Chinese – Commercial – Space – Companies – Emerge – 230847 – 1. html

24　Curcio and Lan,"The Rise of China's Private Space Industry."

25　Jeffrey Z. Johnson, President and CEO, SquirrelWerkz,"Chinese Investment in the United States: Impacts and Issues for Policy Makers," Testimony presented to the U. S. -China Economic and Security Review Commission, 16, www. uscc. gov/sites/default/files/Johnson_USCC%20Hearing%20Testimony012617_1. pdf

26　Michelle Toh and Serenitie Wang,"OneSpace Launches China's First Private Rocket," *CNNtech*, May 17, 2018, https://money. cnn. com/2018/05/16/technology/onespace-china-spacex-startup/index. html

27　"The Great Telescope," Birr Castle Gardens and Science Center, accessed August 8, 2018, http://birrcastle. com/telescope-astronomy/

28　"New Kids on the Block: How New Start-Up Space Companies Have Influenced the U. S. Supply Chain"(Bryce Space and Technology, June 2017), https://brycetech. com/downloads/Start_Up_Space_Supply_Chain_2017. pdf

29　Joan Johnson-Freese, *Space Warfare in the 21st Century: Arming the Heavens* (Abingdon: Routledge, 2017), 138.

30　同上., 139.

31　Autry,"America's Future in Space is both Commercial and Traditional."

32　Jennifer Alsever,"Space Startups are Booming in the Mojave Desert," *Fortune*, February 20,

2017, http://fortune.com/2017/02/20/space-startups-travel-satellites/

33　同上.

34　同上.

35　"Start-Up Space: Update on Investment in Commercial Space Ventures 2018" (Bryce Space and Technology, 2018), vi, https://brycetech.com/downloads/Bryce_Start_Up_Space_2018.pdf

36　同上.

37　同上.,29.

38　同上.,6.

39　同上.,6.

40　同上.,7.

41　"The World's Billionaires," *Forbes Magazine*, December 31, 2016; Nick DeSantis, "Forbes Billionaires List Map: 2016 Billionaire Population by Country," Forbes, March 1, 2016, www.forbes.com/sites/nickdesantis/2016/03/01/forbes-billionaires-list-map-2016-billionaire-population-by-country/#771d1643655d

42　Deborah Gage, "The Venture Capital Secret: 3 Out of 4 Start-Ups Fail," *The Wall Street Journal*, September 20, 2012, www.wsj.com/articles/SB10000872396390443720204578004980476429190

43　Lora Kolodny, "Starburst Ventures Closes $200 Million Debut Fund to Back Space Tech Startups," *TechCrunch*, November 29, 2016, https://techcrunch.com/2016/11/29/starburst-ventures-closes-200-million-debut-fund-to-back-space-tech-startups/

44　"Start-Up Space: Update on Investment in Commercial Space Ventures 2018," 8.

45　同上.,9.

46　同上.,10.

47　同上.

48　"New Kids on the Block: How New Start-Up Space Companies Have Influenced the U.S. Supply Chain," 15.

49　Dan Goure, "Why America Needs a New Upper Stage Rocket More than a Russian RD-180 Replacement," *The National Interest*, January 8, 2017, http://nationalinterest.org/blog/the-buzz/why-america-needs-new-upper-stage-rockey-more-russian-rd-180-23982

50　"Fast Space: Leveraging Ultra Low-Cost Space Access for 21st Century Challenges" (Air University, December 22, 2016), 11. www.defensedaily.com/wp-content/uploads/post_attachment/l57919.pdf

51　同上.

52　"2017 State of the Satellite Industry Report" (Bryce Space and Technology and Satellite Industry Association, June 2017), 9, www.sia.org/wp-content/uploads/2017/07/SIA-SSIR-

2017. pdf

53 "Launch Services," Spaceflight, accessed August 8, 2018, http://spaceflight.com/services/launch-services/

54 "Services," Spaceflight, accessed August 8, 2018, http://spaceflight.com/services/

55 The White House, *National Space Transportation Policy*, 4.

56 "Hosted Payloads," SES Government Solutions, accessed August 8, 2018, https://ses-gs.com/solutions/fixed-sat-solutions/hosted-payloads/

57 同上.

58 "Benefits of Hosted Pay loads," Hosted Pay load Alliance, accessed August 8, 2018, www.hostedpayloadalliance.org/Hosted-Payloads/Benefits.aspx

59 同上.

60 Voltaire, La *Begueule*, *Conte Moral* (Lausanne: Fran $ Grasset et Comp, 1772).

61 The White House, *National Security Strategy of the United States of America* (December 2017), 31.

62 "What are Smallsats and CubeSats," The National Aeronautics and Space Administration, accessed August 8, 2018, www.nasa.gov/content/what-are-smallsats-and-cubesats

63 同上.

64 "OneWeb," OneWeb, accessed August 8, 2018, www.oneweb.world/

65 同上.

66 同上.

67 Emre Kelly, "SpaceX's Shotwell: Starlink Internet Will Cost about $10 Billion and 'Change the World,'" *Florida Today*, April 26, 2018, www.floridatoday.com/story/tech/science/space/2018/04/26/spacex-shotwell-starlink-internet-constellation-cost-10-billion-and-change-world/554028002

68 Mike Wall, "SpaceX's Prototype Internet Satellites are Up and Running," *Space*, February 22, 2018, www.space.com/39785-spacex-internet-satellites-starlink-constellation.html

69 Caleb Hemy, "FCC Approves SpaceX Constellation, Denies Waiver for Easier Deployment Deadline," *Spacenews*, March 29, 2018, https://spacenews.com/us-regulators-approve-spacex-constellation-but-deny-waiver-for-easier-deployment-deadline/

70 "Our Constellation," DigitalGlobe, accessed August 8, 2018, www.digitalglobe.com/about/our-constellation

71 Michael Baylor, "Planet Labs Targets a Search Engine of the World," *NASA Space-flight*, January 29, 2018, www.nasaspaceflight.com/2018/01/planet-labs-targets-search-engine-world/

72 "Planet Launches Satellite Constellation to Image the Whole Planet Daily," Planet, press release, February 14, 2017, www.planet.com/pulse/planet-launches-satellite-constellation-to-image-the-whole-planet-daily/

73　Baylor,"Planet Labs Targets a Search Engine of the World."

74　The White House, *U. S. Commercial Remote Sensing Policy*, National Security Presidential Directive 27 (April 25, 2003), www. space. commerce. gov/policy/u－s－commercial－remote－sensing-space-policy/

75　同上."Section II. Policy Goal."

76　"U. S. Commercial Remote Sensing Space Policy," Department of Commerce, Office for Space Commerce, accessed August 8, 2018, www. space. commerce. gov/policy/u-s-commercial-remote-sensing-space-policy/

77　James A. Vedda,"Updating National Policy on Commercial Remote Sensing"(The Aerospace Corporation, March 2017), 5, https://aerospace. org/sites/default/files/2018－05/CommercialRemoteSensing_0. pdf

78　同上. , 8.

79　Peter L. Hays, *Space and Security: A Reference Handbook* (Santa Barbara, CA: ABC－CLIO, LLC, 2001), 39–40.

80　Vedda,"Updating National Policy on Commercial Remote Sensing," 8.

81　同上. , 7.

82　Quoted in Alan Boyle,"Why Data Analytics is Becoming the Next Frontier for the Commercial Space Industry," *Geekwire*, November 10, 2017, www. geekwire. com/2017/data-analytics-becoming-next-frontier-commercial-space-industry/

83　同上.

84　"Making the Move from Imageiy to Insights with Planet Analytics," Planet, press release, July 18, 2018, www. planet. com/pulse/planet-analytics-launch/

85　同上.

86　"Additive Manufacturing," GE, accessed August 8, 2018, www. ge. com/additive/additive-manufacturing

87　"Rocketlab Reaches 500 Rutherford Engine Test Fires," Rocket Lab, press release, January 31, 2018, www. rocketlabusa. com/news/updates/rocket-lab-reaches-500-rutherford-engine-test-fires/

88　"About Us," Rocket Lab, accessed August 8, 2018, www. rocketlabusa. com/about-us/

89　同上.

90　"Additive Manufacturing Facility," Made In Space, accessed August 8, 2018, http://madeinspace. us/projects/amf

91　"Archinaut," Made In Space, accessed August 8, 2018, www. projectarchinaut. com/

92　Elizabeth Howell," New Shepard: Rocket for Space Tourism," *Space*, April 20, 2018, www. space. com/40372-new-shepard-rocket. html

93　Michael Sheetz," Blue Origin Will Begin Selling Tickets for Spaceflights after First Crewed

Tests, Company Says," *CNBC*, July 12, 2018, www.cnbc.com/2018/07/12/reuters-america-exclusive-jeff-bezos-plans-to-charge-at-least-200000-for-space-rides-sources.html

94　Jeff Foust, "Bezos Outlines Vision of Blue Origin's Lunar Future," *Spacenews*, May 29, 2018, https://spacenews.com/bezos-outlines-vision-of-blue-origins-lunar-future/

95　Mike Wall, "Bigelow Aerospace Launches New Company to Operate Private Space Stations," *Space*, February 20, 2018, www.space.com/39752-bigelow-space-operations-private-space-stations.html

96　Brian Weeden, "Why Outer Space Matters: Brian Weeden on Natural and Human Generated Threats on Satellites," *Intercross Blog*, October 24, 2016, http://inter-crossblog.icrc.org/blog/why-outer-space-matters-brian-weeden-on-natural-and-human-generated-threats-on-satellites

97　Stuart Eves, "On-orbit Servicing, Debris Removal and Emerging Capabilities" (Presentation, Surrey Satellite Technology Limited, London, January 2017).

98　同上.

99　"About," Astroscale, accessed August 8, 2018, http://astroscale.com/about

100　"Idea OSG-1," Astroscale, accessed August 8, 2018, http://astroscale.com/services/osg-1; "ELSA-d," Astroscale, accessed August 8, 2018, http://astroscale.com/services/elsa-d

101　"Space Situational Awareness," ExoAnalytics, accessed September 7, 2018, https://exoanalytic.com/space-situational-awareness/

102　同上.

103　同上.

104　"Products," AGI, accessed September 7, 2018, www.agi.com/products

105　"Enterprise Solutions," AGI, accessed September 7, 2018, www.agi.com/products/enterprise-solutions

106　"About," LeoLabs, accessed September 7, 2018, www.leolabs.space/about

107　同上.

108　同上.

109　"LeoLabs," LeoLabs, accessed September 7, 2018, www.leolabs.space/

110　Brian Weeden, "Dancing in the Dark Redux: Recent Russian Rendezvous and Proximity Operations in Space," *The Space Review*, October 5, 2015, www.thespacereview.com/article/2839/1

111　Caleb Henry, "Airbus to Challenge SSL, Orbital ATK with New Space Tug Business," *Spacenews*, September 28, 2017, https://spacenews.com/airbus-to-challenge-ssl-orbital-atk-with-new-space-tug-business/; "Orbital ATK on Track to Launch Industry's First Commercial In-Space Satellite Servicing System in 2018," Northrop Grumman, press release, January 24, 2017, https://news.northropgrumman.com/news/features/orbital-atk-on-track-

112 to-launch-industrys-first-commercial-in-space-satellite-servicing-sy stem-in-2018

112 Eves,"On-orbit Servicing,Debris Removal and Emerging Capabilities."

113 同上.

114 "Timeline," Planetary Resources,accessed August 8,2018,www. planetary resources,com/company/timeline/

115 "ARKYD-301," Planetary Resources,accessed August 8,2018,www. planetary resources,com/missions/arky d-301/

116 Public Law 114-90,*U. S. Commercial Space Launch Competitiveness Act*,November 25,2015,www. congress. gov/bill/114th-congress/house-bill/2262/text

117 同上.

118 "Luxembourg's New Space Law Guarantees Private Companies the Right to Resources Harvested in Outer Space in Accordance with International Law," the Government of the Grand Duchy of Luxembourg,Ministry of the Economy,press release,November 11,2016,https://spaceresources. public. lu/content/dam/space resources/press - release/2016/2016 1 111 PressReleaseNewSpacelaw. pdf

119 Public Law 114-90,Section 51303.

120 Quoted in "President Obama Signs Bill Recognizing Asteroid Resource Property Rights into Law," Planetary Resources, press release, November 25, 2015, www. planetaryresources. com/2015/11/president-obama-signs-bill-recognizing-asteroid-resource-property-rights-into-law/

121 Public Law 114-90,Section 403.

122 John C. Mankins, "A Fresh Look at Space Solar Power: New Architectures, Concepts and Technologies," *Acta Astronautica* vol. 41 no. 4-10(1997),347-359.

123 Peter Garretson, "Better than Paris: Space Solar Power," *The Space Review*,June 19,2017,www. thespacereview. com/article/3266/1

124 W. Wayt Gibbs,"The Promise of Space-Based Solar Panels," *Discover Magazine*,May 28,2015,http://discovermagazine. com/2015/july-aug/19-stellar-energy

125 同上.

参考文献

[1] "2017 State of the Satellite Industry Report." Bryce Space and Technology and SatelliteIndustry Association,June 2017. www. sia. org/wp-content/uploads/2017/07/SIA-SSIR-2017. pdf

[2] "About." Astroscale. Accessed August 8,2018. http://astroscale. com/about

[3] "About." LeoLabs. Accessed September 7,2018. www. leolabs. space/about

[4] "About Us." Rocket Lab. Accessed August 8,2018. www. rocketlabusa. com/about-us/

[5] "AdditiveManufacturing." GE. Accessed August 8,2018. www. ge. com/additive/additive-manufacturing

[6] "Additive Manufacturing Facility." Made In Space. Accessed August 8,2018. http://madeinspace. us/proj ects/amf

[7] Alsever,Jennifer. "Space Startups are Booming in the Mojave Desert." *Fortune*. February 20, 2017. http://fortune. eom/2017/02/20/space-startups-travel-satellites/

[8] "Archinaut." Made In Space. Accessed August 8, 2018. www. projectarchinaut. com/ "ARKYD-301." Planetary Resources. Accessed August 8,2018. www. planetary resources. com/missions/arkyd-301/

[9] Autiy,Greg. "America's Future in Space is both Commercial and Traditional."*Spacenews*. August 3,2017. https://spacenews. com/op-ed-americas-fiiture-in-space-is-both-commercial-and-traditionaF

[10] Baylor,Michael. "Planet Labs Targets a Search Engine of the World." *NASA Spaceflight*. January 29,2018. www. nasaspaceflight. com/2018/Ol/planet-labs-targets-search-engine-world

[11] "Benefits of Hosted Payloads." Hosted Payload Alliance. Accessed August 8,2018. www. hostedpayloadalliance. org/Hosted-Payloads/Benefits. aspx

[12] Boyle,Alan. "Why Data Analytics is Becoming the Next Frontier for the Commercial Space Industry." *Geekwire*. November 10,2017. www. geekwire. com/2017/data-analytics-becoming-next-frontier-commercial-space-industry/

[13] Curcio,Blaine and Tianyi Lan. "The Rise of China's Private Space Industiy."*Spacenews*. May 25,2018. https://spacenews. com/analysis-the-rise-of-chinas-private-space-industiy/

[14] Davis,Paul K. "Toward Theoiy for Dissuasion(or Deterrence) by Denial:Using Simple Cognitive Models of the Adversary to Inform Strategy." RAND NSRD WR-1027. RAND Corporation, January 2014. www. rand. org/content/dam/rand/pubs/working _ papers/WRl 000/ WR1027/RANDWR1027. pdf

[15] Department of Defense. 2018 *National Defense Strategy of the United States ofAmerica*:*Sharpening the American Military's Competitive Edge.* 2018.

[16] DeSantis,Nick. "Forbes Billionaires List Map:2016 Billionaire Population by Country."*Forbes*. March 1,2016. www. forbes. eom/sites/nickdesantis/2016/03/01/forbes-billionaires-list-map-2016-billionaire-population-by-country/#771 dl 643655d

[17] "ELSA-d." Astroscale. Accessed August 8,2018. http://astroscale. com/services/elsa-d "Enterprise Solutions.[44] AGI. Accessed September 7,2018. www. agi. com/products/enterprise-solutions

[18] Eves,Stuart. "On-orbit Servicing,Debris Removal and Emerging Capabilities." Presentation. Surrey Satellite Technology Limited. London. January 2017.

[19] "Fast Space: Leveraging Ultra Low-Cost Space Access for 21st Century Challenges." Air University, December 22, 2016. www.defensedaily.com/wp-content/uploads/post_attachment/157919.pdf

[20] Ferguson, lan. "Space Exploration Is Best in Hands of NASA, Not Private Sector." *Mic*. October 26, 2015. https://mic.com/articles/2267/space-exploration-is-best-in-hands-of-nasa-not-private-sector#.bYNbTMCBV

[21] Foust, Jeff. "Bezos Outlines Vision of Blue Origin's Lunar Future." *Spacenews*. May 29, 2018. https://spacenews.com/bezos-outlines-vision-of-blue-origins-lunar-future/

[22] Gage, Deborah. "The Venture Capital Secret: 3 Out of 4 Start-Ups Fail." *The Wall Street Journal*. September 20, 2012. www.wsj.com/articles/SB10000872396390443720204578004980476429190

[23] Garretson, Peter. "Better than Paris: Space Solar Power." *The Space Review*. June 19, 2017. www.thespacereview.com/article/3266/1

[24] Gibbs, W. Wayt. "The Promise of Space-Based Solar Panels." *Discover Magazine*. May 28, 2015. http://discovermagazine.com/2015/july-aug/19-stellar-energy

[25] Goure, Dan. "Why America Needs a New Upper Stage Rocket More than a Russian RD-180 Replacement." *The National Interest*. January 8, 2017. http://nationalinterest.org/blog/the-buzz/why-america-needs-new-upper-stage-rockey-more-russian-rd-180-23982

[26] "Government Objectives: Benefits and Risks of PPPs." Public-Private Partnership Legal Resource Center, World Bank Group. Last modified October 31, 2016. Accessed November 19, 2017. https://ppp.worldbank.org/public-private-partnership/overview/ppp-objectives

[27] Hays, Peter L. *Space and Security: A Reference Handbook*. Santa Barbara, CA: ABC-CLIO, LLC, 2001.

[28] Henry, Caleb. "FCC Approves SpaceX Constellation, Denies Waiver for Easier Deployment Deadline." *Spacenews*. March 29, 2018. https://spacenews.com/us-regulators-approve-spacex-constellation-but-deny-waiver-for-easier-deployment-deadline/

[29] Henry, Caleb. "Airbus to Challenge SSL, Orbital ATK with New Space Tug Business." *Spacenews*. September 28, 2017. https://spacenews.com/airbus-to-challenge-ssl-orbital-atk-with-new-space-tug-business/

[30] "Hosted Payloads." SES Government Solutions. Accessed August 8, 2018. https://ses-gs.com/solutions/fixed-sat-solutions/hosted-payloads/

[31] Howell, Elizabeth. "New Shepard: Rocket for Space Tourism." *Space*. April 20, 2018. www.space.com/40372-new-shepard-rocket.html

[32] "Idea OSG-1." Astroscale. Accessed August 8, 2018. http://astroscale.com/services/osg-1 Johnson, Jeffrey Z. President and CEO, SquirrelWerkz. "Chinese Investment in the

[33] United States: Impacts and Issues for Policy Makers." Testimony presented to the U.S.-Chi-

na Economic and Security Review Commission, www. uscc. gov/sites/default/files/Johnson_USCC%20Hearing%20Testimony012617_l. pdf

[34] Johnson-Freese, Joan. *Space Warfare in the 21st Century: Arming the Heavens*. Abingdon: Routledge, 2017.

[35] Jones, Andrew. "Chinese Commercial Launch Sector Nears Takeoff with SuborbitalRocket Test. " *Spacenews*. May 15, 2018. https://spacenews. com/chinese-commercial-launch-sector-nears-takeoff-with-suborbital-rocket-test/

[36] Kelly, Emre. "SpaceX's Shotwell: Starlink Internet Will Cost about \$10 Billion and 'Change the World. '" *Florida Today*. April 26, 2018. www. floridatoday. com/story/tech/science/space/2018/04/26/spacex-shotwell-starlink-intemet-constellation-cost-10-billion-and-change-world/554028002

[37] Kolodny, Lora. "Starburst Ventures Closes \$200 Million Debut Fund to Back Space Tech Startups. " *TechCrunch*. November 29, 2016. https://techcrunch. com/2016/ll/29/starburst-ventures-closes-200-million-debut-fund-to-back-space-tech-startups/

[38] "Launch Services. " Spaceflight. Accessed August 8, 2018, http://spaceflight. com/services/launch-services/

[39] "LeoLabs. " LeoLabs. Accessed September 7, 2018. www. leolabs. space/

[40] "Luxembourg's New Space Law Guarantees Private Companies the Right to Resources Harvested in Outer Space in Accordance with International Law. " The Government of the Grand Duchy of Luxembourg, Ministry of the Economy. Press release, November 11, 2016. https://spaceresources. public. lu/content/dam/spaceresources/press-release/20 16/2016111 lPressReleaseNewSpacelaw. pdf

[41] "Making the Move from Imagery to Insights with Planet Analytics. " Planet. Press release, July 18, 2018. www. planet. com/pulse/planet-analytics-launch/

[42] Mankins, John C. "A Fresh Look at Space Solar Power: New Architectures, Concepts and Technologies. " *Acta Astronautica* vol. 41 no. 4-10(1997): 347-359.

[43] "New Kids on the Block: How New Start-Up Space Companies Have Influenced the U. S. Supply Chain. " Bryce Space and Technology, June 2017. https://biycetech. com/downloads/Start_Up_Space_Supply_Chain_2017. pdf

[44] Niles, Russ. "Chinese Commercial Space Companies Emerge. " *AVweb*. May 20, 2018. www. avweb. com/avwebflash/news/Chinese-Commercial-Space-Companies-Emerge-230847-1. html

[45] Office of the Assistant Secretary of Defense for Homeland Defense and Global Security. *Space Domain Mission Assurance: A Resilience Taxonomy*. September 2015. http://policy. defense. gov/Portals/1 l/Space%20Policy/ResilienceTaxonomyWhitePaperFinal. pdf? ver-2016-12-27-131828-623

[46] "OneWeb." OneWeb. Accessed August 8,2018. www. oneweb. world/

[47] "Orbital ATK on Track to Launch Industry's First Commercial In-Space Satellite Servicing System in 2018." Northrop Grumman. Press release, January 24, 2017. https://news. northropgrumman. com/news/features/orbital-atk-on-track-to-launch-industrys-first-commercial-in-space-satellite-servicing-sy stem-in-2018

[48] "Our Constellation." DigitalGlobe. Accessed August 8,2018. www. digitalglobe. com/about/our-constellation

[49] "Planet Launches Satellite Constellation to Image the Whole Planet Daily." Planet. Press release, February 14,2017. www. planet. com/pulse/planet-launches-satellite-constellation-to-image-the-whole-planet-daily/

[50] "President Obama Signs Bill Recognizing Asteroid Resource Property Rights into Law." Planetary Resources. Press release, November 25,2015. www. planetaryresources. com/2015/11/president-obama-signs-bill-recognizing-asteroid-resource-property-rights-into-law/

[51] "Products." AGI. Accessed September 7,2018. www. agi. com/products

[52] Public Law 114-90. *U. S. Commercial Space Launch Competitiveness Act.* November,25 2015. www. congress. gov/bill/114th-congress/house-bill/2262/text

[53] "Rocketlab Reaches 500 Rutherford Engine Test Fires." Rocket Lab. Press release, January 31,2018. www. rocketlabusa. com/news/updates/rocket-lab-reaches-500-rutherford-engine-test-fires/

[54] "Services." Spaceflight. Accessed August 8,2018. http://spaceflight. com/services/

[55] Sheetz, Michael. "Blue Origin Will Begin Selling Tickets for Spaceflights after First Crewed Tests, Company Says." *CNBC.* July 12,2018. www. cnbc. com/2018/07/12/reuters-america-exclusive-jeff-bezos-plans-to-charge-at-least-200000-for-space-rides-sources. html

[56] "Space Situational Awareness." Exo Analytics. Accessed September 7,2018. https://exo-analytic. com/space-situational-awareness/

[57] "Start-Up Space:Update on Investment in Commercial Space Ventures 2017." Biyce Space and Technology,2017. https://biycetech. com/downloads/Biyce_Start_Up_Space_2017. pdf

[58] "Start-Up Space:Update on Investment in Commercial Space Ventures 2018." Bryce Space and Technology,2018. https://brycetech. com/downloads/Bryce_Start_Up_ Space_2018. pdf

[59] "The Great Telescope." Birr Castle Gardens and Science Center. Accessed August 8,2018. http://birrcastle. com/telescope-astronomy/

[60] The StateCouncil Information Office of the People's Republic of China. "Status Report From:China National Space Administration." December 2016.

[61] The White House. *National Security Strategy of the United States of America.* December 2017. www. whitehouse. gov/wp-content/uploads/2017/12/NSS-Final-12-18-2017-0905. pdf

[62] The White House. *National Space Transportation Policy.* November 21, 2013. https://obam-

awhitehouse. archives. gov/sites/default/files/microsites/ostp/national_space_trans portation_policy_l 1212013. pdf

[63] The White House. *U. S. Commercial Remote Sensing Policy*. National Security Presidential Directive 27. April 25, 2003. www. space. commerce. gov/policy/u‐s‐commercial‐remote‐sensing‐space‐policy/

[64] "The World's Billionaires." *Forbes Magazine*. December 31, 2016.

[65] Thucydides. *History of the Peloponnesian War*. 432 bc.

[66] "Timeline." Planetary Resources. Accessed August 8, 2018. www. planetaryresources. com/company/timeline/

[67] Toh, Michelle and Serenitie Wang. "OneSpace Launches China's First Private Rocket." *CNNtech*. May 17, 2018. https://money. cnn. com/2018/05/16/technology/onespace‐china‐spacex‐startup/index. html

[68] Vedda, James A. "Updating National Policy on Commercial Remote Sensing." The Aerospace Corporation, March 2017. https://aerospace. org/sites/default/files/2018‐05/Commercial-RemoteSensing_0. pdf

[69] Voltaire. *La Begueule*, *Conte Moral*. Lausanne: Franç Grasset et Comp, 1772.

[70] Wall, Mike. "Bigelow Aerospace Launches New Company to Operate Private Space Stations." *Space*. February 20, 2018. www. space. com/39752‐bigelow‐space‐operations‐private‐space‐stations. html

[71] Wall, Mike. "SpaceX's Prototype Internet Satellites are Up and Running." *Space*. February 22, 2018. www. space. com/39785‐spacex‐intemet‐satellites‐starlink‐constellation. html

[72] Ward, William W. and Franklin W. Floyd. "Thirty Years of Space Communications Research and Development at Lincoln Laboratory." In *Beyond the Ionosphere*: *Fifty Years of Satellite Communication*, edited by Andrew J. Butrica, 79‐94. Washington: National Aeronautics and Space Administration, 1997.

[73] Weeden, Brian. "Dancing in the Dark Redux: Recent Russian Rendezvous and Proximity Operations in Space," *The Space Review*, October 5, 2015, www. thespacereview. com/article/2839/1

[74] Weeden, Brian. "Why Outer Space Matters: Brian Weeden on Natural and Human Generated-Threats on Satellites." *Intercross Blog*. October 24, 2016. http://intercross‐blog. icrc. org/blog/why‐outer‐space‐matters‐brian‐weeden‐on‐natural‐and‐human‐generated‐threats‐on‐satellites

[75] "What are Smallsats and CubeSats." The National Aeronautics and Space Administration. Accessed August 8, 2018. www. nasa. gov/content/what‐are‐smallsats‐and‐cubesats

[76] "White Paper on China's Space Activities in 2016." *SpaceRef*. December 27, 2016. www. spaceref. com/news/viewsr. html? pid = 49722

第 9 章　展望未来

国家安全和商业太空部门正在发生迅速变化。由于这些快速的发展,人们往往希望能够预测未来会衍生出什么能力、机构和行动。在憧憬预测未来事件的愿景时,阿瑟·克拉克的建议可能会让我们醍醐灌顶,"预测未来是不可能的,而且所有试图这样做的尝试在几年内可能看起来都是荒唐可笑的"[1]。战略家面临的问题是,既要审慎和务实地考虑一个细节不可知的未来,又要教育人们(以及许多所谓的专家),他们可预见的未来不是这样的[2]。

美国国防界历来寻求预测和预报新出现的威胁,以及打击这些威胁所需的能力。关于这种对未来的确定性的渴望,理查德·丹齐格评论说:

> 美国军方依靠预测来评估需求以及主要装备的设计。在军方的工作中,一个或多个未来被设想出来,需求被推导出来,采购和设计决策也相应地被证明。然而,美国国防部的经验和社会科学文献都表明,长期预测一直是错误的,不准确的[3]。

即使在预测和预报分析中投入了大量的时间和资源,也经常会出现误差。战略家需要承认这一现实:预测失败势必会发生[4]。因此,战略家的作用是帮助辨别可能的(或不可能的)未来,以制定充分的战略来保护国家利益。在为不可知的未来提供指导时,Colin Gray 指出:"战略家除了尽力应对他们不可避免的无知之外,别无选择。"[5]决策者、战略家和作战人员应该在一系列情景和潜在的未来中,在克劳塞维茨、孙子、修昔底德和其他战略理论的帮助下进行规划,并对预测分析的失败做出解释[6]。

无论预测正确与否,战争的性质总是持久的,而其特征则是变化的。当寻求为不确定的未来制定战略和计划时,William Gibson 指出:"未来已来,只是还没有均匀分布"[7]。结合 William Gibson 的说法,本章讨论了当前的趋势和持续的挑战,以及国家和非国家组织如何看待和运作太空。本章中的讨论主题包括:太空战争是否不可避免,对碎片和太空交通管制需求的日益关注,以及为应对太空强国竞争而提前做准备的必要性。然后,将讨论美国所面临的一系列挑战(尽管许多主题将与更大的航天界相关)。本章讨论的目的是为考量未来3~5年内航天战略的挑战提供一个有用的背景。

9.1 太空中的战略竞争是否不可避免

军事和安全专业人士有时会提出太空战争是否不可避免这一问题。这个问题的背景是双重的:其首先暗示了我们防止未来太空冲突的努力是否是徒劳的;如果太空战争不可避免,那么应该采取什么不同的措施来应对这种不可避免性。为了解决第一点,J. C. Wylie 的说法可能给我们启示:"历史经验的教训是,尽管有外交努力、健全的威慑战略和战略沟通努力来避免和防止冲突,但确实可能发生战争。"[8] 太空中的冲突也将如此。

冲突不可避免地延伸到太空这一概念已经被广泛讨论了一段时间。1997年,美国太空司令部总司令约瑟夫·阿什将军宣布,美国的武装力量正变得越来越依赖太空系统,这为未来的敌人利用这一软肋(打击美军)创造了巨大的契机。他总结道:"这在政治上是敏感的,但它注定将会发生……我们将不可避免在太空中作战,我们将在太空作战,我们将进入太空作战……"[9] 同样,2002年,当时的美国空军上校、现今的美国战略司令部司令约翰·海腾写道:

> 太空中的冲突是不可避免的。人类开发或占领的任何边疆从来没有不发生冲突的,但美国有机会塑造未来这种冲突的解决方案。通过正式和非正式磋商,界定太空公域和道路规则的机会确实存在[10]。

Colin Gray 根据历史经验和战略的基本原理提供了一个不同的视角,他说:

> 从两千五百年的战争历程中得出的经验性规则表明,对一个交战国具有重大战略意义的东西往往倾向于被其他国家攻击。而且,重要性越大,损害、破坏、捕获或摧毁它的动机就越大。用最直白的话说:太空战是未来的必然,因为在战争中利用太空环境已经变得至关重要[11]。

根据 Colin Gray 的说法,未来的战争将包括太空战争,至少是争夺太空控制权的战争[12]。

如今,在这一思路下经常被提到的一个问题是,美国和中国之间的战争是否不可避免。由于两国之间的任何战争都有可能包括太空战争,所以这个问题与航天战略高度相关。中国在过去几十年的崛起,特别是在太空能力方面的崛起,使冷战时期的两极世界和冷战后的美国单极霸权的日子业已成为遥远的记忆。在一个新的多极世界中,大国竞争不可避免。安全专业人士经常会问,中国的重新崛起是否对美国构成威胁,美国应该如何应对中国的经济和军事进步。

具体来说,"修昔底德陷阱"正是在美国和中国的竞争背景下讨论的,这意味着两国之间的冲突是不可避免的。修昔底德在他对伯罗奔尼撒战争的描述中写道:"正是雅典的崛起,以及由此在斯巴达激发的恐惧,使得战争不可避免。"[13]有些人对修昔底德的说法进行了类比(尽管其在作品中从未使用过陷阱这个词),并疑惑美国对中国的恐惧和不信任是否会导致两者之间的战争。2015年,Graham Allison 表示,历史证据表明,美国和中国开战的概率"比目前公认的要大得多"[14]。

然而,这仅仅是个开篇。正如 Graham Allison 所引述的,中国认为:"世界上本不存在所谓的修昔底德陷阱。但如果大国一次又一次地犯下战略误判的错误,他们可能会给自己制造这样的陷阱。"[15] Graham Allison 强调,两国之间的战争并非不可避免,他说:

> 一个拥有5000年历史的文明和14亿人口的国家的崛起,并不是一个需要解决的问题。它只是一种现状,一种必须在一代人的时间里加以处理的慢性现状。成功需要的不仅仅是一个新的口号、更频繁的总统峰会以及更多的部门工作组会议。在没有战争的情况下处理这种关系将需要两国最高层周而复始的持续关注,需要自20世纪70年代亨利·基辛格与周恩来谈话以来从未见过的相互理解的深度。最重要的是,这将意味着领导人和公众在态度和行动上的彻底改变,这比任何人想象的都要多[16]。

修昔底德承认,人的层面是导致冲突的一个因果因素。鉴于恐惧、荣誉和利益的相互作用,人们和他们的评估有助于做出开战的决定,但绝不应该认为开战是不可避免的。对"修昔底德陷阱"的信奉贬低了理性思考和自由意志,而这种思考和自由意志正是衡量是否开战的决定。

由于中国、俄罗斯和美国不同的历史、文化和社会世界观,误判是很可能的。正如第4章所讨论的,这三个国家对威慑和使用军事行动的有效性有着不同的看法,这些不同的看法可能会导致冲突和军事升级,而这并不是有意为之的。中国认为太空军事行动是在实际战争之外的,俄罗斯倾向使用"升级—降级"或"不可接受的后果"的方法来进行威慑,而美国则认为根据固有的自卫权,太空军事行动是合理的,这导致了对威慑和控制升级的不同观点。这些差异会造成"战略失配",导致模糊性和不确定性,有可能导致这些太空大国之间的紧张感和恐惧感上升。通过认识到这种战略失配,研究其影响,并促进这些国家之间的对话,许多差异可以被解决,以减少误判和模糊的可能性。在谈到中国和美国之间的不同观点时,中国有一句古话:"求同存异。"虽然分歧确实存在,但必须承认、理解和沟通这些分歧,可以确保和平和国际稳定[17]。

那么这些对航天战略家来说意味着什么?战略史告诉我们,太空战争很可能是不可避免的,特别是在一个多极环境中,因为这种环境下太空被认为是重要的国家利益。尽管有这种潜在的不可避免性,但绝不应该得出结论说,两个国家之间的太空冲突已经成为定局。人的层面是至高无上的。人们可能决定在太空中发动战争,或者他们可能决定避免这种冲突,这是一个双向的选择。

9.2 日益严重的空间碎片问题与空间交通管理

自太空时代开始以来,太空碎片一直在不断增加。从广义上考虑,轨道碎片与航天战略的实际执行有关,因为碎片已经影响到了人们对太空的进入和使用。美国和苏联在太空竞赛期间的活动是轨道碎片问题出现的元凶,包括在20世纪80年代进行的反卫星(ASAT)试验。俄罗斯和美国都是目前轨道碎片的主要制造者,据估计,两者在太空中分别有4994个和4684个不受控制的物体[18]。在这些碎片总量中,由于火箭箭体(发射的残余物)体积较大,所以可能产生更多的碎片,因而它们是轨道安全的一个重大隐患。

21世纪前10年,有几个重大事件产生了大量的轨道碎片。2008年,美国使用了一个海基导弹防御拦截器(一个改良的标准导弹-3)摧毁了自己的一颗失效的情报卫星(燃霜行动)[20]。这样做的目的是防止卫星的肼推进剂在卫星再入大气层时危害到人,由于卫星的高度较低,虽然没有产生持久性的碎片,但该事件造成的碎片在再入大气层时燃烧起来[21]。

1978年,美国国家航空航天局的科学家Donald Kessler提出,近地轨道上的轨道碎片可以导致连锁碰撞,其也被称为凯斯勒综合症[23]。这个概念最初引起NASA的注意是在20世纪70年代,当时滞留在轨道上的废弃的"德尔塔"火箭箭体"开始爆炸,产生弹片云"[24]。Donald Kessler证明,一旦特定轨道上的碎片数量达到一个临界密度,即使没有更多的物体被发射到轨道上,连锁碰撞也会开始。一旦这种连锁碰撞发生,对卫星和航天器造成的风险就会增加,直到它们最后无法在轨道内运行。

目前,轨道碎片对运行中的卫星和航天器造成了很大的风险。Brian Weeden 指出,目前在地球轨道上运行的 1400 多颗功能卫星每天都要与同样在地球轨道上运行的约 50 万块人类产生的太空碎片相抗衡[25]。据报道,卫星运营商在 2014 年进行了 120 多次机动,以改变其卫星的路径,减少与碎片碰撞的风险[26]。

美国已经提供了指导方针,以帮助减少未来的轨道碎片风险。美国政府发布的《轨道碎片减缓标准规范》提出:

在所有的轨道运行机制中,航天器和末级的设计应能消除或尽量减少正常运行期间释放的碎片。对于计划释放的任何尺寸大于 5 毫米、在轨道上停留超过 25 年的碎片,应根据成本效益和任务要求进行评估和论证[27]。

许多太空政策专业人士已经注意到,在今天的商业太空环境中,25 年的时间太长了,而且不切实际,因为在今天的商业太空环境中,有数百至数千颗卫星的大型"星座计划"(卫星群)正在近地轨道运行。鉴于卫星行业的技术更迭,许多商业公司的卫星群的运行周期更短。重大的技术发展,包括与摩尔定律有关的发展意味着公司所发射的先进卫星在轨道上只需几年就会过时。

因此,拟部署巨型星座的公司,如 OneWeb,正在考虑在 5 年内使过期卫星脱离轨道,而不是像美国目前的标准实践所建议的 25 年内[28]。

除了对卫星进行报废处置,《轨道碎片减缓标准规范》还建议采取其他安全措施,包括限制任务运行期间和完成后意外爆炸的概率、减少卫星在轨期间与已知物体碰撞的概率以及提高卫星在碎片碰撞下的生存能力[29]。值得注意的是,机构间太空碎片协调委员会(IADC,一个就太空人为和自然碎片问题进行全球协调的国际政府论坛)正在促成《轨道碎片减缓标准规范》准则中所载的许多相同考量因素[30]。

为了帮助解决轨道碎片问题,激励商业公司重新利用和再利用轨道碎片,James Vedda 提议为 1975 年《关于登记射入外层太空物体的公约》增加一项议定书。该公约第四条规定:"每个登记国得随时向联合国秘书长供给有关其登记册内所载外空物体的其他情报。"James Vedda 认为这一措辞允许将轨道碎片或火箭箭体的所有权转让给第三方,以便进行太空打捞或将碎片标记为"可供打捞"[31]。根据 1967 年《外层空间条约》的措辞,国家有权拥有运载火箭、太空系统以及发射卫星或将其送入轨道后产生的任何碎片。然而,James Vedda 认为修改 1975 年《登记公约》是一个可行的方法,可以在不修改《外层空间条约》

的情况下实现太空碎片的清理。

最近人们认识到,美国的国家和经济利益急需一个改进的国内太空交通安全治理框架,旨在减轻碎片造成太空事故的风险[32]。2018年6月,特朗普总统签署了美国第一份国家太空交通管理政策[33]。该政策指出:"鉴于太空活动的重要性,美国认为继续不受限制地进入和自由地在太空运作对促进国家的安全、经济繁荣和科学知识至关重要。"[34]该政策文件指出,美国应成为STM的领导者,并寻求减轻太空碎片的影响[35]。该政策指示NASA更新空间碎片移除标准,达到最新的25年在轨规则[36]。随着太空态势感知系统、在轨能力以及来自商业伙伴和政府的分析产品的进步,对当前卫星和碎片位置的掌控,以及未来相关技术的潜在结合,有助于美国通过STM实现更安全的太空操作,并予以有效监督。按照国家太空交通管理政策的指示,美国商务部目前正朝着民用STM的角色发展[37]。该政策还指出:

> 为了促进这种强化的数据共享,并认识到国防部需要专注于维护对太空的访问和行动自由,相关民事机构应根据适用的法律,负责国防部目录中可公开发布的部分,并管理开放式架构数据存储库,而商务部恰恰是所指的民事机构。[38]

9.3 做好以下准备

准备工作所涉及的知识和技能将涵盖作战部队的建立、训练和维护[39]。

——卡尔·冯·克劳塞维茨

克劳塞维茨写道,为战争提前做好准备大有裨益。在考虑战争活动时,他将其分为两部分:

> 总而言之,我们清楚地看到,战争活动可以分为两大类:那些仅仅是为战争做准备的活动以及战争本身。因此,在理论上也必须做出同样的区分[40]。

他将后一个领域称为"战争行为理论",或在狭义上指"战争的艺术"[41]。然而,在业已发生冲突的军事行动中,准备工作发挥了很大的作用。因此,在任何潜在冲突之前进行的准备工作是航天战略的一个关键要素。正是这些准备在某种程度上使防御成为更强有力的战争形式。

对于那些正在考虑必要的准备工作的国家来说,这可能是一项艰巨的任务:准备工作必须考虑到一个不确定的未来,并被纳入实现政治目的的方式和方法。尽管存在这一挑战,仍可以说目前大多数太空强国最需要的准备工作包括:

(1) 更清楚地知晓太空领域正在发生的情况;

(2) 提高太空飞行任务的安全性(任务保证)和应变能力(任务弹性);

(3) 进一步了解《武装冲突法》和交战规则对太空中潜在冲突的影响。

9.3.1 太空态势感知

做好充分准备的根本是太空态势感知,美国的联合作战理论将其定义为"对太空环境和太空行动所依赖的作战环境的必要的当前和预测性知识的认知"[42]。有效的太空态势感知将有助于了解存在哪些在轨系统,以及它们的位置功能、历史异常情况、操作模式和预期用途。这些信息将有助于采取必要的准备措施,以自己的优势对抗潜在对手的劣势。

美国正在推进其在所谓的"太空栅栏"项目中的太空态势感知能力,这一系统设在马绍尔群岛的夸贾林环礁,是太空监视网络的一部分。"太空栅栏"目前正在建设中,并将成为现有雷达和光学传感器架构(地基和空基)的一部分,从而可以更好地跟踪太空中的近地物体[43]。系统设计者认为,该系统将提高空军对从 23000 个到超过 200000 个被跟踪太空物体的编目能力[44]。"太空栅栏"将使用地基雷达对太空物体(主要是低地轨道上的物体)进行不受约束的探测、跟踪和精确测量[45]。这项技术计划于 2019 年投入使用,以便更好地识别太空物体,并提高对任何意外卫星机动的了解[46]。

除了"太空栅栏",美国正在通过使用两颗"地球同步太空态势感知项目"(GSSAP)卫星来改善地球同步轨道上的安全保障[47]。GSSAP 卫星在近地同步轨道系统中运行,并作为专门的太空监视网络传感器来支持美国战略司令部的太空监视行动[48]。美国空军将军约翰·海滕说,这些卫星的目的是告诉世界,"你在地球同步轨道上做的任何事情我们都会知道"[49]。GSSAP 卫星将监测地球同步带的上方和下方,以捕捉事件的特写镜头[50],这些卫星据报道具有较强的机动性以实施空间交会接近操作,进而实施情报收集任务[51]。2014 年 7 月,两颗 GSSAP 卫星从卡纳维拉尔角由联合发射联盟的助推器发射,并于 2015 年 9 月被宣布具备初始作战能力[52]。Steven Lambakis 认为 GSSAP 卫星对美国的潜在对手具有额外的威慑能力,因为这些系统有助于了解任何"不良行为",同时也有助于维护一个安全、可靠和稳定的太空环境[53]。

正如"太空栅栏"的地面系统和 GSSAP 的在轨系统所表明的,实现必要的太空态势感知水平需要多领域的解决方案。但是,它也需要一个受益于多国和商业伙伴参与的解决方案。为此,更多的太空强国(如澳大利亚)和商业伙伴(如 ExoAnalytic Solutions)正在践行这项努力[54]。澳大利亚的太空态势感知包括设在堪培拉的一个光学跟踪观测站,而且该国的地理位置非常有利于通过跟踪世界上该地区的卫星来改善太空态势感知信息。ExoAnalytic Solutions 利用一个全球商业太空态势感知望远镜网络(其中包括超过 25 个观测站和 200 个望远镜)追踪位于不同轨道的物体[55]。由于太空态势感知是一项全球性的工作,信息共享架构的设计必须囊括国际社会和商业行业。这意味着许多数据和通过太空态势感知系统提供的信息应该是可发布的,并可以传播给许多参与这项全球努力的人。

9.3.2 航天任务保证能力与弹性能力

应采取措施提高太空任务保证能力,改善弹性措施。克劳塞维茨指出,防御是更强大的战争形式,但只适用于在做了充分准备的情况下。这些准备工作应包括纳入那些在非许可环境或冲突领域运作所需的关键太空能力。因此,提高任务保证和弹性的方法应广泛纳入整个太空架构,以便在攻击中和攻击后太空任务得以顺利运作。

这些举措包括旨在促进阻却的措施,这可能有助于通过威慑阻却来阻止军事竞争的启动[56]。促进阻却的措施有助于传达采取敌对行动的无用性,从而使潜在对手的领导层首先不追求军事对抗,它同时也包含了防御性战略,有助于阻止对手夺取目标或实现其目标。

许多准备工作都可以加强任务保证和弹性措施。包括但不限于箭体内和箭体外保护、加固、欺骗、重组和反应性发射能力、机动性、分解、分布以及多样化[57]。与使用隐藏在行话中的术语来描述一项功能或能力相比,更重要的是认识到,在任何冲突之前都应该采取行动,以确保在敌对和不许可的环境中进入和使用太空,对抗足智多谋的敌人。

在定位、导航和授时(PNT)方面,这些信号的分配加强了任务保证。这种定位、导航和授时信息为经济部门提供动力,并在军事行动中得以使用[58]。因此,这一领域的任务保证和弹性是重要的,太空大国正在考虑分配定位、导航和授时信息的来源,而其指的就是多个全球导航服务信号(GNSS)接收器[59]。目前,国际上有多个定位、导航和授时星座:美国全球定位系统(GPS)、俄罗斯全球导航卫星系统（GLONASS）、中国北斗、欧洲伽利略和日本准天顶卫星系统（QZSS）。考虑到在战时确保精确定位数据的问题，使用全球导航服务信号接收器是帮助提高任务保证和太空弹性的一种方式。此外，还有其他一些提供定位、导航和授时来源的举措，包括航位推算惯性导航系统，通过蜂窝服务和无线电信标固定信息，以及星敏感器（其中一些是非太空依赖的）。

9.3.3 武装冲突法和交战规则

需要对太空冲突的构成要素、可接受的行为和敌对意图有一个共同和实际的理解。与陆地、海洋和空中领域相比，航天战略在战争的历史经验方面相对不足。因此，对于太空冲突的构成要素几乎不存在共识，特别是考虑到可逆和非动能攻击方法的倾向，这种局限性就更加明显。为了弥补这一缺陷，国际社会应该讨论和探究什么行为构成国际条约和普通法范围内可接受的行为。具体而言，需要就什么构成"武力攻击"（《联合国宪章》第五十一条的术语）、"威胁使用或使用武力"（《联合国宪章》第二条第四款的术语）或"敌对行为或表现出敌对意图"（美国参谋长联席会议"交战规则"的术语）进行更多对话。

这种国际对话将有助于加强对《武装冲突法》的实际理解。正如《武装冲突法》所载，军事必要性原则要求只使用使敌人部分或完全屈服所需的程度和种类的武力，同时考虑到时间、生命和物质资源的最低限度的开支[60]。因此，航天战略家和军事规划者必须考虑在何种条件下，在冲突时期使用太空军事手段是适当和相称的反应。另外，还应该提前考虑使用地对空、空对地和空对空的武器系统是否是一种过度的反应，以及这种行动是否会被解释为升级。此外，关于《武装冲突法》的这一对话应当包括讨论如何以及在何种条件下预期的自卫（或在太空的先发制人）被认为是国际法下的合法行动，同时考虑到必要性、相称性和即时性原则[61]。

《联合国宪章》第五十一条规定，作为固有的自卫权的一部分，使用武力是武装袭击后的合法反应[62]。然而，要准确地将太空的武装袭击归于特定的对手，就必须具备一个包括全面和多领域太空取证能力的太空态势感知能力和架构。如果没有对敌对行动的重要太空取证能力，国际社会倾向于认为及时合法的归因能力是不可能的。因此，未来的太空态势感知系统需要能够收集和分析数据，在太空系统受到攻击后捕捉攻击细节，以支持国家一级的归因过程。

准备工作还包括制定与太空作战相关且适用的常设交战规则。这些规则应包括关于自主和人操系统何时有理由进行自卫的信息、什么被认为是太空任务的基本设备和基础设施,以及可以采取什么行动来保护在太空生活、工作或度假的公民。相应地,关于什么行动是可以接受的国际讨论(有可能由此产生一个多边协议)是对什么构成合法和不合法的太空军事行为形成共同理解的关键第一步。

值得注意的是,许多太空技术和能力的双重用途性质使《武装冲突法》和交战规则的适用成为一个极具挑战性的问题。具有双重用途的技术可以用于军事或商业目的,甚至可以同时用于这两种目的。这种潜在的模糊性使通过量化措施(如对峙距离和在轨机动)来确定潜在对手的意图几乎不可能。太空态势感知的改进可能在这方面有所裨益。然而,即使是实质性的改进也可能是不够的。归根结底,确定什么是太空中的敌对意图或武力攻击可能将取决于更广泛的地缘政治背景。如果国家安全受到太空行动的威胁,《武装冲突法》和交战规则需要告知相关军事反应是否是合法的选项,即使是在模糊的行动环境中也是如此。

9.4　空间军备控制

在太空相关的国家安全学界,经常就军备控制协定在帮助限制部署到或驻扎在太空的武器扩散方面的作用进行辩论。这一话题经久不衰的部分原因是对1967年《外层空间条约》的不同解释。该条约第四条申明:

> 各缔约国保证:不在绕地球轨道放置任何携带核武器或任何其他类型大规模毁灭性武器的实体,不在天体配置这种武器,也不以任何其他方式在外层太空部署此种武器。
>
> 各缔约国必须把月球和其他天体绝对用于和平目的。禁止在天体建立军事基地、设施和工事,禁止在天体试验任何类型的武器以及进行军事演习。不禁止使用军事人员进行科学研究或把军事人员用于任何其他的和平目的,不禁止使用为和平探索月球和其他天体所必需的任何器材设备[63]。

除了核武器和大规模毁灭性武器,第四条没有明确禁止部署在太空或天体上的其他武器。然而,一些人认为"和平目的"这一短语是在表达禁止天基武器。军备控制协会注意到这一观点,并指出:"条约反复强调太空将用于和平目的,导致一些分析家得出结论,认为该条约可被广泛解释为禁止所有类型的武器系统,而不仅仅是大规模毁灭性武器。"[64]对许多军备控制倡导者来说,需要达成协议,通过遏制太空的潜在武器化来促进太空的和平与稳定。

Michael Krepon指出了未来太空军备控制倡议中军备控制协议的历史性成

就,他写道:

> 当对手认为限制危险的军事技术符合共同利益时,他们可以集中精力防止可通过国家技术手段(NTM)核查的试验。正如《中程核力量条约》所表明的那样,对包含危险军事技术的武器系统的生产进行控制也是可能的。在该条约中,生产监测是通过现场视察和位于生产设施之上的传感器相结合来完成的。合作措施和国家技术手段也可以监测对采用危险技术的军事系统部署的控制,而这正是华盛顿和莫斯科如何减缓并缩小其战略核竞争的鸿沟的[65]。

Peter Hays 指出,军备控制措施自始至终都是大国太空竞争的一部分,如肯尼迪政府的太空政策重点。彼时,政府对反卫星武器的军备控制采取了"双轨"办法,即部署最低数量的反卫星武器,以减轻苏联的轨道核武器的威胁,同时开展军备控制,禁止在太空部署此类武器[66]。

事实证明,太空军备控制协议具有挑战性,因为作为这种协议的一部分,需要采取视察和核查措施。在对核武器协议进行视察和核查时,可将视察员派往东道国的相关设施。对于天基武器来说,由人进行实际检查和核查将非常困难。关于核查对反卫星试验禁令的遵守情况,使用国家技术手段也许是可行之策。另一个挑战在于,军备控制协议通常是自愿的,所以如何执行太空武器化军备控制协议也是一个问题(尽管使用经济制裁通常被视为一种有效的手段)。

在评论军备控制对太空领域的效用时(至少在反卫星武器方面),Steven Lambakis 提到:

> 例如,在宣战或和平谈判时期,规定暂停使用直接上升式反卫星武器的协议的危险在于,它将阻碍发展太空控制所需的能力,并限制弹道导弹防御系统的发展、测试和可能的运作。此外,还存在着与反卫星武器协议相关的非常严肃的定义和核查问题。反卫星武器可以在目标飞行器不在实际轨道上的情况下进行测试。作为对美国表现出的相对克制的战略的回应,俄罗斯和中国都在继续加强其弹道导弹和反太空能力并使之现代化[67]。

海斯对反卫星武器控制措施寄予厚望。他指出,即使所有的定义问题以及残余和潜在的反卫星能力问题都可以通过某种控制来解决,也不清楚这种控制是否一定会产生更大的稳定性。进攻能力和防御能力很难区分开来,因此,禁止陆基反卫星武器可能会产生意想不到的后果,比如导致太空对地球的武器系统被开发出来,从而破坏了预期的战略稳定[68]。在提到禁止反卫星武器技术的各种挑战时,海斯评论说:"这些因素共同表明,朝着有效和稳定地控制太空武器和导弹防御系统的方向稳健发展将仍然是一项令人生畏的挑战,如果不这样认为将是非常狂妄傲慢的。"[69]

Michael Krepon 已经认识到太空相关武器军备控制的挑战,他说:"……没有保证的威慑是极其危险的。"[70] 他指出,有效的威慑需要伴随着保证措施。在承认太空军备控制和相关协议的挑战的同时,Michael Krepon 提供了一个看似合理的选择:

首先,不管是与俄罗斯和中国达成的默契还是明面协议,都要停止直接碰撞杀伤式反卫星武器试验。禁止动能反卫星试验是可核查的,也是可能的,因为美国、中国和俄罗斯已经展示了这种能力,而且各国目前都认识到了爆炸性碎片产生的反击后果。同意不进行此类测试具有一定的象征意义,因为这将表明各国自上而下地意识到当前竞争态势的危险。但这并不能让人安心,因为其不会限制其他地方的竞争,包括旨在避免失败的反卫星试验[71]。

即使禁止未来的在轨反卫星试验将是有益的,而且可能是可核查的,军备控制措施预计仍然将是太空领域的一个挑战。军备控制的一个恒定话题是军事和商业太空系统和架构的混合性质。这种混合包括纳入许多双重用途的技术、在商业卫星上托管政府有效载荷以及政府有效载荷搭商业运载火箭的"便车"。这使进行检查和核查以确定遵守军备控制协议越来越困难。

9.5 美国面临的挑战

本节描述了美国目前在实施太空战略方面面临的一些挑战。虽然这些话题都集中在美国身上,但这些挑战也与其他太空大国有关。这些讨论领域包括正在进行的重组国家安全空间的努力,如组建一支独立的太空部队、保持健康的太空工业基地的愿望、制定战略时的镜像和临场感倾向,以及太空态势感知能力的快速增长,从而导致在太空实现"开灯"。

9.5.1 太空军

我在此指示国防部和五角大楼立即开始必要的进程,以建立一支太空部队,作为武装部队的第六支力量。[72]

——特朗普总统,国家太空委员会会议,2018年6月18日

第9章 展望未来

在太空相关美国国家安全界,人们一直在反复讨论现在是否应该像陆军、海军、海军陆战队和空军那样建立一个独立的太空机构[73]。尽管争论很激烈,但在这个问题上似乎没有达成共识。有人可能会问,为什么是现在?还是说美国空军(在美国军队执行太空任务的军事人员中,该军种占多数)没有充分保障或保护国家在太空中的安全利益?这些问题很复杂。Peter Hays 指出了太空相关美国国家安全界面临的许多历史和现实挑战:

> 目前尚不清楚美国是否能够找到并遵循航天战略的最佳发展道路、实施太空活动的最佳管理和组织结构,并保持必要的政治意愿,以继续资助目前计划的几乎同时进行的现代化战略项目[74]。

本书提出的航天战略并不打算解决具体的组织或官僚结构弊端(尽管它们在航天战略的执行中确实很重要)。本书将要讨论,一个独立的机构是否在长期内是有利的,如果是,那么何时应该发生变化。

2018年8月,副总统彭斯在五角大楼向听众讲话时,再次强调了政府的议程,他说:"建立美国太空部队的时机已经到来"[75]。彭斯提到了国防部的一份报告,其中概述了执行特朗普总统关于建立一支太空部队的指导意见的初步步骤,并表示:"这份报告审查了国防部内的国家安全太空活动,它确定了我们的政府将采取的具体步骤,以奠定太空部队新部门的基础"[76]。就建立独立的太空部队方面,提交给国会的报告涉及太空发展局、太空作战部队、后勤和支持部门以及新的美国太空司令部四个需要重点关注和采取切实行动的组织领域[77]。

虽然未来在任何细节上都是不可知的,但经验性的历史证据表明,未来的战争将包括太空中的冲突。鉴于此,是否需要建立一个独立的太空机构(太空军)成为一个不可回避的话题。使用成本与效益分析是回应这一问题的一种方式,这样做可以将目前由美国空军和其他政府组织执行的任务的效率和效力,与潜在的财政要求和可能的太空相关威胁进行比较。定量评估可能会对我们有所启发,而且过去有许多研究和工作都是这样做的[78]。Colin Gray 指出:"军事机构准备以他们喜欢的方式作战,除非战略环境或来自上级的命令另有要求。"[79] 关于军种文化在决定如何使用技术方面的重要性,Thomas Mahnken 指出:

> 美国军队的文化影响了他们选择追求的技术。技术并不主宰解决方案。相反,它提供了一个可供军队选择的选项。反过来,一个军

种的文化也有助于决定哪些选项更有吸引力或更不具吸引力[80]。

因此,就太空军事行动而言,这意味着一支独立的太空部队有可能在一段时间内发展自己的文化、精神和作战风格,以更好地应对太空战争。太空战争的特点与其他潜在冲突领域不同,一个专注于太空内、来自太空和通过太空的冲突的部队更有可能最终认识到并适应这种差异。

最后,也许美国是否需要一支太空部队的答案与美国是否需要一支海军陆战队的答案相同。1957 年,Victor Krulak 准将曾试图回答后一个问题,他评论道:

> 美国其实并不需要海军陆战队,主要是因为她有一支优秀的现代陆军和一支充满活力的空军……。我们(海军陆战队)今天的存在,我们今天的繁荣,不是因为我们知道自己是什么,或者我们知道自己能做什么,而是因为我们国家的人民群众相信我们是什么,相信我们能做什么[81]。

因此,虽然目前的军事部门正在充分保护国家在太空的安全利益,但也许美国人民现在想要一支属于自己的太空部队。未来将何去何从,时间将会告诉我们答案。

关于太空部队的重大军事重组的时机问题,任何大规模的组织变革最好在和平时期进行,因为在和平时期时间可能是比较充足的。战争在战略、作战艺术和组织结构方面的错误可能是无法补救的。修昔底德也注意到这种无情的性质,称战争为"粗暴的老师"[82]。因此,进行大规模的有可能失败的组织变革以及吸收相关的经验教训,最好在没有公开的敌对行动时进行。

9.5.2 航天工业基础

从美国商业部门早期建立以来,人们已经认识到,一个健康良性的国内工业基础是国家安全利益的基石。因此,国防界存在着一个共识,即应采取行动确保一个可持续的商业太空部门,以开发和生产那些保持美国作为太空力量先驱所需的系统和能力[83]。一个健康稳健的美国航天工业还有一些次要的好处,包括促进新的产业勃发和创造更多的高技术工作岗位,从而推动经济更快增长[84]。

2013 年发布的《美国国家航天运输政策》旨在促进商业航天运输工业基地健康高效发展,并配合政府的航天发射活动。该政策指示,各部门和机构在做出决策时应考虑美国航天运输工业基础的健康状况,同时还应采取措施,如公私合作和新的采购方法,以促进可负担性、行业规划、竞争能力、基础设施建设和劳动力调配[85]。该政策指出,保持满足美国需求的能力,同时采取必要措施加强美国在国际商业发射市场的竞争力,对于确保美国未来的航天运输能力实现可靠、稳健、安全和可负担发展至关重要[86]。

健康的航天工业基地的一个重要衡量因素是供应链的作用。航天工业供应链是指制造和向客户分销航天相关产品的太空相关产品的公司和供应商的网络[87]。供应链内的活动包括使用硬件和材料、组件和零件、装配和子系统,以生产一个完整的系统,如卫星或运载火箭[88]。美国商务部定期在商业航天部门内进行调查,以发掘供应链中潜在的脆弱性,如唯一来源的供应商、对大型政府项目的依赖以及劳动力的可用性[89]。美国国防部正在不断评估工业基础和供应链的风险,包括对外国的依赖、唯一来源和脆弱的供应商,以及可能打算退出航天市场的供应商[90]。

由于全球化商业航天部门不断扩大,航空航天公司之间的竞争不断加剧。这种竞争导致了市场整合,从而提高了生产和供应链效率,这使得许多关键的航天合格部件只有一个供应商(其可能在美国以外),或由一个非美国母公司制造。事实上,一些批评者认为,试图确保美国航天工业基地或供应链的健康发展是一种旧思维方式的遗留。正如前国防部长 Robert Gates 所强调的:"美国政府试图用第二次世界大战后设计的程序和组织来应对冷战后的挑战和追求 21 世纪的目标[91]。"需要吸取的一个教训是,与其花费过多的时间、精力和资金来维持一个本土的航天工业基地,不如从全球航天工业基地的角度来考虑,这样可能更现实,也更有效。

目前,美国使用并依赖跨国公司来生产关键的合格航天部件和系统。许多大型跨国公司被认为是可信赖的合作伙伴,因为它们在为卫星和航天发射行业提供关键的最先进的部件和组件方面有着良好的记录。任何确保所有关键技术只在美国境内设计和生产的尝试,都可能导致市场效率低下和潜在的价格上涨,而对国家安全没有任何可衡量的好处。因此,衡量一个健康的航天工业基地和供应链应该在全球范围内进行。

9.5.3 镜像主义误区与当前主义误区

对许多政策和战略专家来说,尤其是在美国,存在着有一个共同的假设,即别人的想法和"我们的想法"一样,"明天会和今天一样,只是更像今天"[92]。首先,认为别人的文化和社会观与美国人一样,属于镜像思想。在作战计划中决定"最可能"的行动方案或确定通过实施战略实现的最终状态时,镜像思想可能会体现出来。在这种计划中,基本的假设是潜在的对手会根据自己的思维框架来思考,通过成本效益分析来做出决定,或默许胁迫性的举措。这种想法是危险的。因为潜在对手与我们有很大的文化、社会和历史差异,这可能导致其最基本的决定与我们自己的决定截然不同。以前关于中国、俄罗斯和美国之间不同的威慑观点的讨论就证明了这一点。

其次,"明天会像今天一样"属于当前主义的思想。Colin Gray 在批判许多安全和政策专家普遍使用"可预见的未来"这一短语时警告了这种危险,因为未来的任何细节都是未知的[93]。当前主义思维也存在于其他的措辞中,比如当军事领导人被说成是在"打最后一场战争"。例如,上一场战争是一场非常规战争并不意味着下一场战争也会如此。Andrew Krepinevich 指出,美国国防部的官僚们宁愿不考虑未来(这意味着事情可能会改变,他们可能不得不随之改变)。在他们"容忍"这种思考的程度上,他们试图确保这种思考的结果看起来非常像他们所计划的世界[94]。

然而,Colin Gray 给战略家带来了希望。虽然战略家必须应对预见未来时不可避免的无知,但战略家也可以利用这种理解来清除不健全和危险的假设以及毫无意义的推测[95]。

美国的航天战略家必须做出专门和持续的努力,与镜像思想和当前主义的文化倾向作斗争。这些错误的思维方式是美国国防界的偏见,终将导致不健全的战略和无效的作战艺术。从中可以得到的教训是,别人不一定像自己一样思考,而未来可能和今天截然不同。当战略家观察到别人的这种有缺陷的思维时,他有责任教育和纠正此事。

9.5.4 "开灯"——未来的太空将变得透明

正如之前讨论的关于地基和天基太空态势感知的问题,雷达和多光谱技术正在迅速发展,同时伴随着相关的变化检测、数据分析和机器学习能力,这导致太空变得更加透明,从而增加了对星座部署的理解和对卫星能力的了解,使太空符合一个形象的"开灯"比喻。

在太空态势感知和相关的非地球成像能力(对天成像探测)方面的这一普遍改善,导致曾经不为公众所知的太空域变得不再神秘[96]。2017 年一项对太空相关美国国家安全界成员的调查中,James Vedda 和 Peter Hays 提出了一些议题和问题。关于非地球成像,受访者评论说,安全专业人员应该"接受非地球成像是未来作战的一个常规要素""美国国家安全系统一直在某种程度上保持神秘。在不久的将来,这种情况将不复存在"[97]。

太空专业人员应该吸取的教训是,太空不再是一个可以隐藏或不被发现的领域。美国不应该恐惧遥感技术,包括地球或非地球成像,而是应该摆脱这种心态,并假定未来的太空活动将变得更加透明。因此,当太空系统的运作被认为是敏感的(它们的位置、部署和能力应保持未知),维护保密性将变得更加具有挑战性。在这种情况下,位置和运动可能会变得为人所知,因此太空专业人员应该相应地调整计划。如果希望保持真正的能力和功能不为人知,应该采取其他方法,包括隐藏在众目睽睽之下,或在一个隐藏的环境中保持可见。此外,尽管目前的许多太空态势感知能力都集中在近地轨道上,但应该预期对正在发生的情况的认识最终会延伸到太空中的地月轨道。

9.6 写在最后的思考

和任何其他冲突一样,在太空中进行战争的决定应该是严肃的,这是由战争惨痛的代价所决定的。正如 Colin Gray 所说:"战争是起作用的,但它也是有代价的,而且是以鲜血、金钱、影响力、荣誉和名誉几种通货为代价的。"[98]太空战也会设定一个代价,可能包括对太空环境的破坏。

太空中的冲突可能会对太空环境产生巨大影响,特别是在近地轨道。随着航天国家的数量和商业巨型星座的使用的增加,这一现实尤其真切。动态和不可逆的军事行动可能造成过量的轨道碎片,这会对进入和使用近地区域太空产生负面影响。历史经验表明,这些负面影响的持续时间可能比想象或计划的更长。

使用滥杀滥伤弹药的历史就说明了这一点,包括在海上交通线使用海军接触水雷、针对陆地区域目标使用杀伤人员集束弹药(许多国家目前已经禁止),以及在伊拉克和阿富汗的交通繁忙地区使用简易爆炸装置。往往需要大量的时间和努力来有条不紊地清理这些弹药,才能使被波及的地区重新获得准入和使用。同样,对一场产生碎片的太空战争来说,可能也需要大量的时间、努力和资源来重新进入和使用轨道系统。恢复到一个战前的太空环境将是困难的,甚至是不可能的。太空对全球航天界至关重要,毕竟许多轨道机制都是共享的。因此,太空冲突可能会不分青红皂白地影响太空大国,甚至那些被认为是中立的国家。

航天战略的发展仍在不断演变,该领域的许多东西需要更好地研究和理解。然而,关于太空战争,我们知道的东西可能比我们不知道的东西多。战争的持久性使之如此。应该预料到的是,延伸到太空或在太空中发起的战争将涉及国家技术、战略、暴力、机遇和不确定性。在考虑我们对航天战略的新的理解时,值得强调的是,随着时间的推移,变化远不如保持不变重要[99]。罗伯特·卡普兰在他的著作中指出了这一点:

> 随着未来的危机汹涌而来,我们的领导人将意识到,这个世界不是"现代"或"后现代",而只是古代的延续。尽管当今世界有各种技术,但中国、希腊和罗马哲学家都已经理解并知道如何驾驭这个世界[100]。

由于这种历史的连续性,战略家在制定相关的切实可行的战略时应该保持乐观的心态。战略家在制定航天战略时有海量的战略史料可以借鉴。为此,Alfred Thayer Mahan 简单归纳道:"对历史的研究是所有健全的军事结论和实践的基础。"[101]无论承认与否,许多太空大国已经在航天战略下运作了很长时间。Everett Dolman 写道:"太空的军事化和武器化不仅是一个历史事实,而且是一个持续的过程。"[102]这一概念再次强调,即使太空战争的特点不断发生变化,战略家在完善未来战略时也可以借鉴这一知识。对太空大国而言,航天战略的发展至关重要,但同时其赌注也颇高。本书由劳伦斯的话语来结尾,他在这个问题上对战略家提出了这样的要求:

> 人类已经有了一万年的战斗经验。如果我们必须战斗,我们就没有理由不好好战斗[103]。

引文标注

1 Arthur C. Clarke, *Profiles of the Future: An Inquiry into the Limits of the Possible* (New York: Harper and Row, 1962), xi.

2 Colin S. Gray, *Fighting Talk: Forty Maxims on War, Peace, and Strategy* (Westport, CT: Greenwood Publishing, 2007), 156.

3 Richard Danzig, "Driving in the Dark: Ten Propositions about Prediction and National Security" (Center for a New American Security, October 2011), 5, https://s3.amazonaws.com/files.cnas.org/documents/CNAS_Prediction_Danzig.pdf?mtime=20160906081652

4 同上., 16.

第 9 章 展望未来

5 Gray, *Fighting Talk*, 155.

6 Danzig, *Driving in the Dark*, 16.

7 William Gibson quoted in *Cyberpunk* (Documentary), directed by Marianne Trench (Intercon Production, 1990), 12:20.

8 J. C. Wylie, *Military Strategy: A General Theory of Power Control*, with introduction by John B. Hattendorf (New Brunswick, NJ: Rutgers University Press, 1967; reprint, Annapolis, MD: Naval Institute Press, 1989), 66. Emphasis original.

9 Joseph Ashy quoted in Karl Grossman and Judith Long, "Waging War in Space," *The Nation*, December 9, 1999, www. thenation. com/authors/karl-grossman/

10 John E. Hyten, "Sea of Peace or a Theater of War? Dealing with the Inevitable Conflict in Space," *Air and Space Power Journal* vol. 16 no. 3 (Fall 2002), 89, www. dtic. mil/dtic/tr/fulltext/u2/a521811. pdf

11 Colin S. Gray, *Another Bloody Century: Future Warfare* (London: Weidenfeld and Nicolson, 2005), 307.

12 同上., 306.

13 Robert B. Strassler, *The Landmark Thucydides: A Comprehensive Guide to the Peloponnesian War* (New York: Free Press, 1996), 16.

14 Graham Allison, "The Thucydides Trap: Are the U. S. and China Headed for War?" *The Atlantic*, September 24, 2015, www. theatlantic. com/international/archive/2015/09/united-states-china-war-thucydides-trap/406756/

15 "Full text of Xi Jinping's speech on China-U. S. relations in Seattle," *Xinhuanet*, September 24, 2015, www. xinhuanet. com/english/2015-09/24/c_134653326. htm

16 Allison, "The Thucydides Trap: Are the US and China Headed for War?"

17 "Full text of Xi Jinping's speech on China-U. S. relations in Seattle."

18 Dave Mosher and Samantha Lee, "More Than 14,000 Hunks of Dangerous Space Junk are Hurtling Around Earth-Here's Who Put It All Up There," *Business Insider*, March 29, 2018, www. businessinsider. com/space-junk-debris-amount-statistics-countries-2018-3

19 Steve Lambakis, "Foreign Space Capabilities: Implications for U. S. National Security" (National Institute for Public Policy, September 2017), 40, www. nipp. org/wp-content/uploads/2017/09/Foreign-Space-Capabilities-pub-2017. pdf

20 Lucas Steinhauser and Scott Thon, "Operation Burnt Frost: The Power of Social Networks," *ASK Magazine* 31 (June 1, 2008), https://appel. nasa. gov/2008/06/01/operation-burnt-frost-the-power-of-social-networks/

21 "Navy Missile hits Dying Spy Satellite, says Pentagon," *CNN*, February 21, 2008, www. cnn. com/2008/TECH/space/02/20/satellite. shootdown/

22 Department of Defense and Office of the Director of National Intelligence, *National Security*

Space Strategy(January 2011),2.

23 Donald J. Kessler and Burton G. Cour-Palais,"Collision Frequency of Artificial Satellites:The Creation of a Debris Belt," *Journal of Geophysical Research* vol. 83(June 1978),2637-2646.

24 同上.,2645.

25 Brian Weeden,"Why Outer Space Matters:Brian Weeden on Natural and Human Generated-Threats on Satellites," *Intercross Blog*, October 24,2016,http://inter-crossblog. icrc. org/blog/why-outer-space-matters-brian-weeden-on-natural-and-human-generated-threats-on-satellites

26 同上.

27 *U. S. Government Orbital Debris Mitigation Standard Practices*(1997),1,www. iadc-online. org/References/Docu/USG_OD_Standard Practices. pdf

28 Caleb Henry,"OneWeb Vouches for Higher Reliability of Its Deorbit System," *Space news*,July 10,2017,https://spacenews. com/oneweb-vouches-for-high-reliability-of-its-deorbit-system/

29 *U. S. Government Orbital Debris Mitigation Standard Practices.*

30 "Homepage," Inter-Agency Space Debris Coordination Committee,accessed September 6,2018,www. iadc-online. org/

31 James Vedda, "Orbital Debris Remediation Through International Engagement," Crowded Space Series Paper #1 (The Aerospace Corporation, March 2017), 6, http://aerospace.wpengine. netdna-cdn. com/wp-content/uploads/2017/09/Debris Remediation. pdf

32 Jeff Foust,"Report Recommends Civil Agency for Space Traffic Management," *Spacenews*,December 28,2016,http://spacenews. com/report-recommends-civil-agency-for-space-traffic-management/

33 "Space Policy Directive 3 Brings Space Traffic Coordination to Commerce," U. S. Department of Commerce,press release,June 18,2018,www. commerce. gov/news/press-releases/2018/06/space-policy-directive-3-brings-space-traffic-coordination-commerce

34 The White House,*Space Policy Directive-3*,*National Space Traffic Management Policy*,Presidential Memoranda(June 18,2018),www. whitehouse. gov/presidential-actions/space-policy-directive-3-national-space-traffic-management-policy/

35 The White House,*President Donald J. Trump is Achieving a Safe and Secure Future in Space*, Fact Sheets(June 18,2018),www. whitehouse. gov/briefings-statements/president-donald-j-trump-achieving-safe-secure-future-space/

36 The White House,*Space Policy Directive-3*,*National Space Traffic Management Policy.*

37 "President Signs Space Traffic Management Policy," Department of Commerce, Office of Space Commerce,press release,June 18,2018,www. space. commerce,gov/president-signs-space-traffic-management-policy/

第9章 展望未来

38　The White House, *Space Policy Directive-3*, *National Space Traffic Management Policy*.

39　Carl von Clausewitz, *Vom Kriege*, erster Band(Berlin: Ferdinand Dummler, 1832), 111.

40　Carl von Clausewitz, *On War*, trans. and eds. Michael Howard and Peter Paret(Princeton, NJ: Princeton University Press, 1989), 131.

41　同上., 132.

42　Joint Chiefs of Staff, *Space Operations*, Joint Publication 3-14(April 10, 2018), GL-6, www.jcs.mil/Portals/36/Documents/Doctrine/pubs/jp3_14.pdf

43　"Space Fence," Lockheed Martin, accessed September 6, 2018, www.lockheedmartin.com/en-us/products/space-fence.html

44　General David J. Buck, Commander, Joint Functional Component Command for Space, Statement to the Committee on Armed Service, House of Representatives, 115th U.S. Congress, March 15, 2016, 5-6.

45　"Space Fence."

46　Debra Werner, "Lockheed Martin Prepares to Turn on U.S. Air Force Space Fence on Kwajalein Atoll," *Spacenews*, May 3, 2018, https://spacenews.com/lockheed-martin-prepares-to-tum-on-u-s-air-force-space-fence-on-kwajalein-atoll/

47　Lambakis, "Foreign Space Capabilities," 45-46.

48　"Geosynchronous Space Situational Awareness Program," U.S. Air Force Space Command Fact Sheet, March 22, 2017, www.afspc.af.mil/About-Us/Fact-Sheets/Article/730802/geosynchronous-space-situational-awareness-program-gssap/

49　Mike Gruss, "Haney: JICSpOC Will Prove U.S. is Prepared for Space Threats," *Spacenews*, August 16, 2016, http://spacenews.com/haney-jicspoc-will-prove-u-s-is-prepared-for-space-threats/

50　James Dean, "Delta IV Blasts Off with Threat-detecting Military Satellites," *Florida Today*, August 19, 2016, www.floridatoday.com/story/tech/science/space/2016/08/19/deltaiv-rocket-blasts-off-air-force-satellites-cape-canaveral-air-force-station-afspc 6/88826330/

51　General William Shelton, "The US Future in Space" (The Atlantic Council, Washington, DC, July 23, 2014), www.atlanticcouncil.org/news/transcripts/transcript-the-us-future-in-space

52　"Geosynchronous Space Situational Awareness Program."

53　Lambakis, "Foreign Space Capabilities," 45-46.

54　"Space Surveillance Telescope Australia," M3, accessed September 6, 2018, http://m3eng.com/portfolio/space-surveillance-telescope-australia-2/; "Space Situational Awareness," ExoAnalytic Solutions, accessed September 6, 2018, https://exoanalytic.com/space-situational-awareness/

55　Ian Ritche, "Remote Control Southern Hemisphere SSA Observatory" (EOS Space Systems), www.eos-aus.com/wp-content/uploads/2018/08/Advanced-Maui-Optical-Space-Surveillance-Paper-2013-Southem-Hemisphere-Space-Situational-Awareness-Observatory-1. pdf; "Space Situational Awareness," ExoAnalytic Solutions.

56 Department of Defense, *U. S. Quadrennial Defense Review* (September 30, 2001), 12, http://archive. defense. gov/pubs/qdr2001 . pdf

57 Office of the Assistant Secretary of Defense for Homeland Defense and Global Security, *Space Domain Mission Assurance: A Resilience Taxonomy* (September 2015), 3, http://policy. defense. gOv/Portals/1 1/Space% 20Policy/ResilienceTaxonomy WhitePaperFinal. pdf? ver = 2016-12-27-131828-623

58 Joint Chiefs of Staff, *Space Operations*, Joint Publication 3-14 (April 10, 2018), 1-8.

59 G. Manoj Someswar, T. P. Surya Chandra Rao, Dhanunjaya Rao. Chigurukota, "Global Navigation Satellite Systems and their Applications," *International Journal of Software and Web Sciences* 12. 136 (2013), www. unoosa. org/documents/pdf/icg/ISWIZIJSWS12-326. pdf

60 U. S. Department of the Navy, *The Commander's Handbook on the Law of Naval Operations*, NWP 1—14M (July 9, 1995), 6-5.

61 Anthony Clark Aren, "International Law and the Preemptive Use of Military Force," *The Washington Quarterly* vol. 26 no. 2 (Spring 2003), 89-103, www. cfr. org/content/publications/attachments/highlight/03 spring_arend. pdf

62 United Nations, *Charter of the United Nations and Statue of the International Court of Justice* (San Francisco, June 26, 1945), Chapter 7, Article 51.

63 United Nations General Assembly, resolution 2222 (XXI), *Treaty on Principles Governing the Activities of States in the Exploration and Use of Outer Space, including the Moon and Other Celestial Bodies*, or *The Outer Space Treaty* (1967), Article IV, www. unoosa. org/oosa/en/ourwork/spacelaw/treaties/outerspacetreaty. html

64 Daryl Kimball, "The Outer Space Treaty at a Glance," Fact Sheet (Arms Control Association, August 2017), www. armscontrol. org/factsheets/outerspace

65 Michael Krepon, "Is Space Warfare's Final Frontier?" *Spacenews*, July 24, 2017, https://spacenews, com/op-ed-is-space-warfares-final-frontier/

66 Peter L. Hays, *Space and Security: A Reference Handbook* (Santa Barbara, CA: ABC-CLIO, LLC, 2001), 20.

67 Lambakis, "Foreign Space Capabilities," xiii.

68 Hays, *Space and Security*, 38.

69 同上. , 77.

70 Krepon, "Is Space Warfare's Final Frontier?"

71 同上.

72 The White House, *Remarks by President Trump at a Meeting with the National Space Council and Signing of Space Policy Directive*-3, Remarks (June 18, 2018), www. whitehouse. gov/

briefings-statements/remarks-president-trurnp-meeting-national-space-council-signing-space-policy-directive-3/

73 Jerry Hendrix, "Space: The New Strategic Heartland," *National Review*, June 8, 2018, www.nationalreview.com/2018/06/united-states-needs-space-force-national-security-interest/

74 Hays, *Space and Security*, 52.

75 The White House, *Remarks by Vice President Pence on the Future of the U. S. Military in Space*, Remarks (August 9, 2018), www.whitehouse.gov/briefings-statements/remarks-vice-president-pence-future-u-s-military-space/

76 同上.

77 Department of Defense, *Final Report on Organizational and Management Structure for the National Security Space Components of the Department of Defense* (August 9, 2018), 6.

78 For an example of a fulsome study, see *U. S. Commission to Assess United States National Security, Space Management and Organization*, also known as the *Space Commission Report* (January 11, 2001), www.dtic.mil/dtic/tr/fulltext/u2/a404328.pdf

79 Gray, *Fighting Talk*, 103.

80 Thomas G. Mahnken, *Technology and the American War of War Since* 1945 (New York: Columbia University Press, 2008), 11.

81 Victor H. Krulak, preface to *First to Fight: An Inside View of the U. S. Marine Corps* (Annapolis, MD: Naval Institute Press, 1984; reprint, Bluejacket Books, 1999).

82 Thucydides, *The Peloponnesian War-The Complete Hobbes Translation*, ed. David Grene (Chicago: The University of Chicago Press, 1989), Book 3, Chapter 82.

83 The White House, *National Space Transportation Policy* (November 21, 2013), 1, https://obamawhitehouse.archives.gov/sites/default/files/microsites/ostp/national_space_transportation_policy_l 1212013.pdf

84 同上., 2.

85 同上., 7.

86 同上., 1.

87 "New Kids on the Block: How New Start-Up Space Companies Have Influenced the U. S. Supply Chain" (Bryce Space and Technology, June 2017), 6, https://brycetech.com/downloads/Start_Up_Space_Supply_Chain_2017.pdf

88 同上.

89 同上.

90 Aaron Mehta, "Industrial Base War-gaming: Pentagon Wants Companies to Find Supply Chain Weaknesses," *DefenseNews*, September 28, 2017, www.defensenews.com/smr/equipping-the-warfighter/2017/09/28/industrial-base-wargaming-pentagon-wants-companies-to-find-supply-chain-weaknesses/

91　Robert M. Gates, Secretary of Defense, Opening statement to the Armed Services Committee, House of Representatives, April 15, 2008, http://archive.defense.gov/Speeches/Speech.aspx?SpeechID=1272

92　Gray, *Fighting Talk*, 156.

93　同上., 155.

94　Andrew Krepenivich quoted in Danzig, "Driving in the Dark," 12.

95　Gray, *Fighting Talk*, 156.

96　James A. Vedda and Peter L. Hays, "Major Policy Issues in Evolving Global Space Operations" (The Mitchell Institute for Aerospace Studies, February 2018), 24, www.aerospace.org/publications/policy-papers/major-policy-issues-in-evolving-global-space-operations/

97　同上., 47.

98　Gray, *Fighting Talk*, 17.

99　同上., 149.

100　Robert D. Kaplan, *Warrior Politics: Why Leadership Demands a Pagan Ethos* (New York: Random House, 2002), vii.

101　Alfred Thayer Mahan, *Armaments and Arbitration or the Place of Force in the International Relations of States* (New York: Harper and Brothers Publishers, 1912), 206.

102　Everett C. Dolman, *Astropolitik: Classical Geopolitics in the Space Age* (London: Frank Cass, 2002), 5.

103　T. E. Lawrence, as attributed in John Hunt, *The Boy Who Could Keep a Swan in His Head* (Cape Town: Penguin Random House, 2018), Chapter 1.

参考文献

[1] Allison, Graham. "The Thucydides Trap: Are the U.S. and China Headed for War?" *The Atlantic*. September 24, 2015. www.theatlantic.com/international/archive/2015/09/united-states-china-war-thucydides-trap/406756/

[2] Aren, Anthony Clark. "International Law and the Preemptive Use of Military Force." *The Washington Quarterly* vol. 26 no. 2 (Spring 2003): 89–103. www.cfr.org/content/publications/attachments/highlight/03spring_arend.pdf

[3] Buck, David J. Commander, Joint Functional Component Command for Space. Statement to the Committee on Armed Service, House of Representatives, 115th U.S. Congress. March 15, 2016.

[4] Clarke, Arthur C. *Profiles of the Future: An Inquiry into the Limits of the Possible*. New York: Harper and Row, 1962.

[5] Clausewitz, Carl von. *On War*. Translated and edited by Michael Howard and Peter Paret. Princeton, NJ: Princeton University Press, 1989.

[6] Clausewitz, Carl von. *Vom Kriege*, erster Band. Berlin: Ferdinand Dummler, 1832.

[7] Danzig, Richard. "Driving in the Dark: Ten Propositions about Prediction and National Security." Center for a New American Security, October 2011. https://s3.amazonaws.com/fi les.cnas.org/documents/CN ASPredictionDanzig.pdr? mtime20160906081652

[8] Dean, James. "Delta IV Blasts Off with Threat-detecting Military Satellites." *Florida Today*. August 19, 2016. www.floridatoday.com/story/tech/science/space/2016/08/19/deltaiv-rocket-blasts-off-air-force-satellites-cape-canaveral-air-force-station-afspc6/88826330/

[9] Department of Defense. *Final Report on Organizational and Management Structure for the National Security Space Components of the Department of Defense*. August 9, 2018.

[10] Department of Defense. *U. S. Quadrennial Defense Review*. September 30, 2001. http://archive.defense.gov/pubs/qdr2001.pdf

[11] Department of Defense and Office of the Director of National Intelligence. *National Security Space Strategy*. January 2011.

[12] Dolman, Everett C. *Astropolitik: Classical Geopolitics in the Space Age*. London: Frank Cass, 2002.

[13] Foust, Jeff. "Report Recommends Civil Agency for Space Traffic Management." *Spacenews*. December 28, 2016. http://spacenews.com/report-recommends-civil-agency-for-space-traffic-management/

[14] "Full text of Xi Jinping's speech on China-U. S. relations in Seattle." *Xinhuanet*. September 24, 2015. www.xinhuanet.com/english/2015-09/24/c_134653326.htm

[15] Gates, Robert M. Secretary of Defense. Opening Statement to the Armed Services Committee, House of Representatives. April 15, 2008. http://archive.defense.gov/Speeches/Speech.aspx? SpeechID= 1272

[16] "Geosynchronous Space Situational Awareness Program." U. S. Air Force Space Command. Fact Sheet. March 22, 2017. www.afspc.af.mil/About-Us/Fact-Sheets/Article/730802/geosynchronous-space-situational-awareness-program-gssap/

[17] Gray, Colin S. *Fighting Talk: Forty Maxims on War, Peace, and Strategy*. Westport, CT: Greenwood Publishing, 2007.

[18] Gray, Colin S. *Another Bloody Century: Future Warfare*. London: Weidenfeld and Nicolson, 2005.

[19] Grossman, Karl and Judith Long. "Waging War in Space." *The Nation*. December 9, 1999. www.thenation.com/authors/karl-grossman/

[20] Gruss, Mike. "Haney: JICSpOC Will Prove U. S. is Prepared for Space Threats." *Spacenews*. August 16, 2016. http://spacenews.com/haney-jicspoc-will-prove-u-s-is-prepared-for-

space-threats/

[21] Hays, Peter L. *Space and Security: A Reference Handbook*. Santa Barbara, CA: ABC-CLIO, LLC, 2001.

[22] Hendrix, Jeny. "Space: The New Strategic Heartland." *National Review*. June 8, 2018. www.nationalreview.com/2018/06/united-states-needs-space-force-national-security-interesl/

[23] Henry, Caleb. "OneWeb Vouches for Higher Reliability of Its Deorbit System." *Spacenews*. July 10, 2017. https://spacenews.com/oneweb-vouches-for-high-reliability-of-its-deorbit-system/

[24] "Homepage." Inter-Agency Space Debris Coordination Committee. Accessed September 6, 2018. www.iadc-online.org/

[25] Hunt, John. *The Boy Who Could Keep a Swan in His* Head. Cape Town: Penguin Random House, 2018.

[26] Hyten, John E. "Sea of Peace or a Theater of War? Dealing with the Inevitable Conflict in Space." *Air and Space Power Journal* vol. 16 no. 3(Fall 2002): 78-92. www.dtic.miF dtic/tr/fulltext/u2/a521811.pdf

[27] Joint Chiefs of Staff. *Space Operations*. Joint Publication 3-14. April 10, 2018. www.jcs.mil/Portals/3 6/Documents/Doctrine/pubs/jp3_1 4.pdf

[28] Kaplan, Robert D. *Warrior Politics: Why Leadership Demands a Pagan Ethos*. New York: Random House, 2002.

[29] Kessler, Donald J. and Burton G. Cour-Palais. "Collision Frequency of Artificial Satellites: The Creation of a Debris Belt." *Journal of Geophysical Research* vol. 83(June 1978): 2637-2646.

[30] Kimball, Daryl. "The Outer Space Treaty at a Glance." Fact Sheet. Arms Control Association, August 2017. www.armscontrol.org/factsheets/outerspace

[31] Krepon, Michael. "Is Space Warfare's Final Frontier?" *Spacenews*. July 24, 2017. https://spacenews.com/op-ed-is-space-warfares-final-frontier/

[32] Krulak, Victor H. Preface to *First to Fight: An Inside View of the U. S. Marine Corps*. Annapolis, MD: Naval Institute Press, 1984; reprint, Bluejacket Books, 1999.

[33] Lambakis, Steve. "Foreign Space Capabilities: Implications for U. S. National Security." National Institute for Public Policy, September 2017. www.nipp.org/wp-content/uploads/2017/09/Foreign-Space-Capabilities-pub-2017.pdf

[34] Mahan, Alfred Thayer. *Armaments and Arbitration or the Place of Force in the International Relations of States*. New York: Harper and Brothers Publishers, 1912.

[35] Mahnken, Thomas G. *Technology and the American War of War Since* 1945. New York: Columbia University Press, 2008.

[36] Mehta, Aaron. "Industrial Base War-gaming: Pentagon Wants Companies to Find Supply

Chain Weaknesses." *DefenseNews*. September 28, 2017. www. defensenews. com/smr/equipping-the-warfighter/2017/09/28/industrial-base-wargaming-pentagon-wants-companies-to-find-supply-chain-weaknesses/

[37] Mosher, Dave and Samantha Lee. "More Than 14,000 Hunks of Dangerous Space Junk are Hurtling Around Earth–Here's Who Put It All Up There." *Business Insider*. March 29, 2018. www. businessinsider. com/space-junk-debris-amount-statistics-countries-2018-3

[38] "Navy Missile hits Dying Spy Satellite, says Pentagon." *CNN*. February 21, 2008. www. cnn. com/2008/TECH/space/02/20/satellite. shootdown/

[39] "New Kids on the Block: How New Start-Up Space Companies Have Influenced the U. S. Supply Chain." Bryce Space and Technology, June 2017. https://brycetech. com/downloads/Start_Up_Space_Supply Chain_2017. pdf

[40] Office of the Assistant Secretary of Defense for Homeland Defense and Global Security. *Space Domain Mission Assurance: A Resilience Taxonomy*. September 2015. http://policy. defense. gov/Portals/ll/Space%20Policy/ResilienceTaxonomyWhitePaperFinal. pdf? ver = 2016-12-27-131828-623

[41] "President Signs Space Traffic Management Policy." Department of Commerce, Office of Space Commerce. Press release, June 18, 2018. www. space. commerce. gov/president-signs-space-traffic-management-policy/

[42] Ritche, Ian. "Remote Control Southern Hemisphere SSA Observatory." EOS Space Systems, www. eos-aus. com/wp-content/uploads/2018/08/Advanced-Maui-Optical-Space-Surveillance-Paper-2013-Southern-Hemisphere-Space-Situational-Awareness-Observatory-l. pdf

[43] Shelton, William. "The US Future in Space." The Atlantic Council, Washington, DC, July 23, 2014. www. atlanticcouncil. org/news/transcripts/transcript-the-us-ffiture-in-space

[44] Someswar, G. Manoj. , T. P. Surya Chandra Rao, Dhanunjaya Rao. Chigurukota. "Global Navigation Satellite Systems and their Applications." *International Journal of Software and Web Sciences* 12. 136 (2013): 17-23. www. unoosa. org/documents/pdf/icg/ISWIZIJSWS12-326. pdf

[45] "Space Fence." Lockheed Martin. Accessed September 6, 2018. www. lockheedmartin, com/en-us/products/space-fence. html

[46] "Space Policy Directive 3 Brings Space Traffic Coordination to Commerce." U. S. Department of Commerce. Press release, June 18, 2018. www. commerce. gov/news/press-releases/2018/06/space-policy-directive-3-brings-space-traffic-coordination-commerce

[47] "Space Situational Awareness." Exo Analytic Solutions. Accessed September 6, 2018. https://exoanalytic. com/space-situational-awareness/

[48] "Space Surveillance Telescope Australia." M3. Accessed September 6, 2018. http://m3eng. com/portfolio/space-surveillance-telescope-australia-2/

[49] Steinhauser, Lucas and Scott Thon. "Operation Burnt Frost: The Power of Social Networks." *ASK Magazine* 31 (June 1, 2008). https://appel.nasa.gov/2008/06/01/operation-burnt-frost-the-power-of-social-networks/

[50] Strassler, Robert B. *The Landmark Thucydides: A Comprehensive Guide to the Peloponnesian War.* New York: Free Press, 1996.

[51] The White House. *National Space Transportation Policy.* November 21, 2013. https://obamawhitehouse.archives.gov/sites/default/files/microsites/ostp/national_space_transportation_policy_1 1212013.pdf

[52] The White House. *President Donald J. Trump is Achieving a Safe and Secure Future in Space.* Fact Sheets. June 18, 2018. www.whitehouse.gov/briefings-statements/president-donald-j-trump-achieving-safe-secure-future-space/

[53] The White House. *Remarks by President Trump at a Meeting with the National Space Council and Signing of Space Policy Directive-3.* Remarks. June 18, 2018. www.whitehouse.gov/briefings-statements/remarks-president-trump-meeting-national-space-council-signing-space-policy-directive-3/

[54] The White House. *Remarks by Vice President Pence on the Future of the U.S. Military in Space.* Remarks. August 9, 2018. www.whitehouse.gov/briefings-statements/remarks-vice-president-pence-future-u-s-military-space/

[55] The White House. *Space Policy Directive-3, National Space Traffic Management Policy.* Presidential Memoranda. June 18, 2018. www.whitehouse.gov/presidential-actions/space-policy-directive-3-national-space-traffic-management-policy/

[56] Thucydides. *The Peloponnesian War - The Complete Hobbes Translation.* Edited by David Grene. Chicago: The University of Chicago Press, 1989.

[57] Trench, Marianne. *Cyberpunk* (Documentary). Intercon Production, 1990.

[58] U.S. Department of the Navy. *The Commander's Handbook on the Law of Naval Operations.* NWP 1-14M. July 9, 1995.

[59] United Nations General Assembly. Resolution 2222 (XXI). *Treaty on Principles Governing the Activities of States in the Exploration and Use of Outer Space, including the Moon and Other Celestial Bodies*, or *The Outer Space Treaty.* 1967. www.unoosa.org/oosa/en/ourwork/spacelaw/treaties/outerspacetreaty.html

[60] United Nations. *Charter of the United Nations and Statue of the International Court of Justice.* San Francisco, June 26, 1945.

[61] U.S. Commission to Assess United States National Security, *Space Management and Organization*, also known as the *Space Commission Report.* January 11, 2001.

[62] U.S. Government Orbital Debris Mitigation Standard Practices. 1997. www.iadc-online.org/References/Docu/USG_OD_Standard_Practices.pdf

[63] Vedda, James A. and Peter L. Hays. "Major Policy Issues in Evolving Global Space Operations." The Mitchell Institute of Aerospace Studies, February 2018. www.aerospace.org/publications/policy-papers/major-policy-issues-in-evolving-global-space-operations/

[64] Vedda, James. "Orbital Debris Remediation Through International Engagement." Crowded Space Series Paper #1. The Aerospace Corporation, March 2017. http://aerospace.wpengine.netdna-cdn.com/wp-content/uploads/2017/09/DebrisRemediation.pdf

[65] Weeden, Brian. "Why Outer Space Matters: Brian Weeden on Natural and Human Generated-Threats on Satellites." *Intercross Blog*. October 24, 2016. http://intercross blog.icrc.org/blog/why-outer-space-matters-brian-weeden-on-natural-and-human-generated-threats-on-satellites

[66] Werner, Debra. "Lockheed Martin Prepares to Turn on U.S. Air Force Space Fence on Kwajalein Atoll." *Spacenews*. May 3, 2018. https://spacenews.com/lockheed-martin-prepares-to-tum-on-u-s-air-force-space-fence-on-kwajalein-atoll/

[67] Wylie, J. C. *Military Strategy: A General Theory of Power Control*. With introduction by John B. Hattendorf. New Brunswick, NJ: Rutgers University Press, 1967; reprint, Annapolis, MD: Naval Institute Press, 1989.

作者简介

约翰·J. 克莱恩博士是美国猎鹰研究公司的高级研究员和战略专家，目前担任乔治·华盛顿大学太空政策研究所的兼职教授，主要从事航天战略与航天政策研究。他也是《太空战：战略、原则与政策》（2019年国防工业出版社引进出版）的作者。

译者简介

郭　刚，西北工业大学计算机科学与技术硕士，曾多次参加载人航天、探月工程、北斗等国家重大航天任务，近年来获部委级科技进步奖 2 项。

李　薇，国防大学战略学博士，主要从事国家安全战略、太空安全战略领域研究，多次参加国家重大航天任务。近年来在国防战略学领域发表论文 8 篇。

侯重远，海军工程大学导航制导与控制博士，主要从事航天器轨道与姿态的确定与控制领域研究，曾多次参加国家重大航天任务。近年来授权国家发明专利 1 项，发表 SCI 论文 3 篇。

杨　洋，清华大学航空宇航科学与技术硕士，主要从事航天探测与轨道动力学领域研究，曾多次参加国家重大航天任务。近年来获部委级科技进步奖 3 项，发表论文 4 篇，授权国家发明专利 3 项。

审校者简介

孙勉志，男，1952 年生，陕西咸阳人，海军工程大学外语系教授，获军队院校育才奖金奖和银奖各 1 项，在英语翻译领域出版专著 2 部。

内容简介

本书通过研究中俄美等大国竞争态势下太空力量的崛起与竞争，分析强调了为什么政客会基于对恐惧、荣誉和利益的评估而发起战争，并解释了为什么这也将是未来太空战争的真实情况。

通过本书可以了解美国航天战略决策阶层的思维方式与决策逻辑，因而既可作为太空作战人员的训练工作参考书，也可作为航天战略和太空政策等相关领域学者的学术参考用书，还可作为航天科技人员制定科技发展规划和装备体系布局的借鉴参考用书。